Introduction au Calcul Stochastique appliqué à la finance

3e édition

Damien Lamberton
Université Paris-Est,
Professeur à l'Université Paris-Est
Marne-la-Vallée, France

Bernard Lapeyre
Université Paris-Est,
Professeur à l'École
des Ponts ParisTech, France

ellipses

ISBN 978-2-7298-71987

32, rue Bargue 75740 Paris cedex 15

www.editions-ellipses.fr

Avant-propos

Les mathématiques financières se sont beaucoup développées depuis la première édition de ce livre. Pour cette nouvelle édition, nous n'avons pas cherché à être exhaustifs sur toutes les contributions récentes mais nous avons choisi quelques techniques ou concepts qui pouvaient être inclus sans exiger de longs développements mathématiques. Ceci a été fait, en partie, par l'addition de nouveaux exercices. Les principales modifications concernent :

- des compléments bibliographiques, en particulier sur les marchés incomplets
- des compléments sur les modèles discrets (approche de Rogers pour le Théorème Fondamental de l'Evaluation des Actifs Financiers, sur-réplication en marché incomplet, voir chapitre 1 exercices 1 et 2),
- la notion de volatilité locale et la formule de Dupire (voir chapitre 4),
- les techniques de changement de numéraire et de mesure "forward" (voir chapitres 1 et 6),
- le modèle "forward LIBOR" (ou modèle BGM, voir chapitre 6),
- un nouveau chapitre sur la modélisation du risque de crédit,
- une extension du chapitre traitant de la simulation incluant des illustrations numériques des techniques de couvertures, de réduction de variance, etc.

Nous souhaitons remercier, outre les personnes citées dans l'introduction, un certain nombre de collègues dont les suggestions ont été utiles à cette nouvelle édition. Nous sommes, tout particulièrement, reconnaissants à Marie-Claire Quenez, Benjamin Jourdain, Philip Protter, Marc Yor (qui nous a inspiré l'exercice 18 lié à une erreur de la première édition) et, pour le chapitre sur le risque de crédit, à Monique Jeanblanc et Rama Cont (dont les cours nous ont introduits à ce nouveau sujet) et à Aurélien Alfonsi.

Nous remercions enfin les collègues qui nous ont signalé des erreurs et des coquilles. Il en reste hélas sûrement et nous espérons que les lecteurs de cette nouvelle édition voudront bien nous les signaler.

Table des matières

Introduction

Le but de ce livre est de fournir une introduction aux techniques probabilistes nécessaires à la compréhension des modèles financiers les plus courants. Les spécialistes de la finance ont en effet recours, depuis des années, à des outils mathématiques de plus en plus sophistiqués (martingales, intégrale stochastique,...) pour la description de phénomènes et la mise au point de méthodes de calcul.

En réalité, l'intervention du calcul des probabilités en modélisation financière n'est pas récente : c'est en tentant de bâtir une "théorie de la spéculation" que Bachelier (1900) a découvert, au début du siècle dernier, l'objet mathématique appelé aujourd'hui "mouvement brownien". Mais elle a pris une dimension nouvelle à partir de 1973, avec les travaux de Black-Scholes et Merton (Black et Scholes (1973), Merton (1973)) sur l'évaluation (*pricing* en anglais) et la couverture (*hedging*) des options. Depuis, tandis que se développaient les marchés d'options, les méthodes de Black, Scholes et Merton ont été perfectionnées, tant au niveau de la généralité que de la clarté et de la rigueur mathématique, et la théorie paraît suffisamment avancée pour tenter de la rendre accessible à des étudiants.

Le problème des options

Notre exposé est principalement centré sur le problème des options, qui a été le moteur de la théorie et reste l'exemple le plus frappant de la pertinence des méthodes de calcul stochastique en finance. Une option est un titre financier donnant à son détenteur le droit, et *non l'obligation* d'acheter ou de vendre (selon qu'il s'agit d'une option d'achat ou de vente) une certaine quantité d'un actif financier à une date convenue et à un prix fixé d'avance. La description précise d'une option se fait à partir des éléments suivants :

- la nature de l'option : on parle, suivant la terminologie anglo-saxonne, de *call* pour une option d'achat et de *put* pour une option de vente ;
- l'actif *sous-jacent*, sur lequel porte l'option : dans la pratique, il peut s'agir d'une action, d'une obligation, d'une devise etc.
- le montant, c'est-à-dire la quantité d'actif sous-jacent à acheter ou à vendre ;
- l'échéance ou date d'expiration, qui limite la durée de vie de l'option : si l'option peut être exercée à n'importe quel instant avant l'échéance, on parle d'option *américaine*, si l'option ne peut être exercée qu'à l'échéance, on parle d'option *européenne* ;

– le prix d'exercice qui est le prix (fixé d'avance) auquel se fait la transaction en cas d'exercice de l'option.

L'option elle-même a un prix, appelé *prime*. Lorsque l'option est cotée sur un marché organisé, la prime est donnée par le marché. En l'absence de cotation, le problème du calcul de la prime se pose. Et, même pour une option cotée, il peut être intéressant de disposer d'une formule ou d'un modèle permettant de détecter d'éventuelles anomalies de marché.

Examinons, pour fixer les idées, le cas d'un call européen, d'échéance T, sur une action dont le cours à la date t est donné par S_t. Soit K le prix d'exercice. Il est clair que si, à l'échéance T, le prix K est supérieur au cours S_T, le détenteur de l'option n'a pas intérêt à exercer. En revanche, si $S_T > K$, l'exercice de l'option permet à son détenteur de faire un profit égal à $S_T - K$ en achetant l'action au prix K et en la revendant sur le marché au cours S_T. On voit qu'à l'échéance, la valeur du call est donnée par la quantité

$$(S_T - K)_+ = \max(S_T - K, 0).$$

Pour le vendeur de l'option, il s'agit, en cas d'exercice, d'être en mesure de fournir une action au prix K, et, par conséquent, de pouvoir produire à l'échéance une richesse égale à $(S_T - K)_+$. Au moment de la vente de l'option, que nous prendrons comme origine des temps, le cours S_T est inconnu et deux questions se posent :

1. Combien faut-il faire payer à l'acheteur de l'option, autrement dit comment évaluer à l'instant $t = 0$ une richesse $(S_T - K)_+$ disponible à la date T ? c'est le problème du *pricing*.
2. Comment le vendeur, qui touche la prime à l'instant 0 parviendra-t-il à produire la richesse $(S_T - K)_+$ à la date T ? C'est le problème de la couverture.

La notion d'arbitrage et la relation de parité call-put

La réponse aux deux questions qui précèdent ne peut se faire qu'à partir d'un minimum d'hypothèses de modélisation. L'hypothèse de base, retenue dans tous les modèles, est que, dans un marché suffisamment fluide, il n'y a pas d'opportunité d'arbitrage, c'est-à-dire qu'il est impossible de faire des profits sans prendre des risques. Nous traduirons cette hypothèse en termes mathématiques dans le chapitre 1. Pour l'instant, nous nous contenterons de montrer comment, à partir de cette simple hypothèse, on peut établir des relations entre les prix d'un call et d'un put européen de même échéance T et de même prix d'exercice K, sur une action de cours S_t à l'instant t. Nous supposerons qu'il est possible d'emprunter ou de placer de l'argent à un taux constant r.

Désignons par C_t et P_t les prix respectifs du call et du put à l'instant t. En l'absence d'opportunité d'arbitrage, on a la relation suivante, valable à tout instant $t < T$ et appelée "relation de parité call-put",

$$C_t - P_t = S_t - Ke^{-r(T-t)}.$$

Pour faire comprendre la notion d'arbitrage, montrons comment on pourrait réaliser un profit sans risque si on avait, par exemple,

$$C_t - P_t > S_t - Ke^{-r(T-t)}.$$

A l'instant t, on achète une action et un put et on vend un call. Cette opération dégage, à l'instant t un profit net égal à

$$C_t - P_t - S_t.$$

Si cette quantité est positive, on la place au taux r jusqu'à la date T, sinon, on l'emprunte au même taux. A la date T, deux cas peuvent se présenter :

- $S_T > K$: alors, le call est exercé, on livre l'action, on encaisse la somme K et on solde l'emprunt ou le prêt, de sorte qu'on se retrouve avec une richesse égale à $K + e^{r(T-t)}(C_t - P_t - S_t) > 0$. Le terme $e^{r(T-t)}$ vient du fait que r est un taux d'intérêt instantané.
- $S_T \leq K$: alors, on exerce son put et on solde comme précédemment, de sorte qu'on se retrouve encore avec une richesse égale à $K+e^{r(T-t)}(C_t-P_t-S_t) > 0$.

Dans les deux cas, on a réalisé un profit positif sans mise de fond initiale : c'est un exemple d'arbitrage.

On trouvera de nombreux exemples de relations d'arbitrage telles que la relation de parité ci-dessus dans le livre de Cox et Rubinstein (Cox et Rubinstein (1985)). Nous ne passerons pas en revue toutes ces relations d'arbitrage, mais nous montrerons comment on peut caractériser mathématiquement les marchés où il n'y a pas d'arbitrage.

Le modèle de Black-Scholes et ses extensions

Si les raisonnements par arbitrage fournissent de nombreuses relations intéressantes, ils ne sont pas suffisants pour obtenir des formules de prix. Pour cela, on a besoin de modéliser de façon plus précise l'évolution des cours. Black et Scholes ont été les premiers à proposer un modèle conduisant à une formule explicite pour le prix d'un call européen sur une action ne donnant pas de dividendes et à une stratégie de gestion qui, dans le cadre du modèle, permet au vendeur de l'option de se couvrir parfaitement, c'est-à-dire d'éliminer totalement le risque. Le prix du call est, dans le modèle de Black-Scholes, la somme d'argent dont on doit disposer initialement pour pouvoir suivre la stratégie de couverture et produire ainsi exactement la richesse $(S_T - K)_+$ à l'échéance. De plus, la formule obtenue ne dépend que d'un paramètre non directement observable sur le marché et appelé *volatilité* par les praticiens.

C'est le recours à la notion d'intégrale stochastique pour exprimer les gains et les pertes dans les stratégies de gestion de portefeuille qui permet d'utiliser le calcul stochastique et, en particulier, la formule d'Itô, et conduit à des expressions calculables. De nombreuses extensions des méthodes de Black et Scholes ont été développées ces dernières années. Nous nous efforcerons, à partir d'une étude approfondie du modèle de Black-Scholes sous sa forme la plus simple, de donner au lecteur les moyens de comprendre ces diverses extensions.

Plan du livre

Les deux premiers chapitres sont consacrés à l'étude des modèles discrets. On y voit le lien entre la notion mathématique de martingale et la notion économique d'arbitrage, la notion de marché complet et l'évaluation des options dans le cadre des marchés complets. Le formalisme adopté est celui de Harrison et Pliska (1981), dont nous avons repris l'essentiel des résultats dans le chapitre 1, en prenant comme exemple le modèle de Cox-Ross-Rubistein (1976). Le chapitre 2 traite des options américaines à l'aide de la théorie de l'arrêt optimal à temps discret qui relève de méthodes élémentaires et contient toutes les idées à transposer à temps continu.

Le chapitre 3 introduit le lecteur aux principales notions de calcul stochastique utilisées dans le modèle de Black-Scholes, qui est étudié en détail au chapitre 4. Ce modèle donne, pour les options européennes, des formules explicites. Mais, pour traiter les options américaines ou faire des calculs dans des modèles plus sophistiqués, on doit avoir recours à des méthodes numériques fondées sur le lien entre évaluation des options et équations aux dérivées partielles : ces questions font l'objet du chapitre 5.

Le chapitre 6 est une introduction assez succincte aux principaux modèles de taux d'intérêt et le chapitre 7 examine les problèmes d'évaluation et de couverture des options dans le cadre de modèles avec sauts très simples. Dans ces modèles, il n'y a plus de couverture parfaite des options, mais seulement une couverture optimale en un sens à préciser. De tels modèles, moins optimistes que le modèle de Black-Scholes, semblent souvent rendre mieux compte de la réalité des marchés. Le chapitre 8 est une introduction à la modélisation du risque de crédit.

Enfin, pour permettre aux étudiants d'appliquer la théorie de façon plus concrète, nous avons inclu un chapitre sur la simulation des modèles financiers et l'usage qu'on peut faire de l'informatique dans les questions d'évaluation et de couverture des options. On trouvera également, dans chaque chapitre un certain nombre d'exercices ou de problèmes.

Ce livre n'est qu'une introduction à un domaine qui a déjà suscité une abondante littérature. Les indications bibliographiques données à la fin de certains chapitres suggèrent au lecteur des pistes de lectures complémentaires sur les sujets traités. Mais certains aspects importants des mathématiques de la finance ne sont pas abordés, notamment les questions d'optimisation et les problèmes d'équilibre, pour lesquels on pourra se reporter à Duffie (1988).

La lecture de ce livre suppose de bonnes connaissances en probabilités. Nous conseillons les livres de Dudley (1989) ou de Williams (1991) ou encore le livre en français Bouleau (1986) dont les sept premiers chapitres correspondent aux pré-requis à la lecture de ce livre. Cependant, nous avons placé quelques rappels mathématiques en appendice.

Remerciements

Ce livre est issu d'un cours enseigné à l'Ecole Nationale des Ponts et Chaussées depuis 1988. La mise en œuvre de ce cours n'aurait pas été possible sans les encouragements de N. Bouleau. Sous son impulsion, le CERMA (centre de mathématiques appliquées de l'E.N.P.C.) s'était engagé dans l'étude des modèles financiers dès 1987, avec le soutien de la *Banque Indosuez*, et, plus récemment, de la *Banque Internationale de Placement*.

Nous avons bénéficié, depuis, de discussions nombreuses et stimulantes avec G. Pagès, ainsi qu'avec d'autres chercheurs du CERMA, en particulier O. Chateau et G. Caplain. Un certain nombre de collègues ont bien voulu lire les premières versions de notre travail et nous faire part de leurs remarques, tout particulièrement : S. Cohen, O. Faure, C. Philoche, M. Picqué, X. Zhang. Enfin, nous remercions les collègues de l'université ou de l'I.N.R.I.A. qui nous ont aidés de leurs conseils ou de leurs encouragements : N. El Karoui, T. Jeulin, J.F. Le Gall, D. Talay.

Chapitre 1

Modèles discrets

Le but de ce chapitre est de présenter les principales idées de la théorie des options dans le cadre mathématiquement très simple des modèles discrets. Nous y reprenons essentiellement la première partie de Harrison et Pliska (1981). Le modèle de Cox-Ross-Rubinstein est présenté en fin de chapitre sous forme de problème corrigé, pour illustrer la théorie de façon plus concrète.

1.1 Le formalisme des modèles discrets

1.1.1 Les actifs financiers

Un modèle de marché financier discret est construit sur un espace probabilisé fini $(\Omega, \mathcal{F}, \mathbb{P})$, muni d'une filtration, c'est-à-dire d'une suite croissante de sous-tribus de $\mathcal{F}$: $\mathcal{F}_0, \mathcal{F}_1, \ldots, \mathcal{F}_N$. La tribu $\mathcal{F}_n$ représente l'information disponible à l'instant n et est appelée *tribu des événements antérieurs à l'instant* n. L'*horizon* N sera le plus souvent, dans la pratique, la date d'échéance des options.

On supposera, dans la suite, que $\mathcal{F}_0 = \{\emptyset, \Omega\}$, $\mathcal{F}_N = \mathcal{F} = \mathcal{P}(\Omega)$, où $\mathcal{P}(\Omega)$ désigne l'ensemble des parties de l'ensemble fini Ω, et que $\mathbb{P}(\{\omega\}) > 0$, pour tout $\omega \in \Omega$. Le fait de travailler sur un espace de probabilité fini permet d'éviter certaines difficultés techniques : par exemple, toutes les variables aléatoires réelles sont intégrables.

Le marché est constitué de $(d+1)$ actifs financiers, dont les prix à l'instant n sont donnés par des variables aléatoires S_n^0, S_n^1, ..., S_n^d, à valeurs strictement positives, mesurables par rapport à la tribu $\mathcal{F}_n$ (les investisseurs ont connaissance des cours actuels et passés, mais pas des cours futurs). Le vecteur $S_n = (S_n^0, S_n^1, \ldots, S_n^d)$ est le vecteur des prix à l'instant n. L'actif numéroté 0 est *l'actif sans risque* et on pose, par convention, $S_0^0 = 1$. Si le taux d'intérêt des placements sans risque sur une période est constant et égal à r, on a $S_n^0 = (1+r)^n$. Le coefficient $\beta_n = 1/S_n^0$ apparaît comme le coefficient d'actualisation : c'est la somme d'argent qui, investie à l'instant 0 dans l'actif sans risque, permet de disposer de 1 euro à l'instant n (si on compte les prix en euros). Les actifs numérotés de 1 à d sont appelés *actifs risqués*.

1.1.2 Les stratégies

Une *stratégie de gestion* est définie par un processus (simplement une suite dans le cas discret) aléatoire

$$\phi = ((\phi_n^0, \phi_n^1, \ldots, \phi_n^d))_{0 \leq n \leq N}$$

à valeurs dans $\mathbb{R}^{d+1}$, donnant à chaque instant n les quantités ϕ_n^i des divers actifs, détenues en portefeuille. On impose à la suite ϕ d'être *prévisible* au sens suivant :

$$\forall i \in \{0, 1, \ldots, d\} \begin{cases} \phi_0^i \text{ est } \mathcal{F}_0\text{-mesurable} \\ \text{et, pour } n \geq 1, \quad \phi_n^i \text{ est } \mathcal{F}_{n-1}\text{-mesurable.} \end{cases}$$

La signification de cette hypothèse est la suivante. Le portefeuille à la date n

$$(\phi_n^0, \phi_n^1, \ldots, \phi_n^d)$$

est constitué au vu des informations disponibles à la date $(n-1)$ et conservé tel quel au moment des cotations de la date n.

La *valeur du portefeuille* à l'instant n est donnée par le produit scalaire

$$V_n(\phi) = \phi_n . S_n = \sum_{i=0}^{d} \phi_n^i S_n^i.$$

Sa *valeur actualisée* est

$$\tilde{V}_n(\phi) = \beta_n(\phi_n . S_n) = \phi_n . \tilde{S}_n,$$

où $\beta_n = 1/S_n^0$ et $\tilde{S}_n = (1, \beta_n S_n^1, \ldots, \beta_n S_n^d)$ est le vecteur des *prix actualisés* des actifs. Considérer les prix actualisés revient à considérer le prix de l'actif sans risque comme *numéraire* (voir l'exercice 3 pour une introduction aux techniques de changement de numéraire).

On dira qu'une stratégie est *auto-financée* si la relation suivante est vérifiée pour tout $n \in \{0, 1, \ldots, N-1\}$:

$$\phi_n . S_n = \phi_{n+1} . S_n.$$

Cette égalité s'interprète de la façon suivante : à l'instant n, après avoir pris connaissance des cours $S_n^0, \cdots, S_n^d$, l'investisseur réajuste son portefeuille pour le faire passer de la composition ϕ_n à la composition ϕ_{n+1}, le réajustement se faisant aux cours de la date n, en réinvestissant la valeur totale du portefeuille et rien de plus. Il n'y a donc ni apports, ni retraits de fonds (en particulier, il n'y a pas de consommation).

Remarque 1.1.1 L'égalité $\phi_n . S_n = \phi_{n+1} . S_n$ est évidemment équivalente à :

$$\phi_{n+1} . (S_{n+1} - S_n) = \phi_{n+1} . S_{n+1} - \phi_n . S_n,$$

ou encore à

$$V_{n+1}(\phi) - V_n(\phi) = \phi_{n+1} . (S_{n+1} - S_n).$$

A l'instant $n+1$, la valeur du portefeuille est $\phi_{n+1}.S_{n+1}$ et la différence $\phi_{n+1}.S_{n+1} - \phi_{n+1}.S_n$ représente le gain (net) dû à la variation des cours entre les instants n et $n+1$. Une stratégie auto-financée est donc une stratégie pour laquelle les variations de valeur du portefeuille viennent uniquement des gains dus à l'agitation des cours.

La proposition suivante permet de préciser cette remarque en termes de quantités actualisées.

Proposition 1.1.2 *Les conditions suivantes sont équivalentes.*

(i) *La stratégie ϕ est auto-financée.*

(ii) *Pour tout $n \in \{1, \ldots, N\}$,*

$$V_n(\phi) = V_0(\phi) + \sum_{j=1}^{n} \phi_j \cdot \Delta S_j,$$

où ΔS_j est le vecteur $S_j - S_{j-1}$.

(iii) *Pour tout $n \in \{1, \ldots, N\}$,*

$$\tilde{V}_n(\phi) = V_0(\phi) + \sum_{j=1}^{n} \phi_j \cdot \Delta \tilde{S}_j,$$

où $\Delta \tilde{S}_j$ est le vecteur $\tilde{S}_j - \tilde{S}_{j-1} = \beta_j S_j - \beta_{j-1} S_{j-1}$.

Démonstration. L'équivalence entre (i) et (ii) résulte de la Remarque 1.1.1. L'équivalence entre (i) et (iii) s'obtient en remarquant que $\phi_n.S_n = \phi_{n+1}.S_n$ si et seulement si $\phi_n.\tilde{S}_n = \phi_{n+1}.\tilde{S}_n$. □

Cette proposition montre que, pour toute stratégie auto-financée, la valeur actualisée (et, donc, la valeur tout court) du portefeuille est complètement déterminée par la richesse initiale et le processus $(\phi_n^1, \ldots, \phi_n^d)_{0 \leq n \leq N}$ des quantités d'actifs *risqués* détenues au cours du temps. Cela vient simplement du fait que $\Delta \tilde{S}_j^0 = 0$, pour $j \in \{0, \ldots N\}$. Plus précisément, on peut énoncer la proposition suivante.

Proposition 1.1.3 *Pour tout processus prévisible $((\phi_n^1, \ldots, \phi_n^d))_{0 \leq n \leq N}$ à valeurs dans $\mathbb{R}^d$ et pour toute variable V_0 $\mathcal{F}_0$-mesurable, il existe un unique processus prévisible $(\phi_n^0)_{0 \leq n \leq N}$ tel que la stratégie $\phi = (\phi^0, \phi^1, \ldots, \phi^d)$ soit auto-financée et de valeur initiale V_0.*

Démonstration. La condition d'auto-financement entraîne

$$\begin{aligned} \tilde{V}_n(\phi) &= \phi_n^0 + \phi_n^1 \tilde{S}_n^1 + \cdots + \phi_n^d \tilde{S}_n^d \\ &= V_0 + \sum_{j=1}^{n} \left(\phi_j^1 \Delta \tilde{S}_j^1 + \cdots + \phi_j^d \Delta \tilde{S}_j^d \right), \end{aligned}$$

ce qui détermine ϕ_n^0. La seule chose à vérifier est la prévisibilité de ϕ^0, qui résulte immédiatement de l'égalité

$$\begin{aligned}\phi_n^0 &= V_0 + \sum_{j=1}^{n-1}\left(\phi_j^1 \Delta\tilde{S}_j^1 + \cdots + \phi_j^d \Delta\tilde{S}_j^d\right) \\ &\quad + \left(\phi_n^1\left(-\tilde{S}_{n-1}^1\right) + \cdots + \phi_n^d\left(-\tilde{S}_{n-1}^d\right)\right).\end{aligned}$$

□

1.1.3 Stratégies admissibles et arbitrage

Nous n'avons pas imposé de condition sur le signe des quantités ϕ_n^i. Dire que $\phi_n^0 < 0$ signifie qu'on a *emprunté* la quantité $|\phi_n^0|$ sur le marché des placements sans risque. Dire que $\phi_n^i < 0$, pour un $i \geq 1$, c'est dire qu'on a des dettes libellées en actif risqué (par suite de *ventes à découvert*). Les emprunts et les ventes à découvert sont donc permis, mais nous imposerons à la valeur du portefeuille d'être positive ou nulle à tout instant.

Définition 1.1.4 Une stratégie ϕ est dite *admissible* si elle est auto-financée et si $V_n(\phi) \geq 0$ pour tout $n \in \{0, 1, \ldots, N\}$.

L'investisseur doit donc être en mesure de rembourser ses emprunts à tout instant. La notion d'*arbitrage* (réalisation d'un profit sans prendre de risque) est alors formalisée de la façon suivante.

Définition 1.1.5 Une stratégie d'arbitrage est une stratégie admissible de valeur initiale nulle et de valeur finale non nulle.

En d'autres termes, un arbitrage part d'une richesse initiale nulle, maintient une richesse positive au cours du temps, et parvient à une richesse finale qui est strictement positive avec probabilité non nulle. La plupart des modèles excluent toute possibilité d'arbitrage et l'objet de la section suivante est de donner une caractérisation de ces modèles grâce à la notion de martingale.

1.2 Martingales et arbitrages

Avant d'établir le lien entre martingales et arbitrage, nous allons définir la notion de *martingale* sur un espace de probabilité fini. Pour cela, l'usage de l'espérance conditionnelle par rapport à une sous-tribu est indispensable, et nous renvoyons à l'appendice pour un exposé des principales propriétés de cet outil.

1.2.1 Martingales et transformées de martingales

Dans cette section, on considère un espace de probabilité fini $(\Omega, \mathcal{F}, \mathbb{P})$, avec $\mathcal{F} = \mathcal{P}(\Omega)$ et, pour tout $\omega \in \Omega, \mathbb{P}(\{\omega\}) > 0$, muni d'une filtration $(\mathcal{F}_n)_{0\leq n\leq N}$ (sans supposer $\mathcal{F}_N = \mathcal{F}$, ni $\mathcal{F}_0 = \{\emptyset, \Omega\}$). Une suite $(X_n)_{0\leq n\leq N}$ de variables aléatoires est dite *adaptée* à la filtration si, pour tout n, X_n est $\mathcal{F}_n$-mesurable.

Définition 1.2.1 Une suite adaptée $(M_n)_{0\leq n\leq N}$ de variables aléatoires réelles est une

- martingale si $\mathbb{E}(M_{n+1}|\mathcal{F}_n) = M_n$ pour tout $n \leq N-1$;
- sur-martingale si $\mathbb{E}(M_{n+1}|\mathcal{F}_n) \leq M_n$ pour tout $n \leq N-1$;
- sous-martingale si $\mathbb{E}(M_{n+1}|\mathcal{F}_n) \geq M_n$ pour tout $n \leq N-1$.

Ces définitions s'étendent aux vecteurs aléatoires : on dit par exemple qu'une suite $(M_n)_{0\leq n\leq N}$ de variables aléatoires à valeurs dans $\mathbb{R}^d$ est une martingale si chacune des coordonnées du vecteur M_n est une martingale réelle.

Dans un contexte financier, dire que le cours $(S_n^i)_{0\leq n\leq N}$ de l'actif i est une martingale revient à dire que, à tout instant n, la meilleure estimation (au sens des moindres carrés) que l'on puisse faire de S_{n+1}^i, à partir des informations disponibles à la date n, est donnée par S_n^i.

Les propriétés suivantes, qui se déduisent aisément de la définition qui précède, constitueront pour le lecteur de bons exercices de maniement de l'espérance conditionnelle.

1. $(M_n)_{0\leq n\leq N}$ est martingale si et seulement si
$$\mathbb{E}(M_{n+j}|\mathcal{F}_n) = M_n \quad \forall j \geq 0.$$
2. Si $(M_n)_{n\geq 0}$ est une martingale, on a, pour tout n, $\mathbb{E}(M_n) = \mathbb{E}(M_0)$.
3. La somme de deux martingales est une martingale.
4. On a évidemment des propriétés analogues pour les sur-martingales et les sous-martingales.

Définition 1.2.2 Une suite adaptée $(H_n)_{0\leq n\leq N}$ de variables aléatoires est dite *prévisible* si, pour tout $n \geq 1$, H_n est $\mathcal{F}_{n-1}$-mesurable.

Proposition 1.2.3 *Soit $(M_n)_{0\leq n\leq N}$ une martingale et $(H_n)_{0\leq n\leq N}$ une suite prévisible par rapport à la filtration $(\mathcal{F}_n)_{0\leq n\leq N}$. On pose $\Delta M_n = M_n - M_{n-1}$. La suite $(X_n)_{0\leq n\leq N}$ définie par*

$$\begin{aligned} X_0 &= H_0 M_0 \\ X_n &= H_0 M_0 + H_1 \Delta M_1 + \cdots + H_n \Delta M_n \quad \textit{pour } n \geq 1, \end{aligned}$$

est une martingale par rapport à $(\mathcal{F}_n)_{0\leq n\leq N}$.

La suite (X_n) est parfois appelée *transformée de la martingale* (M_n) par la suite (H_n). Une conséquence de cette proposition et de la Proposition 1.1.2 est que, dans les modèles financiers où les prix actualisés des actifs sont des martingales, toute stratégie auto-financée conduit à une valeur finale actualisée égale, *en moyenne* à la richesse initiale.

Démonstration. Il est clair que (X_n) est une suite adaptée. De plus, pour $n \geq 0$, on a

$$\begin{aligned}\mathbb{E}(X_{n+1} - X_n|\mathcal{F}_n) & \\ &= \mathbb{E}(H_{n+1}(M_{n+1} - M_n)|\mathcal{F}_n) \\ &= H_{n+1}\mathbb{E}(M_{n+1} - M_n|\mathcal{F}_n) \text{ car } H_{n+1} \text{ est } \mathcal{F}_n\text{-mesurable} \\ &= 0.\end{aligned}$$

D'où

$$\mathbb{E}(X_{n+1}|\mathcal{F}_n) = \mathbb{E}(X_n|\mathcal{F}_n) = X_n,$$

ce qui prouve que (X_n) est une martingale. □

La proposition suivante donne une caractérisation des martingales qui nous sera utile par la suite.

Proposition 1.2.4 *Une suite adaptée de variables aléatoires réelles (M_n) est une martingale si et seulement si pour toute suite prévisible (H_n), on a*

$$\mathbb{E}\left(\sum_{n=1}^{N} H_n \Delta M_n\right) = 0.$$

Démonstration. Si (M_n) est une martingale, il en est de même, par la Proposition 1.2.3, de la suite (X_n) définie par $X_0 = 0$ et, pour $n \geq 1$, $X_n = \sum_{j=1}^{n} H_j \Delta M_j$, pour toute suite prévisible (H_n). On a donc $\mathbb{E}(X_N) = \mathbb{E}(X_0) = 0$. Réciproquement, on remarque que si $j \in \{1, \ldots, N\}$, à tout événement $A \in \mathcal{F}_j$, on peut associer la suite prévisible (H_n) définie par $H_n = 0$ pour $n \neq j+1$ et $H_{j+1} = \mathbf{1}_A$. Il est clair que la suite (H_n) est prévisible et l'égalité $\mathbb{E}\left(\sum_{n=1}^{N} H_n \Delta M_n\right) = 0$ donne

$$\mathbb{E}(\mathbf{1}_A(M_{j+1} - M_j)) = 0,$$

et par conséquent $\mathbb{E}(M_{j+1}|\mathcal{F}_j) = M_j$. □

1.2.2 Marchés financiers viables

Nous revenons aux modèles de marchés discrets introduits dans la Section 1.1.

Définition 1.2.5 On dit que le marché est *viable* s'il n'existe pas de stratégie d'arbitrage.

Le théorème suivant est appelé en anglais *Fundamental Theorem of Asset Pricing*.

Théorème 1.2.7 *Le marché est viable si, et seulement si, il existe une probabilité $\mathbb{P}^*$ équivalente[1] à $\mathbb{P}$ sous laquelle les prix actualisés des actifs sont des martingales.*

[1] Rappelons que deux probabilités $\mathbb{P}_1$ et $\mathbb{P}_2$ sont équivalentes si et seulement si, pour tout événement A, on a $\mathbb{P}_1(A) = 0 \Leftrightarrow \mathbb{P}_2(A) = 0$. Ici, $\mathbb{P}^*$ équivalente à $\mathbb{P}$ signifie que, pour tout $\omega \in \Omega$, $\mathbb{P}^*(\{\omega\}) > 0$.

Pour montrer que l'absence d'opportunité d'arbitrage implique l'existence d'une probabilité équivalente à $\mathbb{P}$ sous laquelle les prix actualisés des actifs sont des martingales, nous aurons besoin du lemme suivant.

Lemme 1.2.6 *Si le marché est viable, pour tout processus prévisible* $(\phi^1, \ldots, \phi^d)$ *à valeurs dans* $\mathbb{R}^d$, *on a*

$$\sum_{j=1}^{N} \left(\phi_j^1 \Delta \tilde{S}_j^1 + \cdots + \phi_j^d \Delta \tilde{S}_j^d \right) \notin \Gamma.$$

où Γ *désigne l'ensemble des variables aléatoires* X *positives telles que*

$$\mathbb{P}(X > 0) > 0.$$

Démonstration. Au processus prévisible $\underline{\phi} = (\phi_n^1, \ldots, \phi_n^d)$, associons le processus $\tilde{G}(\underline{\phi}) = (\tilde{G}_n(\phi^1, \ldots, \phi^d))_{0 \leq n \leq N}$ défini par

$$\tilde{G}_n(\underline{\phi}) = \sum_{j=1}^{n} \left(\phi_j^1 \Delta \tilde{S}_j^1 + \cdots + \phi_j^d \Delta \tilde{S}_j^d \right).$$

Supposons que $\tilde{G}_N(\underline{\phi}) \in \Gamma$, et montrons qu'alors le marché n'est pas viable.

Remarquons que $\tilde{G}(\underline{\phi})$ est le processus des gains actualisés cumulés dans toute stratégie auto-financée dont le portefeuille de date n contient les quantités d'actifs risqués $\phi_n^1, \ldots, \phi_n^d$. D'après la Proposition 1.1.3, il existe un (unique) processus (ϕ_n^0) tel que la stratégie $\phi = (\phi^0, \underline{\phi}) = ((\phi_n^0, \phi_n^1, \ldots, \phi_n^d))$ soit auto-financée de valeur initiale nulle. On a alors $\tilde{G}_n(\underline{\phi}) = \tilde{V}_n(\phi)$ pour tout n, et si, pour tout $n \in \{1, \ldots, N\}$, $\tilde{G}_n(\underline{\phi}) \geq 0$, la stratégie ϕ est admissible. Comme $\tilde{G}_N(\underline{\phi}) \in \Gamma$, la valeur finale de ϕ est non nulle, on a donc un arbitrage et le marché n'est pas viable.

Supposons maintenant que les variables aléatoires $\tilde{G}_n(\underline{\phi})$ ne soient pas toutes positives et posons

$$n^* = \max\{n \mid \mathbb{P}(\tilde{G}_n(\underline{\phi}) < 0) > 0\}.$$

On a alors $n^* \leq N - 1$ et, pour $n \in \{n^* + 1, \ldots, N\}$, $\tilde{G}_n(\underline{\phi}) \geq 0$. Soit alors le processus $\underline{\psi} = (\psi^1, \ldots, \psi^d)$ défini par

$$\psi_n^i(\omega) = \begin{cases} 0 & \text{si } n \leq n^* \\ \mathbf{1}_A(\omega)\phi_n^i(\omega) & \text{si } n > n^*, \end{cases}$$

pour $i = 1, \ldots, d$, avec $A = \{\tilde{G}_{n^*}(\underline{\phi}) < 0\}$. Comme $(\phi^1, \ldots, \phi^d)$ est prévisible et $A \in \mathcal{F}_{n^*}$, le processus $(\psi^1, \ldots, \psi^d)$ est aussi prévisible. De plus,

$$\tilde{G}_n(\underline{\psi}) = \begin{cases} 0 & \text{si } n \leq n^* \\ \mathbf{1}_A(\tilde{G}_n(\phi) - \tilde{G}_{n^*}(\phi)) & \text{si } n > n^*. \end{cases}$$

On en déduit que $\tilde{G}_n(\underline{\psi}) \geq 0$ pour tout $n \in \{0, \ldots, N\}$ et $\tilde{G}_N(\psi) > 0$ sur A. On peut alors associer au processus $\underline{\psi}$ une stratégie admissible ψ de valeur initiale nulle et de valeur finale non nulle et conclure que le marché n'est pas viable. □

Démonstration du Théorème 1.2.7 : (a) Supposons qu'il existe une probabilité $\mathbb{P}^*$ équivalente à $\mathbb{P}$ sous laquelle les prix actualisés des actifs sont des martingales. Alors, pour toute stratégie auto-financée (ϕ_n), on a, d'après la Proposition 1.1.2,

$$\tilde{V}_n(\phi) = V_0(\phi) + \sum_{j=1}^{n} \phi_j . \Delta\tilde{S}_j.$$

On en déduit, grâce à la proposition 1.2.3, que $(\tilde{V}_n(\phi))$ est une $\mathbb{P}^*$-martingale et, donc, que

$$\mathbb{E}^*(\tilde{V}_N(\phi)) = \mathbb{E}^*(\tilde{V}_0(\phi)).$$

Si la stratégie est admissible et de valeur initiale nulle, on obtient $\mathbb{E}^*(\tilde{V}_N(\phi)) = 0$, avec $\tilde{V}_N(\phi) \geq 0$. D'où $\tilde{V}_N(\phi) = 0$, puisque $\mathbb{P}^*(\{\omega\}) > 0$, pour tout $\omega \in \Omega$.

(b) Supposons maintenant le marché viable et notons $\mathcal{V}$ l'ensemble des variables aléatoires de la forme

$$\tilde{G}_N(\underline{\phi}) = \sum_{j=1}^{N} \left(\phi_j^1 \Delta\tilde{S}_j^1 + \cdots + \phi_j^d \Delta\tilde{S}_j^d \right),$$

où $\underline{\phi} = (\phi^1, \ldots, \phi^d)$ est un processus prévisible à valeurs dans $\mathbb{R}^d$. Il est clair que $\mathcal{V}$ est un sous-espace vectoriel de l'espace vectoriel $\mathbb{R}^\Omega$ de toutes les variables aléatoires réelles.

D'après le Lemme 1.2.6, les ensembles $\mathcal{V}$ et Γ ont une intersection vide et si on pose

$$K = \{X \in \Gamma \mid \sum_{\omega} X(\omega) = 1\}$$

L'ensemble K est un convexe compact de $\mathbb{R}^\Omega$ et, comme $K \subset \Gamma$, on a $K \cap \mathcal{V} = \emptyset$. Il résulte alors du Théorème de séparation des convexes (voir l'appendice), qu'il existe un vecteur $(\lambda(\omega))_{\omega \in \Omega}$ tel que

1. Pour tout $X \in K$, $\displaystyle\sum_{\omega} \lambda(\omega) X(\omega) > 0$.
2. Pour tout processus prévisible $\underline{\phi}$ à valeurs dans $\mathbb{R}^d$,

$$\sum_{\omega} \lambda(\omega) \tilde{G}_N(\underline{\phi})(\omega) = 0.$$

De la première propriété, on déduit que $\lambda(\omega) > 0$ pour tout $\omega \in \Omega$, de sorte que la probabilité $\mathbb{P}^*$ définie par

$$\mathbb{P}^*(\{\omega\}) = \frac{\lambda(\omega)}{\sum_{\omega' \in \Omega} \lambda(\omega')}$$

est équivalente à $\mathbb{P}$.

De plus, si on note $\mathbb{E}^*$ l'espérance par rapport à la probabilité $\mathbb{P}^*$, la propriété 2 signifie que, pour tout processus prévisible $\underline{\phi} = (\phi^1, \ldots, \phi^d)$ à valeurs dans $\mathbb{R}^d$,

$$\mathbb{E}^* \left(\sum_{j=1}^{N} \phi_j \Delta \tilde{S}_j \right) = 0.$$

On en déduit que pour tout indice $i \in \{1, \ldots, d\}$ et toute suite prévisible (ϕ_n^i), à valeurs réelles, on a

$$\mathbb{E}^* \left(\sum_{j=1}^{n} \phi_j^i \Delta \tilde{S}_j^i \right) = 0,$$

ce qui entraîne, d'après la Proposition 1.2.4 que, sous la probabilité $\mathbb{P}^*$, les prix actualisés $(\tilde{S}_n^1)$,...,$(\tilde{S}_n^d)$ sont des martingales.

1.3 Marchés complets et évaluation des options

1.3.1 Marchés complets

Nous définirons une *option européenne*[2] d'échéance N par la donnée d'une variable aléatoire $h \geq 0$, $\mathcal{F}_N$-mesurable, représentant le profit que permet l'exercice de l'option. Ainsi, pour une option d'achat ou *call* sur une unité d'actif 1 au prix d'exercice K, on a $h = \left(S_N^1 - K\right)_+$ et, pour une option de vente ou *put* sur le même actif sous-jacent, avec le même prix d'exercice K, $h = \left(K - S_N^1\right)_+$. Dans ces deux exemples (les plus importants dans la pratique), la variable aléatoire h est une fonction de S_N seulement. Il existe des options pour lesquelles h dépend de toutes les valeurs des cours jusqu'à l'échéance : $S_0, S_1, \ldots, S_N$. C'est le cas des options dites *asiatiques*, qui font intervenir la moyenne des cours observés sur une période donnée.

Définition 1.3.1 On dit que l'option européenne d'échéance N, définie par la variable aléatoire h est *simulable* (ou *atteignable*) s'il existe une stratégie admissible ϕ dont la valeur à l'instant N est égale à h.

Remarque 1.3.1 Dans un marché viable, pour que l'option h soit simulable, il suffit qu'il existe une stratégie *auto-financée* de valeur égale à h à l'instant N. En effet, si ϕ est une stratégie auto-financée et si $\mathbb{P}^*$ est une probabilité équivalente à $\mathbb{P}$ sous laquelle les prix actualisés sont des martingales, alors, sous $\mathbb{P}^*$, $(\tilde{V}_n(\phi))$ est une martingale (comme transformée de martingale). On a donc, pour $n \in \{0, \ldots, N\}$, $\tilde{V}_n(\phi) = \mathbb{E}^*(\tilde{V}_N(\phi)|\mathcal{F}_n) \geq 0$ dès que $\tilde{V}_N(\phi) \geq 0$ (en particulier si $V_N(\phi) = h \geq 0$).

Définition 1.3.3 On dit que le marché est complet si toute option européenne d'échéance N est simulable.

[2]On dit aussi, plus généralement, *bien contingent* (contingent claim) ou *actif conditionnel*.

Supposer qu'un marché financier est complet est une hypothèse restrictive dont la justification économique est moins claire que celle de l'absence d'opportunité d'arbitrage. L'intérêt des marchés complets est qu'ils se prêtent à une théorie très simple de l'évaluation et de la couverture des options. Le modèle de Cox-Ross-Rubinstein, que nous étudierons plus loin, est un exemple de modèle de marché complet d'un grande simplicité. Le théorème suivant donne une caractérisation des marchés viables et complets.

Théorème 1.3.4 *Un marché viable est* complet *si, et seulement si, il existe une seule probabilité $\mathbb{P}^*$ équivalente à $\mathbb{P}$ sous laquelle les prix actualisés des actifs soient des martingales.*

La probabilité $\mathbb{P}^*$ apparaîtra comme *l'outil de calcul* des formules de prix et de couverture.

Démonstration. (a) Supposons le marché viable et complet. Alors, toute variable aléatoire positive et $\mathcal{F}_N$-mesurable h peut s'écrire $h = V_N(\phi)$, où ϕ est une stratégie admissible qui simule l'option. Puisque ϕ est une stratégie auto-financée, on a

$$\frac{h}{S_N^0} = \tilde{V}_N(\phi) = V_0(\phi) + \sum_{j=1}^{N} \phi_j.\Delta\tilde{S}_j.$$

Alors, si $\mathbb{P}_1$ et $\mathbb{P}_2$ sont deux probabilités sous lesquelles les prix actualisés sont des martingales, la suite $(\tilde{V}_n(\phi))_{0\leq n\leq N}$ est une martingale, à la fois sous $\mathbb{P}_1$ et sous $\mathbb{P}_2$. Il en résulte que, pour $i = 1, 2$,

$$\mathbb{E}_i(\tilde{V}_N(\phi)) = \mathbb{E}_i(V_0(\phi)) = V_0(\phi),$$

la dernière égalité venant du fait que $\mathcal{F}_0 = \{\emptyset, \Omega\}$. On a donc

$$\mathbb{E}_1\left(\frac{h}{S_N^0}\right) = \mathbb{E}_2\left(\frac{h}{S_N^0}\right)$$

et, comme h est arbitraire, $\mathbb{P}_1 = \mathbb{P}_2$ sur la tribu $\mathcal{F}_N$, qu'on a supposée égale à $\mathcal{F}$.

(b) Supposons le marché viable et non complet. Alors, il existe une variable aléatoire $h \geq 0$ non simulable. Notons $\tilde{\mathcal{V}}$ l'espace des variables aléatoires de la forme

$$U_0 + \sum_{n=1}^{N} \phi_n.\Delta\tilde{S}_n, \tag{1.1}$$

où U_0 est une variable aléatoire $\mathcal{F}_0$-mesurable et $\left((\phi_n^1, \ldots, \phi_n^d)\right)_{0\leq n\leq N}$ un processus prévisible à valeurs dans $\mathbb{R}^d$.

Il résulte de la Proposition 1.1.3 et de la Remarque 1.3.1 que la variable aléatoire h/S_N^0 n'appartient pas $\tilde{\mathcal{V}}$. Donc $\tilde{\mathcal{V}}$ est un sous-espace strict de l'espace $\mathbb{R}^\Omega$ de toutes les variables aléatoires réelles. Alors, si $\mathbb{P}^*$ est une probabilité équivalente à $\mathbb{P}$ sous laquelle les prix actualisés des actifs sont des martingales, et si l'on munit l'espace

$\mathbb{R}^\Omega$ du produit scalaire $(X,Y) \mapsto \mathbb{E}^*(XY)$, on peut affirmer qu'il existe une variable aléatoire non nulle X, orthogonale à $\tilde{\mathcal{V}}$.

Posons alors

$$\mathbb{P}^{**}(\{\omega\}) = \left(1 + \frac{X(\omega)}{2\|X\|_\infty}\right)\mathbb{P}^*(\{\omega\})$$

où $\|X\|_\infty = \sup_{\omega\in\Omega}|X(\omega)|$. On définit ainsi une probabilité sur Ω (car $\mathbb{E}^*(X) = 0$), qui est équivalente à $\mathbb{P}$, et distincte de $\mathbb{P}^*$. On a de plus

$$\mathbb{E}^{**}\left(\sum_{n=1}^N \phi_n.\Delta\tilde{S}_n\right) = 0,$$

pour tout processus prévisible $\left((\phi_n^1,\ldots,\phi_n^d)\right)_{0\le n\le N}$, ce qui entraîne, par la Proposition 1.2.4, que $(\tilde{S}_n)_{0\le n\le N}$ est une $\mathbb{P}^{**}$-martingale. □

1.3.2 Évaluation et couverture des actifs conditionnels dans les marchés complets

On suppose le marché viable et complet et on note $\mathbb{P}^*$ l'unique probabilité sous laquelle les prix actualisés des actifs financiers sont des martingales. Soit h un actif conditionnel, c'est-à-dire une variable aléatoire positive et $\mathcal{F}_N$-mesurable et soit ϕ une stratégie admissible simulant h, donc vérifiant

$$V_N(\phi) = h.$$

La suite $(\tilde{V}_n(\phi))_{0\le n\le N}$ est une $\mathbb{P}^*$-martingale, et par conséquent

$$V_0(\phi) = \mathbb{E}^*(\tilde{V}_N(\phi)) = \mathbb{E}^*\left(h/S_N^0\right),$$

et, plus généralement,

$$V_n(\phi) = S_n^0\mathbb{E}^*\left(\frac{h}{S_N^0}|\mathcal{F}_n\right), \qquad n = 0,1,\ldots,N.$$

La valeur à tout instant d'une stratégie admissible simulant h est donc complètement déterminée par h. Il est naturel d'appeler $V_n(\phi)$ la *valeur de l'option* à l'instant n : c'est la richesse qu'il faut détenir à la date n pour pouvoir (en suivant la stratégie ϕ) procurer exactement la richesse h à la date N.

Si, à la date 0, un investisseur vend l'option au prix

$$\mathbb{E}^*\left(\frac{h}{S_N^0}\right),$$

il a la possibilité, en suivant une stratégie ϕ simulant l'option, de produire la richesse promise h à la date N. Il peut ainsi *se couvrir parfaitement*. Le nombre $\mathbb{E}^*(h/S_N^0)$ est donc la valeur naturelle de la prime à la date 0 : c'est le juste prix (*fair price* en anglais) de l'option à la date 0.

Remarque 1.3.2 Il est important de noter que le calcul du prix d'une option nécessite seulement la connaissance de $\mathbb{P}^*$ (et non celle de $\mathbb{P}$). On aurait pu se contenter de partir de l'espace *probabilisable* $(\Omega, \mathcal{F})$, muni de la filtration $(\mathcal{F}_n)$, ce qui revient à définir tous les *états du monde* possibles ainsi que l'évolution de l'information au cours du temps. Dès que l'espace $(\Omega, \mathcal{F})$ et la filtration sont spécifiés, il est inutile, pour évaluer des options par simulations, de déterminer les *vraies* probabilités des divers états possibles (en utilisant notamment une approche statistique). L'étude du modèle de Cox-Ross-Rubinstein montrera comment, concrètement, les calculs de prix et de couverture des options peuvent être menés à bien.

1.3.3 Première approche des options américaines

Une option américaine pouvant être exercée à n'importe quel instant entre 0 et N, nous la définirons comme une suite positive (Z_n), adaptée à la filtration $(\mathcal{F}_n)$, le nombre Z_n représentant le profit que permet l'exercice de l'option à la date n. Dans le cas d'un call américain sur l'actif 1, au prix d'exercice K, on a $Z_n = (S_n^1 - K)_+$. Dans le cas d'un put américain, $Z_n = (K - S_n^1)_+$. Pour définir la valeur de l'option américaine associée au processus $(Z_n)_{0 \leq n \leq N}$, nous allons raisonner par récurrence *descendante*, à partir de la date N. Il est clair que la valeur de l'option à la date N est $U_N = Z_N$. A quel prix vendre l'option à la date $N - 1$? Si le détenteur de l'option exerce immédiatement, il fera le profit Z_{N-1}, sinon, il exercera (éventuellement) à la date N et le vendeur doit être en mesure de payer la richesse Z_N à la date N. Le vendeur doit donc encaisser, à la date $N - 1$, une somme au moins égale à Z_{N-1} et lui permettant de fournir la richesse Z_N à l'instant N. La richesse qui, disponible à la date $N - 1$, permet de produire la richesse Z_N à l'instant N, c'est la valeur à l'instant $N - 1$ d'une stratégie admissible de valeur finale Z_N, c'est à dire $S_{N-1}^0 \mathbb{E}^*(\tilde{Z}_N \mid \mathcal{F}_{N-1})$, avec $\tilde{Z}_N = Z_N / S_N^0$. Il est donc naturel de prendre pour valeur de l'option américaine à l'instant $N - 1$ la quantité

$$U_{N-1} = \max(Z_{N-1}, S_{N-1}^0 \mathbb{E}^*(\tilde{Z}_N \mid \mathcal{F}_{N-1})).$$

De proche en proche, on définit la valeur U_n de l'option américaine à la date n par la relation de récurrence, valable pour $n = 1, \ldots, N$,

$$U_{n-1} = \max\left(Z_{n-1}, S_{n-1}^0 \mathbb{E}^*\left(\frac{U_n}{S_n^0}\middle| \mathcal{F}_{n-1}\right)\right).$$

Dans le cas d'un taux d'intérêt constant égal à r sur chaque période

$$S_n^0 = (1+r)^n$$

et

$$U_{n-1} = \max\left(Z_{n-1}, \frac{1}{1+r} \mathbb{E}^*(U_n | \mathcal{F}_{n-1})\right).$$

Soit $\tilde{U}_n = U_n / S_n^0$ le prix actualisé de l'option américaine.

Proposition 1.3.6 *La suite $(\tilde{U}_n)_{0 \leq n \leq N}$ est une $\mathbb{P}^*$-sur-martingale. C'est la plus petite $\mathbb{P}^*$-sur-martingale majorant la suite $(\tilde{Z}_n)_{0 \leq n \leq N}$.*

Noter que, contrairement au cas européen, la valeur actualisée d'une option américaine n'est en général pas une martingale sous $\mathbb{P}^*$.

Démonstration. De l'égalité

$$\tilde{U}_{n-1} = \max(\tilde{Z}_{n-1}, \mathbb{E}^*(\tilde{U}_n|\mathcal{F}_{n-1})),$$

on déduit que $(\tilde{U}_n)_{0\leq n\leq N}$ est une sur-martingale majorant $(\tilde{Z}_n)_{0\leq n\leq N}$. Soit maintenant une sur-martingale $(\tilde{T}_n)_{0\leq n\leq N}$ majorant $(\tilde{Z}_n)_{0\leq n\leq N}$. On montre par récurrence que $(\tilde{T}_n)_{0\leq n\leq N}$ majore $(\tilde{U}_n)$. On a, en effet, $\tilde{T}_N \geq \tilde{U}_N$ car $\tilde{U}_N = \tilde{Z}_N$, et si $\tilde{T}_n \geq \tilde{U}_n$, on peut écrire

$$\tilde{T}_{n-1} \geq \mathbb{E}^*(\tilde{T}_n|\mathcal{F}_{n-1}) \geq \mathbb{E}^*(\tilde{U}_n \mid \mathcal{F}_{n-1}).$$

D'où

$$\tilde{T}_{n-1} \geq \max(\tilde{Z}_{n-1}, \mathbb{E}^*(\tilde{U}_n|\mathcal{F}_{n-1})) = \tilde{U}_{n-1}.$$

□

1.4 Problème corrigé : le modèle de Cox, Ross et Rubinstein

Le modèle de Cox-Ross-Rubinstein est une version discrétisée du modèle de Black-Scholes (qui sera étudié au chapitre 4), dans laquelle il y a un seul actif risqué, de prix S_n à l'instant n, $0 \leq n \leq N$, et un actif sans risque de rendement certain r sur une période. On a donc, avec les notations des sections précédentes, $S_n^0 = (1+r)^n$.

On fait les hypothèses suivantes sur l'évolution du cours de l'actif risqué. Entre deux périodes consécutives, la variation relative du cours est soit a, soit b, avec $-1 < a < b$, ce qui s'écrit

$$S_{n+1} = \begin{cases} S_n(1+b) \\ S_n(1+a). \end{cases}$$

Le cours initial S_0 est donné. L'espace naturel des états possibles est donc $\Omega = \{(1+a, 1+b\}^N$, chaque N-uplet représentant les valeurs successives de S_{n+1}/S_n, pour $n = 0, 1, \ldots, N-1$. On pose naturellement $\mathcal{F}_0 = \{\emptyset, \Omega\}$ et $\mathcal{F} = \mathcal{P}(\Omega)$. Pour $n = 1, \ldots, N$, la tribu $\mathcal{F}_n$ est la tribu engendrée par les variables aléatoires $S_1, \ldots, S_n$: $\mathcal{F}_n = \sigma(S_1, \ldots, S_n)$. En faisant l'hypothèse que chaque singleton de Ω a une probabilité non nulle, nous définissons la probabilité $\mathbb{P}$ à l'équivalence près.

Introduisons les variables aléatoires $T_n = S_n/S_{n-1}$, pour $n = 1, \ldots, N$. Si $(x_1, \ldots, x_N)$ est un élément de Ω, $\mathbb{P}\{(x_1, \ldots, x_N)\} = \mathbb{P}(T_1 = x_1, \ldots, T_N = x_N)$. La connaissance de $\mathbb{P}$ équivaut donc à celle de la loi du N-uplet $(T_1, T_2, \ldots, T_N)$. Notons aussi que, pour $n \geq 1$, $\mathcal{F}_n = \sigma(T_1, \ldots, T_n)$.

1. Montrer que le prix actualisé $(\tilde{S}_n)$ est une martingale sous $\mathbb{P}$ si et seulement si $\mathbb{E}(T_{n+1} \mid \mathcal{F}_n) = 1 + r$, pour tout $n \in \{0, 1, \ldots, N-1\}$.

L'égalité $\mathbb{E}(\tilde{S}_{n+1} \mid \mathcal{F}_n) = \tilde{S}_n$ est équivalente à $\mathbb{E}(\tilde{S}_{n+1}/\tilde{S}_n \mid \mathcal{F}_n) = 1$, puisque $\tilde{S}_n$ est $\mathcal{F}_n$-mesurable, et cette dernière égalité équivaut à $\mathbb{E}(T_{n+1} \mid \mathcal{F}_n) = 1 + r$.

2. En déduire que, pour que le marché soit viable, il est nécessaire que r appartienne à l'intervalle $]a, b[$.

Si le marché est viable, il existe une probabilité $\mathbb{P}^*$ équivalente à $\mathbb{P}$, sous laquelle $(\tilde{S}_n)$ est une martingale. On a donc, d'après la Question 1,

$$\mathbb{E}^*(T_{n+1} \mid \mathcal{F}_n) = 1 + r,$$

et par conséquent $\mathbb{E}^*(T_{n+1}) = 1 + r$. Comme T_{n+1} vaut soit $1 + a$, soit $1 + b$ et prend ces deux valeurs avec une probabilité non nulle, on a nécessairement $(1 + r) \in]1 + a, 1 + b[$.

3. Donner des exemples d'arbitrages possibles si la condition de viabilité obtenue dans la Question 2 n'est pas satisfaite.

Supposons par exemple $r \leq a$. En empruntant la somme S_0 à l'instant 0, on peut acheter une unité d'actif risqué. A l'instant N, on rembourse l'emprunt et on revend l'actif risqué. Le profit réalisé $S_N - S_0(1 + r)^N$ est toujours positif ou nul, puisque $S_N \geq S_0(1 + a)^N$, et strictement positif avec probabilité non nulle. On a donc bien un arbitrage. Si $r \geq b$, l'arbitrage s'obtient en vendant l'actif risqué à découvert.

4. Pour toute la suite, on suppose que $r \in]a, b[$ et on pose $p = (b - r)/(b - a)$. Montrer que $(\tilde{S}_n)$ est une $\mathbb{P}$-martingale si et seulement si les variables aléatoires $T_1, T_2, \ldots, T_N$ sont indépendantes, équidistribuées, leur loi commune étant donnée par $\mathbb{P}(T_1 = 1 + a) = p = 1 - \mathbb{P}(T_1 = 1 + b)$. En déduire que le marché est viable et complet.

Si les T_i sont indépendantes et vérifient $\mathbb{P}(T_i = 1 + a) = p = 1 - \mathbb{P}(T_i = 1 + b)$, on a

$$\mathbb{E}(T_{n+1} \mid \mathcal{F}_n) = \mathbb{E}(T_{n+1}) = p(1 + a) + (1 - p)(1 + b) = 1 + r,$$

et $(\tilde{S}_n)$ est une martingale sous $\mathbb{P}$, d'après la Question 1.

Réciproquement, si, pour $n = 0, 1, \ldots, N - 1$, $\mathbb{E}(T_{n+1} \mid \mathcal{F}_n) = 1 + r$, on peut écrire

$$(1 + a)\mathbb{E}(\mathbf{1}_{\{T_{n+1}=1+a\}} \mid \mathcal{F}_n) + (1 + b)\mathbb{E}(\mathbf{1}_{\{T_{n+1}=1+b\}} \mid \mathcal{F}_n) = 1 + r.$$

On en déduit, en utilisant l'égalité

$$\mathbb{E}(\mathbf{1}_{\{T_{n+1}=1+a\}} \mid \mathcal{F}_n) + \mathbb{E}(\mathbf{1}_{\{T_{n+1}=1+b\}} \mid \mathcal{F}_n) = 1,$$

que $\mathbb{E}(\mathbf{1}_{\{T_{n+1}=1+a\}} \mid \mathcal{F}_n) = p$ et $\mathbb{E}(\mathbf{1}_{\{T_{n+1}=1+b\}} \mid \mathcal{F}_n) = 1 - p$. On montre alors, par récurrence sur n que pour tous $x_i \in \{1 + a, 1 + b\}$,

$$\mathbb{P}(T_1 = x_1, \ldots, T_n = x_n) = \prod_{i=1}^{n} p_i,$$

avec $p_i = p$ si $x_i = 1 + a$ et $p_i = 1 - p$ si $x_i = 1 + b$, ce qui prouve que les T_i sont indépendantes et équidistribuées sous $\mathbb{P}$ et que $\mathbb{P}(T_i = 1 + a) = p$.

Ainsi, on voit que la condition que $(\tilde{S}_n)$ soit une $\mathbb{P}$-martingale détermine la loi du N-uplet $(T_1, \ldots, T_N)$ sous $\mathbb{P}$, et donc la probabilité $\mathbb{P}$ elle-même de façon unique. Le marché est donc viable et complet.

5. On note C_n (resp. P_n) la valeur à l'instant n d'un call (resp. d'un put) européen sur une unité d'actif risqué, de prix d'exercice K et d'échéance N.

   (a) Retrouver, à partir des formules de prix sous forme d'espérances conditionnelles, la relation de parité call-put

   $$C_n - P_n = S_n - K(1+r)^{-(N-n)}.$$

   Notant $\mathbb{E}^*$ l'espérance par rapport à l'unique probabilité $\mathbb{P}^*$ sous laquelle $(\tilde{S}_n)$ est une martingale, on a

   $$\begin{aligned} C_n - P_n &= (1+r)^{-(N-n)}\mathbb{E}^*\left((S_N - K)_+ - (K - S_N)_+ \mid \mathcal{F}_n\right) \\ &= (1+r)^{-(N-n)}\mathbb{E}^*(S_N - K \mid \mathcal{F}_n) \\ &= S_n - K(1+r)^{-(N-n)}, \end{aligned}$$

   la dernière égalité résultant du fait que $(\tilde{S}_n)$ est une martingale sous $\mathbb{P}^*$.

   (b) Montrer que C_n peut s'écrire sous la forme $C_n = c(n, S_n)$, où c est une fonction que l'on explicitera à l'aide de K, a, b, r et p.

   En écrivant $S_N = S_n \prod_{i=n+1}^N T_i$, on obtient

   $$C_n = (1+r)^{-(N-n)}\mathbb{E}^*\left(\left(S_n \prod_{i=n+1}^N T_i - K\right)_+ \middle| \mathcal{F}_n\right).$$

   Comme, sous la probabilité $\mathbb{P}^*$, la variable aléatoire $\prod_{i=n+1}^N T_i$ est indépendante de $\mathcal{F}_n$, et que S_n est $\mathcal{F}_n$-mesurable, on peut écrire, en utilisant la Proposition A.2.5 de l'appendice, que $C_n = c(n, S_n)$, où c est la fonction définie par

   $$\begin{aligned} \frac{c(n,x)}{(1+r)^{-(N-n)}} &= \mathbb{E}^*\left(x \prod_{i=n+1}^N T_i - K\right)_+ = \\ &= \sum_{j=0}^{N-n} \binom{j}{N-n} p^j (1-p)^{N-n-j} \times \\ &\quad \times (x(1+a)^j(1+b)^{N-n-j} - K)_+. \end{aligned} \tag{1.2}$$

   où $\binom{j}{l} = \frac{l!}{(l-j)!j!}$.

   (c) Montrer que la fonction c vérifie la relation de récurrence, pour $n = 0, \ldots, N-1$,

   $$c(n,x) = \frac{p\, c(n+1, x(1+a)) + (1-p)\, c(n+1, x(1+b))}{1+r}.$$

En conditionnant par rapport à $(T_{n+2}, \ldots, T_N)$ dans (1.2), on a

$$\begin{aligned}\frac{c(n,x)}{(1+r)^{-(N-n)}} &= p\mathbb{E}^*\left(x(1+a)\prod_{i=n+2}^{N} T_i - K\right)_+ \\ &+(1-p)\mathbb{E}^*\left(x(1+b)\prod_{i=n+2}^{N} T_i - K\right)_+ .\end{aligned}$$

6. Montrer que la stratégie de couverture parfaite d'un call est définie par une quantité d'actif risqué $H_n = \Delta(n, S_{n-1})$ à détenir à l'instant n, où Δ est une fonction que l'on exprimera à partir de la fonction c.

   Notons H_n^0 la quantité d'actif sans risque dans le portefeuille simulant le call. On a
   $$H_n^0(1+r)^n + H_n S_n = c(n, S_n).$$
   Puisque H_n^0 et H_n sont $\mathcal{F}_{n-1}$-mesurables, ce sont des fonctions de $S_1, \ldots, S_{n-1}$ seulement et, S_n étant égal à $S_{n-1}(1+a)$ ou $S_{n-1}(1+b)$, l'égalité précédente implique
   $$H_n^0(1+r)^n + H_n S_{n-1}(1+a) = c(n, S_{n-1}(1+a))$$
   et
   $$H_n^0(1+r)^n + H_n S_{n-1}(1+b) = c(n, S_{n-1}(1+b)).$$
   D'où, par soustraction,
   $$\Delta(n,x) = \frac{c(n, x(1+b)) - c(n, x(1+a))}{x(b-a)}.$$

7. On utilise maintenant le modèle pour *pricer* un call ou un put d'échéance T sur une action. Pour cela, on divise l'intervalle $[0, T]$ en N sous-intervalles, de façon à se ramener à un modèle à N périodes, comme ci-dessus, et on fait tendre N vers l'infini en imposant les relations suivantes
   $$\begin{aligned}&r = RT/N,\\ &\log((1+a)/(1+r)) = -\sigma\sqrt{T/N},\\ &\log((1+b)/(1+r)) = \sigma\sqrt{T/N}.\end{aligned}$$
   Le nombre R s'interprète comme le *taux d'intérêt instantané* entre les instants 0 et T, puisque $e^{RT} = \lim_{N\to\infty}(1+r)^N$. Le nombre $\sigma^2 T$ peut être vu comme la variance limite, sous la probabilité $\mathbb{P}^*$, de la variable aléatoire $\log(S_N)$, quand N tend vers l'infini, le nombre σ^2 comme une variance *par unité de temps*.

   (a) Soit $(Y_N)_{N\geq 1}$ une suite de variables aléatoires de la forme
   $$Y_N = X_1^N + X_2^N + \cdots + X_N^N,$$
   où, pour chaque N, les variables aléatoires X_i^N sont indépendantes, équidistribuées, à valeurs dans l'ensemble
   $$\left\{-\sigma\sqrt{T/N}, \sigma\sqrt{T/N}\right\},$$

et de moyenne μ_N, avec $\lim_{N\to\infty}(N\mu_N) = \mu$. Montrer que la suite (Y_N) converge en loi vers une gaussienne de moyenne μ et de variance $\sigma^2 T$.

Il suffit d'étudier la convergence de la fonction caractéristique ϕ_{Y_N} de Y_N. On a, pour tout $\xi \in \mathbb{R}$,

$$\begin{aligned}\phi_{Y_N}(\xi) = \mathbb{E}(\exp(i\xi Y_N)) &= \prod_{j=1}^{N} \mathbb{E}\left(\exp\left(i\xi X_j^N\right)\right)\\ &= \left(\mathbb{E}\left(\exp\left(i\xi X_1^N\right)\right)\right)^N\\ &= (1 + i\xi\mu_N - \sigma^2 T\xi^2/2N + o(1/N))^N.\end{aligned}$$

D'où $\lim_{N\to\infty} \phi_{Y_N}(\xi) = \exp(i\xi\mu - \sigma^2 T\xi^2/2)$, ce qui prouve la convergence en loi.

(b) Expliciter les valeurs limites du put, puis du call à l'instant 0.

Pour N fixé, le prix du put à l'instant 0 est donné par

$$\begin{aligned}P_0^{(N)} &= (1 + RT/N)^{-N}\mathbb{E}^*\left(K - S_0 \prod_{n=1}^{N} T_n\right)_+\\ &= \mathbb{E}^*\left((1 + RT/N)^{-N} K - S_0 \exp(Y_N)\right)_+\end{aligned}$$

où $Y_N = \sum_{n=1}^{N} \log(T_n/(1 + r))$. Avec les hypothèses de l'énoncé, les variables aléatoires $X_j^N = \log(T_j/(1 + r))$ sont à valeurs dans $\{-\sigma\sqrt{T/N}, \sigma\sqrt{T/N}\}$ et sont équidistribuées sous la probabilité $\mathbb{P}^*$. On a de plus

$$\mathbb{E}^*(X_j^N) = (1 - 2p)\frac{\sigma\sqrt{T}}{\sqrt{N}} = \frac{2 - e^{\sigma\sqrt{T/N}} - e^{-\sigma\sqrt{T/N}}}{e^{\sigma\sqrt{T/N}} - e^{-\sigma\sqrt{T/N}}}\frac{\sigma\sqrt{T}}{\sqrt{N}}.$$

La suite (Y_N) vérifie donc les conditions de la Question 7(a), avec $\mu = -\sigma^2 T/2$. Si on pose $\psi(y) = (Ke^{-RT} - S_0 e^y)_+$, on peut écrire

$$\begin{aligned}|P_0^{(N)} &- \mathbb{E}^*(\psi(Y_N))|\\ &= |\mathbb{E}^*(((1 + RT/N)^{-N} K - S_0 \exp(Y_N))_+\\ &\qquad -(Ke^{-RT} - S_0 \exp(Y_N))_+)|\\ &\leq K|(1 + RT/N)^{-N} - e^{-RT}|.\end{aligned}$$

D'où, en utilisant le convergence en loi de (Y_N) et le fait que la fonction ψ est continue et bornée[3],

$$\begin{aligned}\lim_{n\to\infty} P_0^{(N)} &= \lim_{N\to\infty} \mathbb{E}^*(\psi(Y_N))\\ &= \frac{1}{\sqrt{2\pi}}\int_{-\infty}^{+\infty} (Ke^{-RT} - S_0 e^{-\frac{\sigma^2 T}{2} + \sigma\sqrt{T}y})_+ e^{-\frac{y^2}{2}}\,dy.\end{aligned}$$

[3] C'est précisément pour pouvoir travailler avec une fonction bornée que nous avons d'abord étudié le put.

L'intégrale obtenue s'exprime, après un calcul élémentaire, à l'aide de la fonction de répartition Φ de la loi normale centrée réduite, de sorte que

$$\lim_{n\to\infty} P_0^{(N)} = Ke^{-RT}\Phi(-d_2) - S_0\Phi(-d_1),$$

où $d_1 = (\log(S_0/K) + RT + \sigma^2 T/2)/\sigma\sqrt{T}$, $d_2 = d_1 - \sigma\sqrt{T}$ et

$$\Phi(d) = \frac{1}{\sqrt{2\pi}} \int_{-\infty}^{d} e^{-x^2/2} dx.$$

Le prix du call s'en déduit en utilisant la relation de parité call-put :

$$\lim_{N\to\infty} C_0^{(N)} = S_0\Phi(d_1) - Ke^{-RT}\Phi(d_2).$$

Remarque 1.4.1 Dans les formules obtenues ci-dessus, le seul paramètre qui n'est pas directement observable sur le marché est σ. Son interprétation comme écart-type suggère de l'estimer par des voies statistiques. Nous reviendrons sur cette question dans le Chapitre 4.

Indications bibliographiques Nous avons supposé, dans ce chapitre, qu'il n'y avait pas de dividendes. En fait, on peut utiliser les mêmes idées pour traiter les marchés avec dividendes (voir par exemple Huang et Litzenberger (1988)). Le théorème de caractérisation des marchés viables peut être étendu à des espaces de probabilité infinis (cf. Dalang *et al.* (1990) et Morton (1989)). Une démonstration qui s'étend à ce cadre est esquissée dans l'exercice 1 ci-dessous, inspiré de Rogers (1994). En temps continu, la formulation du problème est délicate (cf. Harrison et Kreps (1979), Stricker (1990), Delbaen et Schachermayer (1994) et le livre récent de Delbaen et Schachermayer (2006)). La théorie des marchés complets en temps continu a été développée par Harrison et Pliska (1981) et Harrison et Pliska (1983). On trouvera une présentation élémentaire du modèle de Cox-Ross-Rubinstein dans le livre de Cox et Rubinstein (1985). Une généralisation du modèle (dans laquelle le marché est *incomplet*) est étudiée dans l'exercice 2. On trouvera d'autres informations sur les modèles discrets dans Föllmer et Schied (2004) et Pliska (1997).

1.5 Exercices

Exercice 1 Soit $X = (X_1, \ldots, X_d)$ un vecteur aléatoire à valeurs dans $\mathbb{R}^d$, défini sur un espace de probabilité fini $(\Omega, \mathcal{F}, \mathbb{P})$. On note $F : \mathbb{R}^d \to \mathbb{R}$ la fonction définie par $F(\theta) = \mathbb{E}\, e^{\theta . X}$.

1. Montrer que si $\mathbb{P}(X = 0) < 1$, on peut trouver une sous famille $(X_{i_1}, \ldots, X_{i_k})$ telle que chaque composante X_i de X soit (presque sûrement) une combinaison linéaire des variables aléatoires $X_{i_1}, \ldots, X_{i_k}$ et, pour tout $(u_1, \ldots, u_k) \in \mathbb{R}^k$ ayant au moins une coordonnée non nulle, $\mathbb{P}(\sum_{j=1}^k u_j X_{i_j} = 0) < 1$.
2. Montrer que si F admet un minimum en un point $\theta^* \in \mathbb{R}^d$, on a $\mathbb{E} X e^{\theta^* . X} = 0$.

3. Le vecteur aléatoire X est dit *sans arbitrage* si pour tout $\theta \in \mathbb{R}^d$ tel que $\mathbb{P}(\theta.X \geq 0) = 1$, on a $\mathbb{P}(\theta.X = 0) = 1$. On se propose de montrer que si X est sans arbitrage, F a un minimum.
   (a) On considère une suite $(u_n)_{n\in\mathbb{N}}$ de vecteurs de $\mathbb{R}^d$, avec $||u_n|| = 1$, et une suite $(\lambda_n)_{n\in\mathbb{N}}$ de nombres réels tels que $\lim_{n\to\infty} F(\lambda_n u_n) = \inf_{\theta\in\mathbb{R}^d} F(\theta)$. Montrer que si X est sans arbitrage et vérifie $\mathbb{P}(u.X = 0) < 1$ pour tout vecteur non nul $u \in \mathbb{R}^d$, la suite $(\lambda_n)_{n\in\mathbb{N}}$ est bornée.
   (b) Conclure, en utilisant la Question 1.
4. Soit $\mathcal{B}_1$ et $\mathcal{B}_2$ deux sous-tribus de $\mathcal{F}$, avec $\mathcal{B}_1 \subset \mathcal{B}_2$. On suppose que, pour tout vecteur aléatoire $\mathcal{B}_1$-mesurable θ, à valeurs dans $\mathbb{R}^d$, tel que $\mathbb{P}(\theta.X \geq 0) = 1$, on a $\mathbb{P}(\theta.X = 0) = 1$. Montrer qu'il existe une variable aléatoire réelle $\mathcal{B}_2$-mesurable U vérifiant $\mathbb{P}(U > 0) = 1$, $\mathbb{E}(U \mid \mathcal{B}_1) = 1$ et $\mathbb{E}(XU) = 0$. Indication : utiliser les questions précédentes et les atomes de $\mathcal{B}_1$.
5. Déduire de ce qui précède une autre démonstration du Théorème 1.2.7 (partie b)).

Exercice 2 Sur-réplication en marché incomplet. On considère une version étendue du modèle de Cox-Ross-Rubinstein dans laquelle le prix de l'actif risqué peut prendre trois valeurs différentes à chaque étape.

On désigne par S_n le prix de l'actif risqué à l'instant n et par r le taux d'intérêt sans risque sur une période. Le prix de l'actif sans risque à l'instant n est donc donné par $S_n^0 = (1+r)^n$. Entre deux périodes successives, la variation relative du prix peut être a, b ou c, avec $-1 < a < b < c$:

$$S_{n+1} = \begin{cases} S_n(1+a) \\ S_n(1+b) \\ S_n(1+c). \end{cases}$$

L'ensemble des états possibles est $\Omega = \{1+a, 1+b, 1+c\}^N$, où chaque N-uplet représente les valeurs successives de S_{n+1}/S_n, pour $n = 0, 1, \ldots, N-1$. On suppose également que, pour $n = 1, \ldots, N$, $\mathcal{F}_n = \sigma(S_1, \ldots, S_n)$, tribu engendrée par les variables $S_1, \ldots, S_n$. On suppose que $\mathbb{P}$ charge tous les singletons de Ω, ce qui détermine $\mathbb{P}$ à l'équivalence près.

I Viabilité et complétude

1. A quelle condition sur a, b, c et r ce modèle est-il viable ? On suppose dans la suite que cette condition est remplie.
2. On suppose (dans cette question seulement) que $N = 1$ et $r = 0$. Montrer, en donnant un exemple d'option non simulable, que le marché n'est pas complet.

On se propose de montrer que, pour une option donnée par $h = f(S_N)$, avec f convexe, il existe une stratégie de *sur-réplication* au sens suivant.

On appelle stratégie de *sur-réplication* de l'option de valeur finale $h = f(S_N)$ toute stratégie *auto-financée* $\phi = ((H_n^0, H_n), 0 \leq n \leq N)$ dont la valeur à la date N vérifie $V_N(\phi) \geq f(S_N)$ presque sûrement.

Quand l'option admet une stratégie de sur-réplication, on appelle *prix de sur-réplication* de l'option la plus petite valeur initiale possible d'une stratégie de sur-réplication (en supposant l'existence d'une stratégie minimale en ce sens).

II Une minoration du prix de sur-réplication On suppose l'existence d'une stratégie de sur-réplication $\phi = ((H_n^0, H_n), 0 \leq n \leq N)$ et on note $V_n(\phi)$ sa valeur à la date n.

1. Montrer que si $\tilde{\mathbb{P}}$ est une probabilité équivalente à $\mathbb{P}$, sous laquelle $(\tilde{S}_n = S_n/S_n^0, 0 \leq n \leq N)$ est une martingale, on a $V_0(\phi) \geq \tilde{\mathbb{E}}\left(\frac{f(S_N)}{(1+r)^N}\right)$.
2. On pose $T_n = S_n/S_{n-1}$ et on désigne par $\mathbb{P}^{\,p_1,p_2,p_3}$ la probabilité sur Ω sous laquelle $(T_n, 0 \leq n \leq N)$ est une suite de variables aléatoires indépendantes vérifiant

$$\begin{aligned} \mathbb{P}^{\,p_1,p_2,p_3}(T_n = 1+a) &= p_1, \quad (1.3)\\ \mathbb{P}^{\,p_1,p_2,p_3}(T_n = 1+b) &= p_2, \quad (1.4)\\ \mathbb{P}^{\,p_1,p_2,p_3}(T_n = 1+c) &= p_3, \quad (1.5) \end{aligned}$$

   où p_1, p_2, p_3 sont des nombres réels positifs vérifiant $p_1 + p_2 + p_3 = 1$.
   Montrer que $(\tilde{S}_n, 0 \leq n \leq N)$ est une martingale sous $\mathbb{P}^{\,p_1,p_2,p_3}$ si, et seulement si, $p_1 a + p_2 b + p_3 c = r$.
   A quelle condition sur p_1, p_2, p_3 cette probabilité est-elle équivalente à la probabilité initiale $\mathbb{P}$?
3. Montrer que le prix de sur-réplication V_0 est supérieur ou égal à

$$\bar{V}_0 = \sup_{\substack{p_1>0, p_2>0, p_3>0\\ p_1+p_2+p_3=1\\ p_1 a+p_2 b+p_3 c=r}} \mathbb{E}^{\,p_1,p_2,p_3}\left(\frac{f(S_N)}{(1+r)^N}\right).$$

4. Montrer que

$$\bar{V}_0 \geq V_{\mathrm{CRR}} = \mathbb{E}^{\,p^*,0,1-p^*}\left(\frac{f(S_N)}{(1+r)^N}\right),$$

   où p^* est déterminé par $p^*a + (1-p^*)c = r$ (on remarquera, en utilisant les égalités $p_1 + p_2 + p_3 = 1$ et $p_1 a + p_2 b + p_3 c = r$, qu'on peut écrire p_1 sous la forme $\alpha(p_2)$ et p_3 sous la forme $\beta(p_2)$ et que la fonction $p_2 \mapsto \mathbb{E}^{\,\alpha(p_2),p_2,\beta(p_2)}(f(S_N)))$ est continue).
   Donner une interprétation de p^* et V_{CRR} dans un modèle de Cox-Ross-Rubinstein dont on précisera les paramètres.

III Calcul d'une stratégie de sur-réplication Le but de cette partie est de montrer l'existence d'une stratégie de sur-réplication de valeur initiale V_{CRR} si la fonction f est convexe.

Soit $v(n, x)$ le prix, dans le modèle de Cox-Ross-Rubinstein de paramètres $d = 1+a$ et $u = 1+c$, à l'instant n et pour un prix d'actif à cet instant x. Le prix satisfait l'équation récurrente suivante :

$$\begin{cases} v(N,x) = f(x), x \in \mathbb{R}^+ \\ v(n,x) = \dfrac{p^* v(n+1,xd) + (1-p^*) v(n+1,xu)}{1+r} \\ x \in \mathbb{R}^+, 0 \le n < N. \end{cases} \tag{1.6}$$

Soit $\Delta(n+1,x)$ la quantité d'actif risqué à détenir entre les instants n et $n+1$, pour une valeur du prix de l'actif x, pour consituer un portefeuille de réplication parfaite :

$$\Delta(n+1,x) = \frac{v(n+1,xu) - v(n+1,xd)}{x(u-d)}.$$

Soit V_n la valeur à l'instant n de l'unique stratégie auto-financée de valeur initiale $V_0 = V_{\mathrm{CRR}} = v(0,S_0)$, pour laquelle la quantité d'actif risqué détenue à la date n est $\Delta(n,S_n)$.

1. En utilisant la convexité de f, montrer que si v est solution de (1.6), alors, $v(n,.)$ est convexe quel que soit n.
2. Soit $\tilde{V}_n = V_n/(1+r)^n$ et $\tilde{S}_n = S_n/(1+r)^n$. Montrer que
$$\tilde{V}_{n+1} - \tilde{V}_n = \Delta(n+1,S_n)\left(\tilde{S}_{n+1} - \tilde{S}_n\right).$$
3. Montrer, en utilisant l'égalité (1.6), que, pour $\alpha = a$ ou c, on a
$$\frac{v(n+1,x(1+\alpha))}{1+r} = v(n,x) + \Delta(n+1,x)\left(\frac{x(1+\alpha)}{1+r} - x\right).$$
En déduire, en utilisant la convexité de v, que
$$\frac{v(n+1,x(1+b))}{1+r} \le v(n,x) + \Delta(n+1,x)\left(\frac{x(1+b)}{1+r} - x\right).$$
4. Montrer par récurrence que pour tout $n = 0,\dots N$, $V_n \ge v(n,S_n)$. En déduire que V_{CRR} est la valeur initiale d'une stratégie de sur-réplication.

Exercice 3 On considère un modèle de marché financier à temps discret comme dans la Section 1.1. Un *numéraire* est une suite adaptée $W = (W_n)_{n=0,\dots,N}$ vérifiant $W_0 = 1$, $W_n > 0$ pour tout $n = 1,\dots,N$, et $W_n = V_n(\theta)$ $(n = 0,\dots,N)$ pour une stratégie admissible θ. Dans cet exercice, on se donne un numéraire W, et on désigne par S^W le processus vecteur des prix *dans le numéraire* W défini par $S_n^W = S_n/W_n$, pour $n = 0,\dots,N$.

1. Montrer qu'une suite prévisible $\phi = (\phi_n)_{n=0,\dots,N}$, à valeurs dans $\mathbb{R}^{d+1}$, est une stratégie auto-financée si et seulement si, on a, pour $n = 1,\dots,N$,
$$V_n^W(\phi) = V_0(\phi) + \sum_{j=1}^{n} \phi_j.\Delta S_j^W,$$
avec la notation $V_n^W(\phi) = V_n(\phi)/W_n$.

2. Montrer que, pour $n = 1, \ldots, N$, $\sum_{j=1}^{n} \theta_j.\Delta S_j^W = 0$.
3. Montrer que pour toute suite prévisible $\phi = (\phi_n)_{n=0,\ldots,N}$, à valeurs dans $\mathbb{R}^{d+1}$, et pour tout nombre réel V_0, il existe une stratégie auto-financée $\hat{\phi}$ telle que
$$\hat{\phi}_n.S_n^W = V_0 + \sum_{j=1}^{n} \phi_j.\Delta S_j^W, \quad n = 0, \ldots, N.$$
4. Montrer que le marché est viable si et seulement si il existe une probabilité $\mathbb{P}^W$, équivalente à $\mathbb{P}$, sous laquelle S^W soit une martingale.
5. Montrer que, dans un marché viable, il y a au plus un numéraire déterministe.
6. On suppose le marché viable et complet et on note $\mathbb{P}^*$ l'unique probabilité équivalente à $\mathbb{P}$ sous laquelle $\tilde{S}$ est une martingale.
   (a) Montrer que la probabilité $\mathbb{P}^W$ introduite dans la Question 4 est unique et vérifie $d\mathbb{P}^W/d\mathbb{P}^* = W_N/S_N^0$.
   (b) Montrer que le juste prix à l'instant n d'une option h est donnée par
$$W_n \mathbb{E}^W\left(h/W_N \mid \mathcal{F}_n\right).$$

Chapitre 2

Problème d'arrêt optimal et options américaines

Le but de ce chapitre est de traiter l'évaluation et la couverture des options américaines et de faire apparaître le lien entre ces questions et le problème d'arrêt optimal. Pour cela, nous aurons besoin de la notion de temps d'arrêt, qui permet de modéliser les stratégies d'exercice d'une option américaine, et de la notion d'enveloppe de Snell, qui est la clé de la résolution du problème d'arrêt optimal. L'application de ces notions aux options américaines sera précisée dans la Section 2.5.

2.1 Notion de temps d'arrêt

Le détenteur d'une option américaine peut l'exercer à tout moment, jusqu'à la date d'échéance. La décision d'exercer ou de ne pas exercer à l'instant n se fera au vu des informations disponibles à l'instant n. Si on se place dans le cadre d'un modèle discret, construit sur un espace probabilisé filtré fini $(\Omega, \mathcal{F}, (\mathcal{F}_n)_{0\leq n\leq N}, \mathbb{P})$, on est conduit à décrire la date d'exercice par une variable aléatoire appelée temps d'arrêt.

Définition 2.1.1 Une variable aléatoire ν, à valeurs dans $\{0, 1, 2, \ldots, N\}$ est un temps d'arrêt si, pour tout $n \in \{0, 1, \cdots, N\}$,

$$\{\nu = n\} \in \mathcal{F}_n.$$

Remarque 2.1.1 Comme dans le chapitre précédent, nous supposerons que $\mathcal{F} = \mathcal{P}(\Omega)$ et $\mathbb{P}(\{\omega\}) > 0$, pour tout $\omega \in \Omega$. Cette hypothèse n'est d'ailleurs pas essentielle : si elle n'est pas vérifiée, les résultats exposés dans ce chapitre restent vraies, à condition de prendre les égalités au sens presque sûr. En revanche, nous ne supposerons pas que $\mathcal{F}_0 = \{\emptyset, \Omega\}$ et $\mathcal{F}_N = \mathcal{F}$, sauf dans le contexte purement financier de la Section 2.5.

Remarque 2.1.2 On pourra vérifier, à titre d'exercice, que ν est un temps d'arrêt si et seulement si, pour tout $n \in 0, 1, \ldots, N$,

$$\{\nu \leq n\} \in \mathcal{F}_n.$$

Cette définition équivalente du temps d'arrêt est celle qui se généralise au temps continu.

Introduisons maintenant la notion de *suite arrêtée à un temps d'arrêt.* Soit $(X_n)_{0 \leq n \leq N}$ une suite adaptée à la filtration $(\mathcal{F}_n)_{0, \leq n \leq N}$ et soit ν un temps d'arrêt. La suite arrêtée à l'instant ν est définie par

$$X_n^\nu(\omega) = X_{\nu(\omega)\wedge n}(\omega),$$

c'est-à-dire que, sur l'ensemble $\{\nu = j\}$, on a

$$X_n^\nu = \begin{cases} X_j & \text{si } j \leq n \\ X_n & \text{si } j > n. \end{cases}$$

Noter que $X_N^\nu(\omega) = X_{\nu(\omega)}(\omega)$ $(= X_j$ sur $\{\nu = j\})$.

Proposition 2.1.4 *Soit (X_n)une suite adaptée et soit ν un temps d'arrêt. La suite arrêtée $(X_n^\nu)_{0 \leq n \leq N}$ est adaptée. De plus, si (X_n) est une martingale (resp. une sur-martingale), alors (X_n^ν) est une martingale (resp. une sur-martingale).*

Démonstration. On remarque que, pour $n \geq 1$, on a

$$X_{\nu \wedge n} = X_0 + \sum_{j=1}^{n} \phi_j (X_j - X_{j-1}),$$

où $\phi_j = \mathbf{1}_{\{j \leq \nu\}}$. Puisque $\{j \leq \nu\}$ est le complémentaire de l'ensemble $\{\nu < j\} = \{\nu \leq j-1\}$, le processus $(\phi_n)_{0 \leq n \leq N}$ est prévisible.

Il est clair alors que $(X_{\nu \wedge n})_{0 \leq n \leq N}$ est adaptée à la filtration $(\mathcal{F}_n)_{0 \leq n \leq N}$. De plus, si (X_n) est une martingale, $(X_{\nu \wedge n})$ est aussi une martingale par rapport à $(\mathcal{F}_n)$, puisque c'est une transformée de la martingale (X_n). De même, on peut montrer que si la suite (X_n) est une sur-martingale (resp. une sous-martingale), la suite arrêtée est encore une sur-martingale (resp. une sous-martingale) en utilisant la prévisibilité et la positivité de $(\phi_j)_{0 \leq j \leq N}$. □

2.2 Enveloppe de Snell

Dans ce paragraphe, on se donne une suite adaptée $(Z_n)_{0 \leq n \leq N}$, et on se propose d'étudier la suite $(U_n)_{0 \leq n \leq N}$ définie par

$$\begin{cases} U_N &= Z_N \\ U_n &= \max(Z_n, \mathbb{E}(U_{n+1} | \mathcal{F}_n)), \quad n = 0, \ldots, N-1. \end{cases}$$

Cette étude est motivée par notre première approche des options américaines (cf. Section 1.3.3). Nous savons déjà, par la Proposition 1.3.6, que $(U_n)_{0 \leq n \leq N}$ est la plus petite sur-martingale majorant la suite $(Z_n)_{0\leq n\leq N}$. On l'appelle *enveloppe de Snell* de la suite $(Z_n)_{0\leq n\leq N}$.

La relation de récurrence définissant U_n montre qu'à chaque instant n, $U_n \geq Z_n$ (avec égalité pour $n = N$) et que, tant que l'inégalité est stricte, $U_n = \mathbb{E}(U_{n+1}|\mathcal{F}_n)$. Cela suggère que, en arrêtant convenablement la suite (U_n), on puisse obtenir une martingale, comme le montre la proposition suivante.

Proposition 2.2.1 *La variable aléatoire définie par*

$$\nu_0 = \inf\{n \geq 0 \mid U_n = Z_n\} \tag{2.1}$$

est un temps d'arrêt et la suite arrêtée $(U_{n\wedge\nu_0})_{0\leq n\leq N}$ *est une martingale.*

Démonstration. Puisque $U_N = Z_N$, la variable ν_0 définit bien un élément de $\{0, 1, \ldots, N\}$ et on a

$$\{\nu_0 = 0\} = \{U_0 = Z_0\} \in \mathcal{F}_0,$$

et, pour $k \geq 1$,

$$\{\nu_0 = k\} = \{U_0 > Z_0\} \cap \cdots \cap \{U_{k-1} > Z_{k-1}\} \cap \{U_k = Z_k\} \in \mathcal{F}_k.$$

Pour montrer que $(U_n^{\nu_0})$ est une martingale, on écrit, comme dans la démonstration de la Proposition 2.1.4,

$$U_n^{\nu_0} = U_{n\wedge\nu_0} = U_0 + \sum_{j=1}^{n} \phi_j \Delta U_j,$$

où $\phi_j = \mathbf{1}_{\{\nu_0\geq j\}}$. On a donc, pour $n \in \{0, 1, \ldots, N-1\}$,

$$\begin{aligned} U_{n+1}^{\nu_0} - U_n^{\nu_0} &= \phi_{n+1}(U_{n+1} - U_n) \\ &= \mathbf{1}_{\{n+1\leq\nu_0\}}(U_{n+1} - U_n). \end{aligned}$$

On a, par définition, $U_n = \max(Z_n, \mathbb{E}(U_{n+1} \mid \mathcal{F}_n))$ et, sur l'ensemble $\{n+1 \leq \nu_0\}$, $U_n > Z_n$. D'où

$$U_n = \mathbb{E}(U_{n+1}|\mathcal{F}_n),$$

et par conséquent

$$U_{n+1}^{\nu_0} - U_n^{\nu_0} = \mathbf{1}_{\{n+1\leq\nu_0\}}(U_{n+1} - \mathbb{E}(U_{n+1}|\mathcal{F}_n)).$$

En prenant l'espérance conditionnelle des deux membres, on obtient

$$\mathbb{E}((U_{n+1}^{\nu_0} - U_n^{\nu_0})|\mathcal{F}_n) = \mathbf{1}_{\{n+1\leq\nu_0\}}\mathbb{E}((U_{n+1} - \mathbb{E}(U_{n+1}|\mathcal{F}_n)) \mid \mathcal{F}_n),$$

car $\{n+1 \leq \nu_0\} \in \mathcal{F}_n$ (puisque le complémentaire de $\{n+1 \leq \nu_0\}$ est $\{\nu_0 \leq n\}$). D'où

$$\mathbb{E}((U_{n+1}^{\nu_0} - U_n^{\nu_0})|\mathcal{F}_n) = 0,$$

ce qui prouve que U^{ν_0} est une martingale. □

Dans la suite, nous noterons $\mathcal{T}_{n,N}$ l'ensemble des temps d'arrêt à valeurs dans $\{n, n+1, \ldots, N\}$. Remarquons que, puisque Ω est supposé fini, l'ensemble $\mathcal{T}_{n,N}$ est également fini. La propriété de martingale de la suite arrêtée U^{ν_0} permet de montrer le résultat suivant, qui fait le lien entre enveloppe de Snell et problème d'arrêt optimal.

Corollaire 2.2.2 *Le temps d'arrêt ν_0 vérifie*

$$U_0 = \mathbb{E}(Z_{\nu_0}|\mathcal{F}_0) = \sup_{\nu \in \mathcal{T}_{0,N}} \mathbb{E}(Z_\nu|\mathcal{F}_0).$$

Si Z_n représente la somme des gains d'un joueur après n parties d'un jeu de hasard, on voit que s'arrêter à l'instant ν_0 permet de maximiser le gain moyen sachant $\mathcal{F}_0$.

Démonstration. Puisque U^{ν_0} est une martingale, on a

$$U_0 = U_0^{\nu_0} = \mathbb{E}(U_N^{\nu_0} \mid \mathcal{F}_0) = \mathbb{E}(U_{\nu_0} |\mathcal{F}_0) = \mathbb{E}(Z_{\nu_0} \mid \mathcal{F}_0).$$

Par ailleurs, si $\nu \in \mathcal{T}_{0,N}$, la suite arrêtée U^ν est une sur-martingale. D'où

$$\begin{aligned} U_0 &\geq \mathbb{E}(U_N^\nu|\mathcal{F}_0) = \mathbb{E}(U_\nu|\mathcal{F}_0) \\ &\geq \mathbb{E}(Z_\nu|\mathcal{F}_0), \end{aligned}$$

ce qui donne le résultat. □

Remarque 2.2.1 Une généralisation immédiate du Corollaire 2.2.2 donne

$$\begin{aligned} U_n &= \sup_{\nu \in \mathcal{T}_{n,N}} \mathbb{E}(Z_\nu|\mathcal{F}_n) \\ &= \mathbb{E}(Z_{\nu_n}|\mathcal{F}_n), \end{aligned}$$

où $\nu_n = \inf\{j \geq n | U_j = Z_j\}$.

Définition 2.2.4 Un temps d'arrêt ν^* est dit *optimal* (pour la suite $(Z_n)_{0 \leq n \leq N}$) si

$$\mathbb{E}(Z_{\nu^*}|\mathcal{F}_0) = \sup_{\nu \in \mathcal{T}_{0,N}} \mathbb{E}(Z_\nu|\mathcal{F}_0).$$

Il résulte de ce qui précède que le temps d'arrêt ν_0 est optimal. Le résultat suivant donne une caractérisation des temps d'arrêt optimaux qui montre que ν_0 est le plus petit temps d'arrêt optimal.

Théorème 2.2.5 *Un temps d'arrêt ν est optimal si et seulement si*

$$\begin{cases} Z_\nu = U_\nu \\ \textit{et} \;\; (U_{\nu \wedge n})_{0 \leq n \leq N} \textit{ est une martingale.} \end{cases} \tag{2.2}$$

Démonstration. Si la suite arrêtée U^ν est une martingale, on a $U_0 = \mathbb{E}(U_\nu|\mathcal{F}_0)$ et par conséquent, si (2.2) est vérifié, $U_0 = \mathbb{E}(Z_\nu|\mathcal{F}_0)$. L'optimalité de ν résulte alors du Corollaire 2.2.2.

Réciproquement, si ν est optimal, on a

$$U_0 = \mathbb{E}(Z_\nu|\mathcal{F}_0) \leq \mathbb{E}(U_\nu|\mathcal{F}_0).$$

Mais, puisque U^ν est une sur-martingale,

$$\mathbb{E}(U_\nu|\mathcal{F}_0) \leq U_0.$$

D'où

$$\mathbb{E}(U_\nu|\mathcal{F}_0) = \mathbb{E}(Z_\nu|\mathcal{F}_0)$$

et, puisque $U_\nu \geq Z_\nu$, $U_\nu = Z_\nu$.

De l'égalité $\mathbb{E}(U_\nu|\mathcal{F}_0) = U_0$ et des inégalités

$$U_0 \geq \mathbb{E}(U_{\nu\wedge n}|\mathcal{F}_0) \geq \mathbb{E}(U_\nu|\mathcal{F}_0)$$

(qui résultent du fait que (U_n^ν)) est une sur-martingale) on déduit aussi

$$\mathbb{E}(U_{\nu\wedge n}|\mathcal{F}_0) = \mathbb{E}(U_\nu|\mathcal{F}_0) = \mathbb{E}(\mathbb{E}(U_\nu|\mathcal{F}_n)|\mathcal{F}_0).$$

Mais on a $U_{\nu\wedge n} \geq \mathbb{E}(U_\nu|\mathcal{F}_n)$, donc $U_{\nu\wedge n} = \mathbb{E}(U_\nu|\mathcal{F}_n)$, ce qui prouve que (U_n^ν) est une martingale. □

2.3 Décomposition des sur-martingales

La décomposition suivante (classiquement appelée *décomposition de Doob*) permet, dans les marchés viables et complets, d'associer à toute sur-martingale une stratégie de gestion dans laquelle la consommation est autorisée (voir à ce sujet l'exercice 8).

Proposition 2.3.1 *Toute sur-martingale $(U_n)_{0\leq n\leq N}$ peut s'écrire de façon unique sous la forme*

$$U_n = M_n - A_n,$$

où (M_n) est une martingale et (A_n) est un processus croissant, prévisible, nul en 0.

Démonstration. Il est clair que le seul choix possible pour $n = 0$ est $M_0 = U_0$ et $A_0 = 0$. On doit ensuite avoir

$$U_{n+1} - U_n = M_{n+1} - M_n - (A_{n+1} - A_n),$$

D'où, en conditionnant par rapport à $\mathcal{F}_n$ et en utilisant les propriétés de M et A,

$$-(A_{n+1} - A_n) = \mathbb{E}(U_{n+1}|\mathcal{F}_n) - U_n$$

et

$$M_{n+1} - M_n = U_{n+1} - \mathbb{E}(U_{n+1}|\mathcal{F}_n).$$

Les suites (M_n) et (A_n) sont ainsi déterminées de manière unique, et on voit que (M_n) est une martingale et que le processus (A_n) est bien prévisible et croissant (parce que (U_n) est une sur-martingale). □

Supposons maintenant que (U_n) soit l'enveloppe de Snell d'une suite adaptée (Z_n). On peut alors caractériser le plus grand temps d'arrêt optimal pour (Z_n) à l'aide du processus croissant (A_n) intervenant dans la décomposition de Doob de (U_n).

Proposition 2.3.2 *Le plus grand temps d'arrêt optimal pour (Z_n) est donné par*

$$\nu_{\max} = \begin{cases} N & \textit{si } A_N = 0 \\ \inf\{n, A_{n+1} \neq 0\} & \textit{si } A_N \neq 0. \end{cases}$$

Démonstration. On voit facilement que $\nu_{\max}$ est un temps d'arrêt en utilisant le fait que $(A_n)_{0 \leq n \leq N}$ est prévisible. De l'égalité $U_n = M_n - A_n$ et du fait que $A_j = 0$, pour $j \leq \nu_{\max}$, on déduit que $U^{\nu_{\max}} = M^{\nu_{\max}}$, ce qui entraîne que $U^{\nu_{\max}}$ est une martingale. Pour montrer l'optimalité, de $\nu_{\max}$, il suffit par conséquent de montrer l'égalité

$$U_{\nu_{\max}} = Z_{\nu_{\max}}.$$

Or

$$\begin{aligned} U_{\nu_{\max}} &= \sum_{j=0}^{N-1} \mathbf{1}_{\{\nu_{\max}=j\}} U_j + \mathbf{1}_{\{\nu_{\max}=N\}} U_N \\ &= \sum_{j=0}^{N-1} \mathbf{1}_{\{\nu_{\max}=j\}} \max(Z_j, \mathbb{E}(U_{j+1}|\mathcal{F}_j)) + \mathbf{1}_{\{\nu_{\max}=N\}} Z_N, \end{aligned}$$

On a $\mathbb{E}(U_{j+1}|\mathcal{F}_j) = M_j - A_{j+1}$ et, sur l'ensemble $\{\nu_{\max} = j\}, A_j = 0$ et $A_{j+1} > 0$, donc $U_j = M_j$ et $\mathbb{E}(U_{j+1}|\mathcal{F}_j) = M_j - A_{j+1} < U_j$. Par suite, $U_j = \max(Z_j, \mathbb{E}(U_{j+1}|\mathcal{F}_j)) = Z_j$. D'où, finalement,

$$U_{\nu_{\max}} = Z_{\nu_{\max}}.$$

Il reste à montrer que c'est le plus grand temps d'arrêt optimal. Cela résulte du fait que si ν est un temps d'arrêt vérifiant $\nu \geq \nu_{\max}$ et $\mathbb{P}(\nu > \nu_{\max}) > 0$, alors

$$\mathbb{E}(U_\nu) = \mathbb{E}(M_\nu) - \mathbb{E}(A_\nu) = \mathbb{E}(U_0) - \mathbb{E}(A_\nu) < \mathbb{E}(U_0)$$

et par conséquent U^ν ne peut pas être une martingale et ν ne peut pas être optimal. □

2.4 Enveloppe de Snell et chaînes de Markov

Le but de cette section est de montrer comment, dans un cadre markovien, les calculs d'enveloppes de Snell peuvent être menés à bien. Rappelons qu'une suite $(X_n)_{n \geq 0}$ de variables aléatoires à valeurs dans un espace fini E est appelée *chaîne de Markov* si, pour tout entier $n \geq 1$ et pour tous éléments $x_0, x_1, \ldots, x_{n-1}, x, y$ de E, on a

$$\mathbb{P}\left(X_{n+1} = y \mid X_0 = x_0, \ldots, X_{n-1} = x_{n-1}, X_n = x\right) = \mathbb{P}\left(X_{n+1} = y \mid X_n = x\right).$$

La chaîne est dite *homogène* si le nombre $P(x, y) = \mathbb{P}(X_{n+1} = y \mid X_n = x)$ ne dépend pas de n. La matrice $P = (P(x, y))_{(x,y) \in E \times E}$, indexée par $E \times E$, est alors appelée *matrice de transition* de la chaîne. Notons que la matrice P a des coefficients positifs ou nuls et vérifie $\sum_{y \in E} P(x, y) = 1$ pour tout $x \in E$; on dit que c'est une matrice *stochastique*. Lorsqu'on travaille sur un espace de probabilité filtré $(\Omega, \mathcal{F}, (\mathcal{F}_n)_{0 \leq n \leq N}, \mathbb{P})$, on définit la notion de chaîne de Markov par rapport à la filtration de la façon suivante.

Définition 2.4.1 Une suite $(X_n)_{0 \leq n \leq N}$ de variables aléatoires à valeurs dans E est une chaîne de Markov homogène de matrice de transition P par rapport à la filtration $(\mathcal{F}_n)_{0 \leq n \leq N}$, si (X_n) est adaptée et si, pour toute fonction f de E dans $\mathbb{R}$, on a

$$\mathbb{E}(f(X_{n+1}) | \mathcal{F}_n) = Pf(X_n),$$

où Pf désigne la fonction qui à $x \in E$ associe

$$Pf(x) = \sum_{y \in E} P(x, y) f(y).$$

Noter que, si l'on interprète les fonctions de E dans $\mathbb{R}$ comme des matrices unicolonnes indexées par E, le nombre Pf est bien le produit des deux matrices P et f. On vérifie facilement qu'un chaîne de Markov au sens élémentaire défini plus haut est une chaîne de Markov par rapport à sa filtration naturelle, définie par $\mathcal{F}_n = \sigma(X_0, \ldots, X_n)$.

La proposition suivante est une conséquence immédiate de la définition précédente et de la définition de l'enveloppe de Snell. C'est la clé du calcul effectif du prix des options américaines dans les modèles discrets (cf. Exercice 7).

Proposition 2.4.2 *Soit (Z_n) une suite adaptée définie par $Z_n = \psi(n, X_n)$, où (X_n) est chaîne de Markov homogène à valeurs dans E, de matrice de transition P par rapport à la filtration $(\mathcal{F}_n)_{0 \leq n \leq N}$, et soit ψ une application de $\mathbb{N} \times E$ dans $\mathbb{R}$. Alors, l'enveloppe de Snell (U_n) de la suite (Z_n) est donnée par $U_n = u(n, X_n)$, où la fonction u est définie par les relations suivantes*

$$u(N, x) = \psi(N, x) \quad \forall x \in E$$

et, pour $n \leq N - 1$,

$$u(n, \cdot) = \max(\psi(n, \cdot), Pu(n + 1, \cdot)).$$

2.5 Application aux options américaines

Nous nous plaçons maintenant dans un modèle de marché viable et complet, construit sur l'espace probabilisé filtré $(\Omega, \mathcal{F}, (\mathcal{F}_n)_{0 \leq n \leq N}, \mathbb{P})$ et, comme dans les Sections 1.3.1 et 1.3.3, nous notons $\mathbb{P}^*$ l'unique probabilité sous laquelle les prix actualisés des actifs sont des martingales.

2.5.1 Exercice et couverture des options américaines

Dans la Section 1.3.3, nous avons défini la valeur (U_n) d'une option américaine décrite par une suite (Z_n) par les relations

$$\begin{cases} U_N &= Z_N \\ U_n &= \max(Z_n, S_n^0 \mathbb{E}^*(U_{n+1}/S_{n+1}^0 | \mathcal{F}_n)) \quad \forall n \leq N-1. \end{cases}$$

La suite $(\tilde{U}_n)$ définie par $\tilde{U}_n = U_n/S_n^0$ (valeur actualisée de l'option) est donc l'enveloppe de Snell, sous $\mathbb{P}^*$, de la suite $(\tilde{Z}_n)$. Il résulte de la Section 2.2 que

$$\tilde{U}_n = \sup_{\nu \in \mathcal{T}_{n,N}} \mathbb{E}^*(\tilde{Z}_\nu | \mathcal{F}_n)$$

et par conséquent

$$U_n = S_n^0 \sup_{\nu \in \mathcal{T}_{n,N}} \mathbb{E}^* \left(\frac{Z_\nu}{S_\nu^0} | \mathcal{F}_n \right).$$

D'après la Section 2.3, on peut écrire

$$\tilde{U}_n = \tilde{M}_n - \tilde{A}_n,$$

où $(\tilde{M}_n)$ est une $\mathbb{P}^*$-martingale et $(\tilde{A}_n)$ un processus croissant, prévisible, nul en 0. Comme le marché est complet, il existe une stratégie auto-financée ϕ telle que

$$V_N(\phi) = S_N^0 \tilde{M}_N,$$

c'est-à-dire $\tilde{V}_N(\phi) = \tilde{M}_N$. Comme la suite $(\tilde{V}_n(\phi))$ est une $\mathbb{P}^*$-martingale, on a

$$\begin{aligned} \tilde{V}_n(\phi) &= \mathbb{E}^*(\tilde{V}_N(\phi) | \mathcal{F}_n) \\ &= \mathbb{E}^*(\tilde{M}_N | \mathcal{F}_n) \\ &= \tilde{M}_n, \end{aligned}$$

et par conséquent

$$\tilde{U}_n = \tilde{V}_n(\phi) - \tilde{A}_n.$$

D'où

$$U_n = V_n(\phi) - A_n,$$

où $A_n = S_n^0 \tilde{A}_n$. On déduit de cette expression que le vendeur de l'option peut se couvrir parfaitement, puisque, en encaissant la prime $U_0 = V_0(\phi)$, il peut produire une richesse à l'instant n égale à $V_n(\phi)$ qui majore U_n et *a fortiori* Z_n.

Quelle est la date optimale d'exercice de l'option ? La date d'exercice est à choisir parmi tous les temps d'arrêt. Le détenteur de l'option n'a pas intérêt à exercer à l'instant n tant que $U_n > Z_n$, car il perdrait un actif de valeur U_n (l'option) pour une richesse égale à (Z_n) (venant de l'exercice de l'option). Donc, une date τ d'exercice optimal vérifie $U_\tau = Z_\tau$. Par ailleurs, il n'a pas intérêt à exercer après l'instant

$$\nu_{\max} = \inf\{j, A_{j+1} \neq 0\}$$

(qui est égal à $\inf\{j, \tilde{A}_{j+1} \neq 0\}$) car, à cet instant, en vendant l'option, il peut se contenter une richesse égale à $U_{\nu_{\max}} = V_{\nu_{\max}}(\phi)$ et, en suivant la stratégie ϕ à partir de cet instant, il se constitue un portefeuille dont la valeur est strictement plus grande que celle de l'option aux instants $\nu_{\max}+1, \nu_{\max}+2, \ldots, N$. On impose donc comme seconde condition, $\tau \leq \nu_{\max}$, ce qui permet d'affirmer que la suite arrêtée $\tilde{U}^\tau$ est une martingale. La conclusion de cette discussion est que les dates d'exercice optimales sont les temps d'arrêt optimaux pour la suite $(\tilde{Z}_n)$, sous la probabilité $\mathbb{P}^*$. Pour préciser ce point, reprenons le point de vue du vendeur de l'option. Si celui-ci se couvre selon la stratégie ϕ définie ci-dessus, et si l'acheteur de l'option exerce à un instant τ qui n'est pas optimal, on a $U_\tau > Z_\tau$ ou $A_\tau > 0$. Dans les deux cas, le vendeur réalise un profit $V_\tau(\phi) - Z_\tau = U_\tau + A_\tau - Z_\tau$, qui est strictement positif.

2.5.2 Options américaines et options européennes

Proposition 2.5.1 *Soit C_n la valeur à l'instant n d'une option américaine décrite par une suite adaptée $(Z_n)_{0\leq n\leq N}$ et soit c_n la valeur à l'instant n de l'option européenne définie par la variable aléatoire $\mathcal{F}_N$-mesurable $h = Z_N$. Alors, on a $C_n \geq c_n$.*

De plus, si $c_n \geq Z_n$ pour tout n, on a

$$c_n = C_n \quad \forall n \in \{0, 1, \ldots, N\}.$$

L'inégalité $C_n \geq c_n$ est bien naturelle, puisque l'option américaine donne plus de droits que l'option européenne.

Démonstration. Puisque la valeur actualisée $(\tilde{C}_n)$ est une sur-martingale sous $\mathbb{P}^*$, on a

$$\tilde{C}_n \geq \mathbb{E}^*(\tilde{C}_N|\mathcal{F}_n) = \mathbb{E}^*(\tilde{c}_N|\mathcal{F}_n) = \tilde{c}_n.$$

D'où $C_n \geq c_n$.

Si $c_n \geq Z_n$ pour tout n, la suite $(\tilde{c}_n)$, qui est une martingale sous $\mathbb{P}^*$, apparaît comme une sur-martingale (sous $\mathbb{P}^*$) majorant la suite $(\tilde{Z}_n)$ et par conséquent

$$\tilde{C}_n \leq \tilde{c}_n \quad \forall n \in \{0, 1, \ldots, N\}.$$

D'où l'égalité. □

Remarque 2.5.1 On vérifiera sans peine que si les relations de la Proposition 2.5.1 n'étaient pas vérifiées, il y aurait des opportunités d'arbitrage par des transactions sur les options.

Pour illustrer la proposition qui précède, considérons un marché avec un seul actif risqué, de prix S_n à l'instant n, et un taux d'intérêt sans risque constant, égal à $r \geq 0$ sur chaque période, de sorte que $S_n^0 = (1+r)^n$. Alors si, avec les notations de la Proposition 2.5.1, on prend $Z_n = (S_n - K)_+$, c_n est le prix à l'instant n d'un call européen d'échéance N et de prix d'exercice K sur une unité d'actif risqué, et C_n est le prix du call américain correspondant. On a

$$\begin{aligned}\tilde{c}_n &= (1+r)^{-N}\mathbb{E}^*((S_N-K)_+|\mathcal{F}_n)\\ &\geq \mathbb{E}^*(\tilde{S}_n - K(1+r)^{-N}|\mathcal{F}_n)\\ &= \tilde{S}_n - K(1+r)^{-N},\end{aligned}$$

en utilisant la propriété de martingale de $(\tilde{S}_n)$. D'où $c_n \geq S_n - K(1+r)^{-(N-n)} \geq S_n - K$, puisque $r \geq 0$. Comme $c_n \geq 0$, on a aussi $c_n \geq (S_n - K)_+$ et, par la Proposition 2.5.1, $C_n = c_n$. Il y a donc égalité entre le prix du call européen et le prix du call américain de même échéance et même prix d'exercice.

Cette propriété n'est pas vérifiée dans le cas du put, ni dans celui de calls sur devises ou sur des actions distribuant des dividendes.

Remarque bibliographique : Pour des compléments sur l'enveloppe de Snell et l'arrêt optimal, on peut consulter Neveu (1972), Chapitre VI, et Dacunha-Castelle et Duflo (1986b), Chapitre 5, Section 1. Pour la théorie de l'arrêt optimal à temps continu voir El Karoui (1981), Shiryaev (1978) et Peskir et Shiryaev (2006).

2.6 Exercices

Exercice 4 Soit ν un temps d'arrêt de la filtration $(\mathcal{F}_n)_{0\leq n\leq N}$. On note $\mathcal{F}_\nu$ l'ensemble des événements A tels que $A \cap \{\nu = n\} \in \mathcal{F}_n$ pour tout $n \in \{0, \ldots, N\}$.

1. Montrer que $\mathcal{F}_\nu$ est une sous-tribu de $\mathcal{F}_N$. La tribu $\mathcal{F}_\nu$ est appelée *tribu des événements antérieurs à* ν.
2. Montrer que la variable aléatoire ν est $\mathcal{F}_\nu$-mesurable.
3. Soit X une variable aléatoire réelle. Montrer l'égalité
$$\mathbb{E}(X|\mathcal{F}_\nu) = \sum_{j=0}^{N} \mathbf{1}_{\{\nu=j\}}\mathbb{E}(X|\mathcal{F}_j).$$
4. Soit τ un temps d'arrêt vérifiant $\tau \geq \nu$. Montrer que $\mathcal{F}_\nu \subset \mathcal{F}_\tau$.
5. Sous les mêmes hypothèses, montrer que si (M_n) est une martingale, on a
$$M_\nu = \mathbb{E}(M_\tau|\mathcal{F}_\nu).$$
(On pourra commencer par traiter le cas $\tau = N$).

Exercice 5 Soit (U_n) l'enveloppe de Snell d'une suite adaptée (Z_n). Montrer, sans supposer $\mathcal{F}_0$ triviale, que
$$\mathbb{E}(U_0) = \sup_{\nu\in\mathcal{T}_{0,N}} \mathbb{E}(Z_\nu),$$
et, plus généralement, que
$$\mathbb{E}(U_n) = \sup_{\nu\in\mathcal{T}_{n,N}} \mathbb{E}(Z_\nu).$$

Exercice 6 Montrer que ν est optimal au sens de la Définition 2.2.4 si et seulement si

$$\mathbb{E}(Z_\nu) = \sup_{\tau \in \mathcal{T}_{0,N}} \mathbb{E}(Z_\tau).$$

Exercice 7 L'objet de cet exercice est d'étudier le put américain dans le modèle de Cox-Ross-Rubinstein. Les notations sont celles du Chapitre 1.

1. Montrer que le prix $\mathcal{P}_n$, à l'instant n, du put américain d'échéance N et de prix d'exercice K sur une action peut s'écrire

$$\mathcal{P}_n = P_{am}(n, S_n),$$

   où $P_{am}(n,x)$ est défini par $P_{am}(N,x) = (K-x)_+$ et, pour $n \leq N-1$,

$$P_{am}(n,x) = \max\left((K-x)_+, \frac{f(n+1,x)}{1+r}\right),$$

   avec

$$f(n+1,x) = pP_{am}(n+1, x(1+a)) + (1-p)P_{am}(n+1, x(1+b))$$

   et $p = (b-r)/(b-a)$.
2. Montrer que la fonction $P_{am}(0,.)$ peut se mettre sous la forme

$$P_{am}(0,x) = \sup_{\nu \in \mathcal{T}_{0,N}} \mathbb{E}^*((1+r)^\tau (K - xV_\nu)_+),$$

   où la suite de variables aléatoires $(V_n)_{0 \leq n \leq N}$ est définie par $V_0 = 1$ et, pour $n \geq 1$, $V_n = \prod_{i=1}^n U_i$, les U_i étant des variables aléatoires dont on précisera la loi conjointe sous $\mathbb{P}^*$.
3. A partir de la formule de la question précédente, montrer que la fonction $x \mapsto P_{am}(0,x)$ est convexe et décroissante.
4 On suppose $a < 1$. Montrer qu'il existe un réel $x^* \in [0, K]$ tel que, pour $x \leq x^*$, $P_{am}(0,x) = (K-x)_+$ et, pour $x^* < x < K/(1+a)^N$,

$$P_{am}(0,x) > (K-x)_+.$$

5. Un agent détient le put américain à l'instant 0. Pour quelles valeurs du cours *spot* S_0 a-t-il intérêt à exercer immédiatement son option ?
6. Montrer que la stratégie de couverture du put est définie par une quantité d'actif risqué $H_n = \Delta(n, S_{n-1})$ à détenir à l'instant n, où Δ est une fonction que l'on exprimera à l'aide de la fonction P_{am}.

Exercice 8 Stratégies de consommation. Les stratégies auto-financées définies au Chapitre 1 excluent toute possibilité de consommation. On peut introduire des stratégies avec consommation de la façon suivante. A l'instant n, après avoir pris connaissance des cours S_n^0, ..., S_n^d, l'investisseur réajuste son portefeuille pour le faire passer de la composition ϕ_n à la composition ϕ_{n+1} et décide de la richesse γ_{n+1} qui sera consommée à la date $n+1$. L'ajustement se faisant aux cours de la date n, s'il n'y a pas d'apports de fonds extérieurs, on doit avoir

$$\phi_{n+1}.S_n = \phi_n.S_n - \gamma_{n+1}. \tag{2.3}$$

Une stratégie de gestion avec consommation est donc définie par un couple (ϕ, γ), où ϕ est un processus prévisible à valeurs dans $\mathbb{R}^{d+1}$, représentant les quantités d'actifs détenues au cours du temps, et $\gamma = (\gamma_n)_{1 \leq n \leq N}$ est un processus prévisible à valeurs dans $\mathbb{R}^+$, représentant la richesse consommée à chaque instant. La relation (2.3) liant ϕ et γ remplace la condition d'auto-financement du Chapitre 1.

1. Soit ϕ un processus prévisible à valeurs dans $\mathbb{R}^{d+1}$ et soit γ un processus prévisible à valeurs dans $\mathbb{R}^+$. On pose $V_n(\phi) = \phi_n.S_n$ et $\tilde{V}_n(\phi) = \phi_n.\tilde{S}_n$. Montrer que les conditions suivantes sont équivalentes.
   (a) Le couple (ϕ, γ) définit une stratégie de consommation.
   (b) Pour tout $n \in \{1, \ldots, N\}$,
   $$V_n(\phi) = V_0(\phi) + \sum_{j=1}^{n} \phi_j.\Delta S_j - \sum_{j=1}^{n} \gamma_j.$$
   (c) Pour tout $n \in \{1, \ldots, N\}$,
   $$\tilde{V}_n(\phi) = V_0(\phi) + \sum_{j=1}^{n} \phi_j.\Delta \tilde{S}_j - \sum_{j=1}^{n} \gamma_j / S_{j-1}^0.$$
2. Dans toute la suite, on suppose le marché viable et complet et on note $\mathbb{P}^*$ l'unique probabilité sous laquelle les prix actualisés des actifs sont des martingales. Montrer que si le couple (ϕ, γ) définit une stratégie de consommation, alors $(\tilde{V}_n(\phi))$ est une sur-martingale sous $\mathbb{P}^*$.
3. Soit (U_n) une suite adaptée telle que $(\tilde{U}_n)$soit une sur-martingale sous $\mathbb{P}^*$. Montrer, en utilisant la décomposition de Doob, qu'il existe une stratégie de consommation (ϕ, γ) telle que $V_n(\phi) = U_n$ pour tout $n \in \{0, \ldots, N\}$.
4. Soit (Z_n) une suite adaptée. On dit qu'une stratégie de consommation (ϕ, γ) couvre l'option américaine définie par la suite (Z_n)si $V_n(\phi) \geq Z_n$ pour tout $n \in \{0, 1, \ldots, N\}$. Montrer que la valeur (U_n) de l'option américaine est la valeur d'au moins une stratégie de consommation qui couvre (Z_n) et que toute stratégie de consommation (ϕ, γ) qui couvre (Z_n) vérifie $V_n(\phi) \geq U_n$, pour tout $n \in \{0, 1, \ldots, N\}$.
5. Soit x un nombre réel positif représentant la richesse initiale d'un investisseur et soit $\gamma = (\gamma_n)_{1 \leq n \leq N}$ une suite prévisible à valeurs dans $\mathbb{R}^+$. On dit que le processus de consommation (γ_n) est *finançable* à partir de la richesse initiale x s'il existe un processus prévisible ϕ, à valeurs dans $\mathbb{R}^{d+1}$, tel que le couple (ϕ, γ) définisse une stratégie de consommation, avec, de plus, $V_0(\phi) = x$ et $V_n(\phi) \geq 0$, pour tout $n \in \{0, \ldots, N\}$. Montrer que (γ_n) est finançable à partir de la richesse initiale x si et seulement si $\mathbb{E}^*(\sum_{j=1}^{N} \gamma_j / S_{j-1}^0) \leq x$.

Chapitre 3

Mouvement brownien et équations différentielles stochastiques

Les deux premiers chapitres de ce livre ont été consacrés à l'étude de modèles à temps discret. On a vu à cette occasion l'importance des notions de martingales, de stratégies autofinancées et d'enveloppe de Snell. Dans ce chapitre, nous allons étendre ces notions au cas du temps continu. En particulier, nous introduirons les outils mathématiques permettant de construire des modèles d'évolution d'actif et de calculer les prix d'options. Les outils techniques sont plus délicats à utiliser en temps continu mais les idées essentielles diffèrent peu de celles du temps discret.

Pourquoi considère-t-on des modèles à temps continu ? La première motivation vient des phénomènes que l'on veut modéliser : les variations des cotations sur les marchés organisés sont en pratique tellement fréquentes qu'un modèle à temps discret peut difficilement en rendre compte. D'autre part, les modèles continus conduisent à des méthodes de calcul plus explicites que les modèles discrets, même s'il faut parfois avoir recours à des méthodes numériques. Ainsi, le modèle le plus utilisé dans la pratique (le modèle de Black et Scholes) est un modèle à temps continu qui conduit à une formule simple. Comme nous l'avons signalé dans l'introduction, les liens entre processus stochastiques et finance ne sont pas nouveaux : en 1901, Bachelier (voir Bachelier (1900)) dans un mémoire intitulé *Théorie de la spéculation* est, non seulement l'un des premiers à s'intéresser mathématiquement aux propriétés du mouvement brownien, mais aussi à donner des formules de calcul de prix pour certaines options.

Nous donnons quelques éléments mathématiques nécessaires à la compréhension des modèles à temps continu. En particulier, nous introduirons le mouvement brownien, qui est l'outil majeur du modèle de Black et Scholes et sert à construire la plupart des modèles d'actifs en finance. Puis nous étendrons la notion de martingale au cas du temps continu, enfin nous construirons l'intégrale stochastique d'Itô et nous introduirons le calcul différentiel qui lui est associé : le calcul d'Itô.

Certaines démonstrations sont rédigées en petits caractères, ce sont des démonstrations techniques qu'il est conseillé de sauter lors d'une première lecture.

3.1 Généralités sur les processus à temps continu

Commençons par préciser ce que l'on entend par *processus* à temps continu.

Définition 3.1.1 On appelle *processus stochastique* à temps continu et à valeurs dans un espace E muni d'une tribu $\mathcal{E}$, une famille $(X_t)_{t\in\mathbb{R}^+}$ de variables aléatoires sur un espace de probabilité $(\Omega, \mathcal{A}, \mathbb{P})$ à valeurs dans $(E, \mathcal{E})$.

Remarque 3.1.1
- Dans la pratique l'indice t représente le temps.
- Un processus peut aussi être vu comme une fonction aléatoire : à chaque ω dans Ω on associe la fonction de $\mathbb{R}^+$ dans E, $t \mapsto X_t(\omega)$, appelée *trajectoire* du processus.
- Un processus peut être considéré comme une application de $\mathbb{R}^+ \times \Omega$ dans E, nous supposerons toujours que cette application est mesurable lorsque l'on munit $\mathbb{R}^+ \times \Omega$ de la tribu $\mathcal{B}(\mathbb{R}^+) \times \mathcal{A}$ et E de la tribu $\mathcal{E}$. En d'autres termes, nous considérerons uniquement des processus *mesurables* (voir Karatzas et Shreve (1988) pour les détails techniques).
- On considérera aussi des processus indexés par un intervalle de temps $[0, T]$ borné.

Comme dans le cas discret, on introduit la notion de *filtration*.

Définition 3.1.3 Une *filtration* sur un espace de probabilité $(\Omega, \mathcal{A}, \mathbb{P})$ est une famille croissante $(\mathcal{F}_t)_{t\geq 0}$ de sous tribus de $\mathcal{A}$.

La tribu $\mathcal{F}_t$ représente l'information dont on dispose à l'instant t. On dit qu'un processus $(X_t)_{t\geq 0}$ est *adapté* à $(\mathcal{F}_t)_{t\geq 0}$, si pour chaque t, X_t est $\mathcal{F}_t$-mesurable.

Remarque 3.1.2 Dans la suite, les filtrations que l'on considérera auront la propriété suivante :

$$\text{Si } A' \subset A \in \mathcal{A} \text{ et si } \mathbb{P}(A) = 0, \text{ alors pour tout } t, A' \in \mathcal{F}_t.$$

En d'autres mots, $\mathcal{F}_t$ contient tous les ensembles $\mathbb{P}$-négligeable de $\mathcal{A}$. Un conséquence utile de cette hypothèse technique est de permettre d'affirmer que si $X = Y$ $\mathbb{P}$ p.s. et Y est $\mathcal{F}_t$-mesurable alors X est aussi $\mathcal{F}_t$-mesurable.

On peut construire une filtration engendrée par un processus $(X_t)_{t\geq 0}$ en posant $\mathcal{F}_t = \sigma(X_s, s \leq t)$. Cette filtration ne vérifie pas, en général, l'hypothèse précédente. Cependant si on remplace la tribu $\mathcal{F}_t$ par la tribu $\bar{\mathcal{F}}_t$ engendrée par $\mathcal{F}_t$ et $\mathcal{N}$, l'ensemble des ensembles négligeables de $\mathcal{A}$, on obtient une filtration vérifiant la condition souhaitée. On appelle cette filtration la *filtration naturelle* du processus $(X_t)_{t\geq 0}$. Quand on parle de filtration pour un processus sans autres précisions, il s'agit de sa filtration naturelle. Un processus est bien sûr adapté à sa filtration naturelle.

La notion de *temps d'arrêt* nous sera utile comme dans le cas discret. Un temps d'arrêt modélise un temps aléatoire qui dépend du processus de façon non anticipante (à un instant donné t on *sait* si un temps d'arrêt est plus petit que t). Formellement, la définition est la suivante :

Définition 3.1.5 Un *temps d'arrêt* par rapport à une filtration $(\mathcal{F}_t)_{t\geq 0}$ une variable aléatoire τ à valeurs dans $\mathbb{R}^+ \cup \{+\infty\}$ telle que, pour tout $t \geq 0$,

$$\{\tau \leq t\} \in \mathcal{F}_t$$

On associe à un temps d'arrêt τ une tribu que l'on note $\mathcal{F}_\tau$, définie par

$$\mathcal{F}_\tau = \{A \in \mathcal{A}, \text{ pour tout } t \geq 0, A \cap \{\tau \leq t\} \in \mathcal{F}_t\}.$$

Cette tribu représente les informations disponibles avant l'instant aléatoire τ. On démontre que (voir exercices 11, 12, 13, 14 et 17) :

Proposition 3.1.6
- *Si S est un temps d'arrêt, S est $\mathcal{F}_S$ mesurable.*
- *Si S est un temps d'arrêt, fini presque sûrement, et $(X_t)_{t\geq 0}$ est un processus adapté continu, alors X_S est $\mathcal{F}_S$ mesurable.*
- *Si S et T sont deux temps d'arrêt tels que $S \leq T$ $\mathbb{P}$ p.s., alors $\mathcal{F}_S \subset \mathcal{F}_T$.*
- *Si S et T sont deux temps d'arrêt alors $S \wedge T = \inf(S, T)$ est un temps d'arrêt. En particulier si S est un temps d'arrêt et t est un temps déterministe $S \wedge t$ est un temps d'arrêt.*

3.2 Le mouvement brownien

Un exemple particulièrement important de processus stochastique est le *mouvement brownien*. Il servira de base pour la construction de la plupart des modèles d'actifs financiers et de taux d'intérêt.

Définition 3.2.1 On appelle *mouvement brownien* un processus stochastique à valeurs réelles, $(X_t)_{t\geq 0}$, qui est un *processus à accroissements indépendants et stationnaires dont les trajectoires sont continues*. Ce qui signifie que :
- continuité : $\mathbb{P}$ p.s. la fonction $s \mapsto X_s(\omega)$ est une fonction continue.
- indépendance des accroissements : Si $s \leq t$, $X_t - X_s$ est indépendant de la tribu $\mathcal{F}_s = \sigma(X_u, u \leq s)$.
- stationnarité des accroissements : si $s \leq t$, la loi de $X_t - X_s$ est identique à celle de $X_{t-s} - X_0$.

Cette définition permet de caractériser la loi de la variable aléatoire X_t. Ce résultat est délicat à établir, nous renvoyons à Gihman et Skorohod (1980) pour sa démonstration.

Théorème 3.2.2 *Si $(X_t)_{t\geq 0}$ est un mouvement brownien, alors $X_t - X_0$ est une variable aléatoire gaussienne de moyenne rt et de variance $\sigma^2 t$, r et σ étant des constantes réelles.*

Remarque 3.2.1 Un mouvement brownien est dit *standard* si :

$$X_0 = 0 \ \ \mathbb{P}\ \text{p.s.} \qquad \mathbb{E}(X_t) = 0, \qquad \mathbb{E}\left(X_t^2\right) = t.$$

Dans la suite, lorsque l'on parlera de mouvement brownien, sans autre précision, il s'agira d'un mouvement brownien standard. Dans ce cas, la loi de X_t prend la forme :

$$\frac{1}{\sqrt{2\pi t}} e^{-\frac{x^2}{2t}} dx,$$

dx étant la mesure de Lebesgue sur $\mathbb{R}$.

On peut démontrer une propriété précisant le caractère gaussien du mouvement brownien. On vient de voir que pour tout t, X_t est une variable aléatoire gaussienne. On a une propriété plus forte :

Théorème 3.2.4 *Si $(X_t)_{t \geq 0}$ est un mouvement brownien, si $0 \leq t_1 < \ldots < t_n$, alors $(X_{t_1}, \ldots, X_{t_n})$ est un* vecteur gaussien.

On pourra consulter l'appendice page 235 pour des précisions sur les vecteurs gaussiens.

Démonstration. Soit $0 \leq t_1 < \ldots < t_n$, alors le vecteur aléatoire

$$(X_{t_1}, X_{t_2} - X_{t_1}, \cdots, X_{t_n} - X_{t_{n-1}})$$

est composé de variables aléatoires gaussiennes (d'après le théorème 3.2.2) et indépendantes (par définition du mouvement brownien), ce vecteur est donc un vecteur gaussien. Il en est donc de même pour $(X_{t_1}, \ldots, X_{t_n})$. □

On aura besoin d'une définition légèrement plus précise d'un mouvement brownien par rapport à une tribu $\mathcal{F}_t$.

Définition 3.2.5 On appellera $(\mathcal{F}_t)$*–mouvement brownien* un processus stochastique à valeurs réelles et à trajectoires continues qui vérifie :

- Pour tout $t \geq 0$, X_t est $\mathcal{F}_t$-mesurable.
- Si $s \leq t$, $X_t - X_s$ est indépendant de la tribu $\mathcal{F}_s$.
- Si $s \leq t$, la loi de $X_t - X_s$ est identique à celle de $X_{t-s} - X_0$.

Remarque 3.2.2

- Il est facile de vérifier que, si (X_t) est un mouvement brownien standard, c'est aussi un $(\mathcal{F}_t)$-mouvement brownien, si l'on prend pour $(\mathcal{F}_t)$ la filtration naturelle de (X_t).
- Si (X_t) est un mouvement brownien standard, il en est de même des processus $(X_{t_0+t} - X_{t_0})_{t \geq 0}$ et $(\lambda X_{t/\lambda^2})_{t \geq 0}$.

3.3 Martingales à temps continu

Comme dans le cas des modèles à temps discret, la notion de martingale est un outil essentiel pour expliciter la notion d'arbitrage. La définition suivante est une extension de celle du temps discret.

Définition 3.3.1 *Soit* $(\Omega, \mathcal{A}, \mathbb{P})$ *un espace probabilisé et* $(\mathcal{F}_t)_{t\geq 0}$ *une filtration de cet espace. Une famille adaptée* $(M_t)_{t\geq 0}$ *de variables aléatoires intégrables (c'est-à-dire vérifiant* $\mathbb{E}(|M_t|) < +\infty$ *pour tout* t*) est :*

- *une* martingale *si, pour tout* $s \leq t$, $\mathbb{E}(M_t|\mathcal{F}_s) = M_s$.
- *une* sur-martingale *si, pour tout* $s \leq t$, $\mathbb{E}(M_t|\mathcal{F}_s) \leq M_s$.
- *une* sous-martingale *si, pour tout* $s \leq t$, $\mathbb{E}(M_t|\mathcal{F}_s) \geq M_s$.

Remarque 3.3.1 On déduit de cette définition que, si $(M_t)_{t\geq 0}$ est une martingale, alors $\mathbb{E}(M_t) = \mathbb{E}(M_0)$, pour tout t.

Donnons des exemples de martingales que l'on peut construire à partir du mouvement brownien.

Proposition 3.3.3 *Si* $(X_t)_{t\geq 0}$ *est un* $\mathcal{F}_t$*-mouvement brownien standard, alors*

1. (X_t) *est une* $\mathcal{F}_t$*-martingale.*
2. $(X_t^2 - t)$ *est une* $\mathcal{F}_t$*-martingale.*
3. $\left(\exp\left(\sigma X_t - (\sigma^2/2)t\right)\right)$ *est une* $\mathcal{F}_t$*-martingale.*

Démonstration. Si $s \leq t$ alors $X_t - X_s$ est indépendante de la tribu $\mathcal{F}_s$. Donc $\mathbb{E}(X_t - X_s|\mathcal{F}_s) = \mathbb{E}(X_t - X_s)$. Mais un mouvement brownien standard est centré, donc $\mathbb{E}(X_t - X_s) = 0$. On en déduit le premier point. Pour démontrer le deuxième, remarquons que :

$$\begin{aligned}\mathbb{E}(X_t^2 - X_s^2|\mathcal{F}_s) &= \mathbb{E}((X_t - X_s)^2 + 2X_s(X_t - X_s)|\mathcal{F}_s) \\ &= \mathbb{E}((X_t - X_s)^2|\mathcal{F}_s) + 2X_s\mathbb{E}(X_t - X_s|\mathcal{F}_s),\end{aligned}$$

mais comme $(X_t)_{t\geq 0}$ est une martingale $\mathbb{E}(X_t - X_s|\mathcal{F}_s) = 0$, et donc

$$\mathbb{E}(X_t^2 - X_s^2|\mathcal{F}_s) = \mathbb{E}((X_t - X_s)^2|\mathcal{F}_s).$$

La stationnarité et l'indépendance des accroissements du mouvement brownien permettent de plus d'affirmer que

$$\begin{aligned}\mathbb{E}((X_t - X_s)^2|\mathcal{F}_s) &= \mathbb{E}(X_{t-s}^2) \\ &= t - s.\end{aligned}$$

La dernière égalité est due au fait que X_t suit une loi gaussienne centrée de variance t. On en déduit que $\mathbb{E}\left(X_t^2 - t|\mathcal{F}_s\right) = X_s^2 - s$, si $s < t$.

Pour démontrer le dernier point, rappelons, tout d'abord, que, si g est une gaussienne centrée réduite, on a :

$$\mathbb{E}(e^{\lambda g}) = \int_{-\infty}^{+\infty} e^{\lambda x} e^{-x^2/2} \frac{dx}{\sqrt{2\pi}} = e^{\lambda^2/2}.$$

De plus, si $s < t$,

$$\mathbb{E}(e^{\sigma X_t - \sigma^2 t/2}|\mathcal{F}_s) = e^{\sigma X_s - \sigma^2 t/2}\mathbb{E}(e^{\sigma(X_t - X_s)}|\mathcal{F}_s)$$

car X_s est $\mathcal{F}_s$-mesurable, et comme $X_t - X_s$ est indépendante de $\mathcal{F}_s$, on a

$$\begin{aligned}\mathbb{E}(e^{\sigma(X_t-X_s)}|\mathcal{F}_s) &= \mathbb{E}(e^{\sigma(X_t-X_s)})\\ &= \mathbb{E}(e^{\sigma X_{t-s}})\\ &= \mathbb{E}(e^{\sigma g\sqrt{t-s}})\\ &= \exp\left(\frac{1}{2}\sigma^2(t-s)\right).\end{aligned}$$

Ce qui donne le résultat annoncé. □

Si $(M_t)_{t\geq 0}$ est une martingale, la relation $\mathbb{E}\left(M_t|\mathcal{F}_s\right) = M_s$, peut être étendue à des temps s et t aléatoires si ces temps sont des *temps d'arrêt bornés*. Ce résultat est une extension de l'exercice 4 du chapitre 2 au cas continu et porte le nom de *théorème d'arrêt*. Nous admettons ce théorème et renvoyons à Karatzas et Shreve (1988) page 19 pour sa démonstration.

Théorème 3.3.4 ((Théorème d'arrêt)) *Si $(M_t)_{t\geq 0}$ est une martingale continue par rapport à une filtration $(\mathcal{F}_t)_{t\geq 0}$, et si τ_1 et τ_2 sont deux temps d'arrêt tels que $\tau_1 \leq \tau_2 \leq K$, K étant une constante réelle finie, alors M_{τ_2} est intégrable et :*

$$\mathbb{E}\left(M_{\tau_2}|\mathcal{F}_{\tau_1}\right) = M_{\tau_1} \quad \mathbb{P}\ p.s.\ .$$

Remarque 3.3.2
- Ce résultat entraîne que, si τ est un temps d'arrêt borné, alors $\mathbb{E}(M_\tau) = \mathbb{E}(M_0)$ (il suffit d'appliquer le théorème d'arrêt avec $\tau_1 = 0, \tau_2 = \tau$ et de prendre l'espérance des deux membres).
- Si $(M_t)_{t\geq 0}$ est une sous-martingale continue, on a le même théorème en remplaçant l'égalité précédente par :

$$\mathbb{E}\left(M_{\tau_2}|\mathcal{F}_{\tau_1}\right) \geq M_{\tau_1} \quad \mathbb{P}\text{ p.s.}$$

Nous allons donner un exemple d'application de ce résultat au calcul des temps d'atteinte d'un point par le mouvement brownien.

Proposition 3.3.6 *Soit $(X_t)_{t\geq 0}$ un $\mathcal{F}_t$-mouvement brownien. Notons, si a est un nombre réel, $T_a = \inf\{s \geq 0, X_s = a\}$, ou $+\infty$ si cet ensemble est vide.*

Alors, T_a est un temps d'arrêt fini presque sûrement, dont la loi est caractérisée par sa transformée de Laplace :

$$\mathbb{E}\left(e^{-\lambda T_a}\right) = e^{-\sqrt{2\lambda}|a|}.$$

Démonstration. Nous supposerons, d'abord, que $a \geq 0$. Pour montrer que T_a est un temps d'arrêt, on remarque, en utilisant la continuité des trajectoires, que

$$\{T_a \leq t\} = \bigcap_{\varepsilon\in\mathbb{Q}^{+*}} \left\{\sup_{s\leq t} X_s > a - \varepsilon\right\} = \bigcap_{\varepsilon\in\mathbb{Q}^{+*}} \bigcap_{s\in\mathbb{Q}^{+}, s\leq t} \{X_s > a - \varepsilon\}.$$

Ce dernier ensemble est dans $\mathcal{F}_t$, ce qui prouve le résultat. On notera dans ce qui suit $x \wedge y = \inf(x, y)$.

Nous allons appliquer le théorème d'arrêt à la martingale

$$M_t = \exp\left(\sigma X_t - (\sigma^2/2)t\right),$$

avec $\sigma > 0$. On ne peut pas appliquer directement le théorème d'arrêt à T_a (qui n'est pas borné). Cependant, si n est un entier positif, $T_a \wedge n$ est encore un temps d'arrêt (voir proposition 3.1.6), qui est borné, on peut donc appliquer le théorème d'arrêt. On obtient ainsi $\mathbb{E}\left(M_{T_a \wedge n}\right) = 1$. Mais

$$M_{T_a \wedge n} = e^{\sigma X_{T_a \wedge n} - \frac{\sigma^2}{2}(T_a \wedge n)} \leq \exp(\sigma a).$$

De plus, si $T_a < +\infty$, $\lim_{n \to +\infty} M_{T_a \wedge n} = M_{T_a}$ et si $T_a = +\infty$, on a pour tout t, $X_t \leq a$, d'où $\lim_{n \to +\infty} M_{T_a \wedge n} = 0$. Le théorème de Lebesgue donne donc $\mathbb{E}(\mathbf{1}_{\{T_a < +\infty\}} M_{T_a}) = 1$, soit, comme $X_{T_a} = a$ si $T_a < +\infty$:

$$\mathbb{E}\left(\mathbf{1}_{\{T_a < +\infty\}} \exp\left(-\frac{\sigma^2}{2} T_a\right)\right) = e^{-\sigma a}.$$

En faisant tendre σ vers 0 on obtient que $\mathbb{P}(T_a < +\infty) = 1$ (ce qui signifie que le mouvement brownien atteint la valeur a presque sûrement), puis :

$$\mathbb{E}\left(\exp\left(-\frac{\sigma^2}{2} T_a\right)\right) = e^{-\sigma a}.$$

On traite le cas $a < 0$ en remarquant que :

$$T_a = \inf\{s \geq 0, -X_s = -a\},$$

avec $(-X_t)_{t \geq 0}$ qui est un $\mathcal{F}_t$-mouvement brownien (car c'est un processus continu à accroissements indépendants et stationnaires de moyenne nulle et de variance t). □

Le théorème d'arrêt permet aussi d'obtenir des estimations pour le maximum d'une martingale. Si M_t est une martingale, on peut borner le moment d'ordre 2 de $\sup_{0 \leq t \leq T} |M_t|$. Cette inégalité est connue sous le nom d'inégalité de Doob.

Théorème 3.3.7 (Inégalité de Doob) *Si $(M_t)_{0 \leq t \leq T}$ est une martingale continue, on a, pour tout $T > 0$,*

$$\mathbb{E}\left(\sup_{0 \leq t \leq T} |M_t|^2\right) \leq 4\mathbb{E}(|M_T|^2).$$

La démonstration de ce résultat est donnée dans l'exercice 16.

3.4 Intégrale stochastique et calcul d'Itô

Dans le cas des modèles à temps discret, la valeur actualisée d'un portefeuille de valeur initiale V_0 et géré selon une stratégie autofinancée s'écrit

$$V_0 + \sum_{j=1}^{n} H_j(\tilde{S}_j - \tilde{S}_{j-1}).$$

où H_j est la quantité d'actif risqué détenu à l'instant j, si l'on suppose, pour simplifier, qu'il n'y a qu'un seul actif risqué. Cette valeur apparaît comme une *transformée de martingale* sous une probabilité pour laquelle le prix de l'actif actualisé $(\tilde{S}_n)_{0\leq n\leq N}$ est une martingale. Dans le cas des modèles à temps continu, nous allons généraliser cette formule à l'aide d'intégrales du type $\int_0^t H_s d\tilde{S}_s$.

Les modèles utilisés couramment pour décrire l'actif sont obtenus à partir d'un (ou plusieurs) mouvement brownien. Or, une des propriétés importantes du mouvement brownien est que presque sûrement ses trajectoires sont nulle part différentiables. Autrement dit, on peut montrer que, si X_t est un mouvement brownien, il n'existe pas de points t de $\mathbb{R}^+$ tels que $\frac{dX_t}{dt}$ ait un sens. On ne peut donc pas définir l'intégrale précédente par :

$$\int_0^t f(s)dX_s = \int_0^t f(s)\frac{dX_s}{ds}ds.$$

On peut donner, cependant, un sens précis à ce type d' intégrales par rapport au mouvement brownien. On appelle ces intégrales des *intégrales stochastiques*. C'est ce que nous allons faire dans cette section.

3.4.1 Construction de l'intégrale stochastique

Soit $(W_t)_{t\geq 0}$ un $\mathcal{F}_t$-mouvement brownien standard sur un espace probabilisé filtré $(\Omega, \mathcal{A}, (\mathcal{F}_t)_{t\geq 0}, \mathbb{P})$. Nous allons donner un sens à $\int_0^t f(s,\omega)dW_s$ pour une classe de processus $f(s,\omega)$ adaptés à la filtration $(\mathcal{F}_t)_{t\geq 0}$. On va commencer par construire l'intégrale stochastique sur un ensemble de processus dits *élémentaires*. Dans toute la suite, on fixe T un réel strictement positif et fini.

Définition 3.4.1 On appelle *processus élémentaire* $(H_t)_{0\leq t\leq T}$ un processus de la forme :

$$H_t(\omega) = \sum_{i=1}^{p} \phi_i(\omega)\mathbf{1}_{]t_{i-1},t_i]}(t)$$

où $0 = t_0 < t_1 < \ldots < t_p = T$ et ϕ_i est $\mathcal{F}_{t_{i-1}}$-mesurable et bornée.

L'intégrale stochastique d'un processus élémentaire H est alors, par définition, le processus continu $(I(H)_t)_{0\leq t\leq T}$ défini par, si $t \in]t_k, t_{k+1}]$,

$$I(H)_t = \sum_{1\leq i\leq k} \phi_i(W_{t_i} - W_{t_{i-1}}) + \phi_{k+1}(W_t - W_{t_k}).$$

Notons que $I(H)_t$ peut s'écrire :

$$I(H)_t = \sum_{1\leq i\leq p} \phi_i(W_{t_i\wedge t} - W_{t_{i-1}\wedge t}),$$

ce qui prouve la continuité de la fonction $t \mapsto I(H)_t$. On notera $\int_0^t H_s dW_s$ pour $I(H)_t$. On a alors le résultat essentiel suivant :

Proposition 3.4.2 *Si $(H_t)_{0\leq t\leq T}$ est un processus élémentaire :*

– $\left(\int_0^t H_s dW_s\right)_{0\leq t\leq T}$ *est une $\mathcal{F}_t$-martingale continue,*

– $\mathbb{E}\left(\left(\int_0^t H_s dW_s\right)^2\right) = \mathbb{E}\left(\int_0^t H_s^2 ds\right)$,

– $\mathbb{E}\left(\sup_{t\leq T}\left|\int_0^t H_s dW_s\right|^2\right) \leq 4\mathbb{E}\left(\int_0^T H_s^2 ds\right)$.

Démonstration. Pour démontrer cette proposition nous allons utiliser des processus à temps discret En effet, pour établir que $\left(\int_0^t H_s dW_s\right)$ est une martingale, il suffit de prouver que, pour tout $t > s$:

$$\mathbb{E}\left(\int_0^t H_u dW_u | \mathcal{F}_s\right) = \int_0^s H_u dW_u$$

Si l'on ajoute s et t à la subdivision $t_0 = 0 < t_1 < \ldots < t_p = T$, et si on pose $M_n = \int_0^{t_n} H_s dW_s$ et $\mathcal{G}_n = \mathcal{F}_{t_n}$ pour $0 \leq n \leq p$, il suffit de vérifier que M_n est une $\mathcal{G}_n$-martingale. Pour démontrer ceci, remarquons que :

$$M_n = \int_0^{t_n} H_s dW_s = \sum_{i=1}^n \phi_i \left(W_{t_i} - W_{t_{i-i}}\right)$$

avec ϕ_i qui est $\mathcal{G}_{i-1}$-mesurable. D'autre part $X_n = W_{t_n}$ est une $\mathcal{G}_n$-martingale (en effet, $(W_t)_{t\geq 0}$ est un mouvement brownien). $(M_n)_{n\in[0,p]}$ apparaît donc comme une transformée de la martingale $(X_n)_{n\in[0,p]}$. La proposition 1.2.3 du chapitre 1 prouve alors que c'est une martingale. Le deuxième point s'obtient en remarquant que

$$\begin{aligned}
\mathbb{E}(M_n^2) &= \mathbb{E}\left(\left(\sum_{i=1}^n \phi_i(X_i - X_{i-1})\right)^2\right) \\
&= \sum_{i=1}^n \sum_{j=1}^n \mathbb{E}\left(\phi_i\phi_j(X_i - X_{i-1})(X_j - X_{j-1})\right)
\end{aligned}$$

De plus, si $i < j$, on a

$$\begin{aligned}
&\mathbb{E}(\phi_i\phi_j(X_i - X_{i-1})(X_j - X_{j-1})) \\
= \; &\mathbb{E}(\mathbb{E}(\phi_i\phi_j(X_i - X_{i-1})(X_j - X_{j-1})|\mathcal{G}_{j-1})) \\
= \; &\mathbb{E}(\phi_i\phi_j(X_i - X_{i-1})\mathbb{E}(X_j - X_{j-1}|\mathcal{G}_{j-1})).
\end{aligned}$$

Comme X_j est une martingale, on a $\mathbb{E}(X_j - X_{j-1}|\mathcal{G}_{j-1}) = 0$. On en déduit que, si $i < j$,

$$\mathbb{E}\left(\phi_i\phi_j(X_i - X_{i-1})(X_j - X_{j-1})\right) = 0.$$

Si $j > i$ on obtient le même résultat. Enfin si $i = j$, on a

$$\begin{aligned}
\mathbb{E}\left(\phi_i^2(X_i - X_{i-1})^2\right) &= \mathbb{E}\left(\mathbb{E}\left(\phi_i^2(X_i - X_{i-1})^2\middle|\, \mathcal{G}_{i-1}\right)\right) \\
&= \mathbb{E}\left(\phi_i^2 \mathbb{E}\left((X_i - X_{i-1})^2\middle|\, \mathcal{G}_{i-1}\right)\right),
\end{aligned}$$

et finalement

$$\mathbb{E}((X_i - X_{i-1})^2|\mathcal{G}_{i-1}) = \mathbb{E}((W_{t_i} - W_{t_{i-1}})^2) = t_i - t_{i-1}. \tag{3.1}$$

En utilisant l'équation (3.1), on obtient

$$\mathbb{E}\left(\left(\sum_{i=1}^{n}\phi_i(X_i - X_{i-1})\right)^2\right) = \mathbb{E}\left(\sum_{i=1}^{n}\phi_i^2(t_i - t_{i-1})\right) = \mathbb{E}\left(\int_0^t H_s^2 ds\right).$$

La continuité de $t \rightarrow \int_0^t H_s dW_s$ est claire sur sa définition. Le troisième point est une conséquence de l'inégalité de Doob (cf. Théorème 3.3.7) appliquée à la martingale continue $\left(\int_0^t H_s dW_s\right)_{t\geq 0}$. □

Remarque 3.4.1 On pose, par définition,

$$\int_t^T H_s dW_s = \int_0^T H_s dW_s - \int_0^t H_s dW_s$$

Si $t \leq T$, et si $A \in \mathcal{F}_t$, alors $s \rightarrow \mathbf{1}_A \mathbf{1}_{\{t < s\}} H_s$ reste un processus élémentaire et il est facile de vérifier, sur la définition de l'intégrale, que :

$$\int_0^T \mathbf{1}_A H_s \mathbf{1}_{\{t < s\}} dW_s = \mathbf{1}_A \int_t^T H_s dW_s. \quad (3.2)$$

On vient de définir et de donner des propriétés de l'intégrale stochastique pour les processus élémentaires, nous allons maintenant étendre cette intégrale à la classe de processus adaptés

$$\mathcal{H} = \left\{ (H_t)_{0\leq t\leq T}, \text{ processus adapté à } (\mathcal{F}_t)_{t\geq 0},\ \mathbb{E}\left(\int_0^T H_s^2 ds\right) < +\infty \right\}.$$

Proposition 3.4.4 *Soit $(W_t)_{t\geq 0}$ un $\mathcal{F}_t$-brownien. Alors il existe une* unique *application linéaire J de $\mathcal{H}$ dans* l'espace des $\mathcal{F}_t$-martingales continues définies sur $[0, T]$, *telle que :*

1. *Si $(H_t)_{t\leq T}$ est un processus élémentaire,* $\mathbb{P}$ *p.s. pour tout* $0 \leq t \leq T$ $J(H)_t = I(H)_t$.
2. *Si* $t \leq T$, $\mathbb{E}\left(J(H)_t^2\right) = \mathbb{E}\left(\int_0^t H_s^2 ds\right)$.

Cette application linéaire est unique au sens suivant, si J et J' sont deux prolongements linéaires vérifiant les propriétés précédentes, alors

$$\mathbb{P}\text{ p.s.} \quad \forall 0 \leq t \leq T,\ J(H)_t = J'(H)_t$$

On note, si $H \in \mathcal{H}$, $\int_0^t H_s dW_s = J(H)_t$.

De plus cette intégrale stochastique vérifie les propriétés suivantes.

Proposition 3.4.5 *Si $(H_t)_{0\leq t\leq T}$ un processus de $\mathcal{H}$ alors :*

1. *On a :*

$$\mathbb{E}\left(\sup_{t\leq T}\left|\int_0^t H_s dW_s\right|^2\right) \leq 4\mathbb{E}\left(\int_0^T H_s^2 ds\right) \tag{3.3}$$

2. *Si τ est un $\mathcal{F}_t$-temps d'arrêt :*

$$\mathbb{P}\ p.s.\quad \int_0^\tau H_s dW_s = \int_0^T \mathbf{1}_{\{s\,\leq\,\tau\}} H_s dW_s \tag{3.4}$$

Démonstration. Nous admettrons que si $(H_s)_{s\leq T}$ est dans $\mathcal{H}$, il existe une suite $(H_s^n)_{s\leq T}$ de processus élémentaires tels que :

$$\lim_{n\to+\infty} \mathbb{E}\left(\int_0^T |H_s - H_s^n|^2\, ds\right) = 0.$$

On trouvera une démonstration de ce résultat dans Karatzas et Shreve (1988) (page 134 problème 2.5).

Si $H \in \mathcal{H}$ et $(H^n)_{n\geq 0}$ est une suite de processus élémentaires convergeant vers H, au sens précédent, on a :

$$\mathbb{E}\left(\sup_{t\leq T}|I(H^{n+p})_t - I(H^n)_t|^2\right) \leq 4\mathbb{E}\left(\int_0^T \left|H_s^{n+p} - H_s^n\right|^2 ds\right). \tag{3.5}$$

Il existe donc une sous-suite $H^{\phi(n)}$ telle que :

$$\mathbb{E}\left(\sup_{t\leq T}|I(H^{\phi(n+1)})_t - I(H^{\phi(n)})_t|^2\right) \leq \frac{1}{2^n}.$$

La série de fonctions de terme général $I(H^{\phi(n+1)}) - I(H^{\phi(n)})$ est donc, presque sûrement, uniformément convergente. Donc $I(H^{\phi(n)})_t$ converge vers une fonction continue qui sera par définition $t \mapsto J(H)_t$. En passant à la limite dans (3.5), on obtient :

$$\mathbb{E}\left(\sup_{t\leq T}|J(H)_t - I(H^n)_t|^2\right) \leq 4\mathbb{E}\left(\int_0^T |H_s - H_s^n|^2 ds\right). \tag{3.6}$$

Ceci entraîne que $(J(H)_t)_{0\leq t\leq T}$ ne dépend pas de la suite approximante. $(J(H)_t)_{0\leq t\leq T}$ est une martingale, en effet :

$$\mathbb{E}(I(H^n)_t|\mathcal{F}_s) = I(H^n)_s,$$

De plus pour tout t, $\lim_{n\to+\infty} I(H^n)_t = J(H)_t$ en norme $L^2(\Omega,\mathbb{P})$ et la continuité dans $L^2(\Omega,\mathbb{P})$ de l'espérance conditionnelle permet de conclure.

De l'équation (3.6) et de :

$$\mathbb{E}(I(H^n)_t^2) = \mathbb{E}\left(\int_0^T |H_s^n|^2\, ds\right),$$

on déduit que $\mathbb{E}(J(H)_t^2) = \mathbb{E}\left(\int_0^T |H_s|^2\, ds\right)$. De même de (3.6) et de $\mathbb{E}(\sup_{t\leq T} I(H^n)_t^2) \leq 4\mathbb{E}\left(\int_0^T |H_s^n|^2\, ds\right)$, on déduit (3.3).

L'unicité du prolongement résulte de la densité des processus élémentaires dans $\mathcal{H}$.

Nous allons maintenant démontrer (3.4). On remarque d'abord que l'équation (3.2) reste valable si $H \in \mathcal{H}$. Il suffit pour cela d'utiliser la densité des processus élémentaires dans $\mathcal{H}$ et (3.6).

On démontre ensuite le résultat pour des temps d'arrêt de la forme $\tau = \sum_{1\leq i\leq n} t_i \mathbf{1}_{A_i}$, où $0 < t_1 < \cdots < t_n = T$, les A_i étant disjoints et $\mathcal{F}_{t_i}$ mesurables. Pour montrer, dans ce cas, l'égalité (3.4), on remarque, tout d'abord, que

$$\int_0^T \mathbf{1}_{\{s>\tau\}} H_s dW_s = \int_0^T \left(\sum_{1\leq i\leq n} \mathbf{1}_{A_i} \mathbf{1}_{\{s>t_i\}} \right) H_s dW_s.$$

Mais chaque $\mathbf{1}_{\{s\,>\,t_i\}} \mathbf{1}_{A_i} H_s$ est adapté (Ce processus est nul si $s \leq t_i$ et vaut $\mathbf{1}_{A_i} H_s$ sinon) et donc dans $\mathcal{H}$. On en déduit que :

$$\begin{aligned} \int_0^T \mathbf{1}_{\{s>\tau\}} H_s dW_s &= \sum_{1\leq i\leq n} \int_0^T \mathbf{1}_{A_i} \mathbf{1}_{\{s>t_i\}} H_s dW_s \\ &= \sum_{1\leq i\leq n} \mathbf{1}_{A_i} \int_{t_i}^T H_s dW_s = \int_\tau^T H_s dW_s, \end{aligned}$$

puis que $\int_0^T \mathbf{1}_{\{s\,\leq\,\tau\}} H_s dW_s = \int_0^\tau H_s dW_s$.

Pour généraliser ce résultat, remarquons qu'un temps d'arrêt quelconque τ peut être approximé par une suite décroissante de temps d'arrêt du type précédent en posant

$$\tau_n = \sum_{0\leq i\leq 2^n} \frac{(k+1)T}{2^n} \mathbf{1}_{\left\{ \frac{kT}{2^n} \leq \tau < \frac{(k+1)T}{2^n} \right\}}.$$

Alors, τ_n converge presque sûrement vers τ en décroissant. On en déduit que presque sûrement $\int_0^{\tau_n} H_s dW_s$ tend vers $\int_0^\tau H_s dW_s$ par continuité de $t \mapsto \int_0^t H_s dW_s$. D'autre part

$$\mathbb{E}\left(\left| \int_0^T \mathbf{1}_{\{s\leq\tau\}} H_s dW_s - \int_0^T \mathbf{1}_{\{s\leq\tau_n\}} H_s dW_s \right|^2 \right) = \mathbb{E}\left(\int_0^T \mathbf{1}_{\{\tau<s\leq\tau_n\}} H_s^2 ds \right).$$

Ce dernier terme tend vers 0 par convergence dominée, donc $\int_0^T \mathbf{1}_{\{s\,\leq\,\tau_n\}} H_s dW_s$ tend dans $L^2(\Omega, \mathbb{P})$ (et, donc, presque sûrement pour une sous suite) vers $\int_0^T \mathbf{1}_{\{s\,\leq\,\tau\}} H_s dW_s$. Ceci permet d'obtenir l'égalité (3.4) pour tout temps d'arrêt. □

Pour les besoins de la modélisation, nous aurons besoin de processus satisfaisant une hypothèse d'intégrabilité plus faible que celle vérifiée par un processus appartenant à $\mathcal{H}$, c'est pour cela que nous introduisons un nouvel espace $\tilde{\mathcal{H}}$, en posant :

$$\tilde{\mathcal{H}} = \left\{ (H_s)_{0\leq s\leq T} \;\; (\mathcal{F}_t)_{t\geq 0}\text{-adapté}, \int_0^T H_s^2 ds < +\infty \; \mathbb{P} \text{ p.s.} \right\}.$$

La proposition suivante permet de prolonger l'intégrale stochastique de $\mathcal{H}$ à $\tilde{\mathcal{H}}$.

Proposition 3.4.6 *Il existe une unique application linéaire* $\tilde{J}$ *de l'espace* $\tilde{\mathcal{H}}$ *dans l'espace vectoriel des* processus continus *définis sur* $[0, T]$, *telle que :*

1. Propriété de prolongement. *Si* $(H_t)_{0\leq t\leq T}$ *est un processus élémentaire alors*

$$\mathbb{P} \; p.s. \;, \; \forall 0 \leq t \leq T, \; \tilde{J}(H)_t = I(H)_t.$$

2. Propriété de continuité : *Si* $(H^n)_{n\geq 0}$ *est une suite de processus de* $\tilde{\mathcal{H}}$ *telle que* $\int_0^T {H_s^n}^2 ds$ *tend vers* 0 *en probabilité alors* $\sup_{t\leq T} |\tilde{J}(H^n)_t|$ *tend vers* 0 *en probabilité.*

On note toujours $\int_0^t H_s dW_s$ *pour* $\tilde{J}(H)_t$.

Remarque 3.4.2 Il est important de noter que dans ce cas $\left(\int_0^t H_s dW_s\right)_{0\leq t\leq T}$ *n'est pas (nécessairement) une martingale.*

Démonstration. Il est facile de déduire de la propriété de prolongement et de la propriété de continuité que, si $H \in \mathcal{H}$, alors $\mathbb{P}$ p.s. $\forall t \leq T,\ \tilde{J}(H)_t = J(H)_t$.

Soit $H \in \tilde{\mathcal{H}}$, posons $T_n = \inf\left\{0 \leq s \leq T,\ \int_0^s H_u^2 du \geq n\right\}$ ($+\infty$ si cet ensemble est vide), et $H_s^n = H_s \mathbf{1}_{\{s\ \leq\ T_n\}}$.

Montrons, tout d'abord, que T_n est un temps d'arrêt. Comme $\{T_n \leq t\} = \{\int_0^t H_u^2 du \geq n\}$, il nous suffit de prouver que $\int_0^t H_u^2 du$ est une variable aléatoire $\mathcal{F}_t$-mesurable. Mais ce résultat est vrai si H est un processus élémentaire, et donc par densité si $H \in \mathcal{H}$. Enfin si $H \in \tilde{\mathcal{H}}$, $\int_0^t H_u^2 du$ qui est la limite presque sûre, lorsque K tend vers $+\infty$, de $\int_0^t H_u^2 \wedge K du$ est aussi $\mathcal{F}_t$-mesurable. Il est alors facile de voir que les processus H_s^n sont adaptés et bornés donc dans $\mathcal{H}$. De plus

$$\int_0^t H_s^n dW_s = \int_0^t \mathbf{1}_{\{s\leq T_n\}} H_s^{n+1} dW_s,$$

l'égalité (3.4) prouve alors que

$$\int_0^t H_s^n dW_s = \int_0^{t\wedge T_n} H_s^{n+1} dW_s.$$

Donc sur l'ensemble $\{\int_0^T H_u^2 du < n\}$, pour tout $t \leq T$, $J(H^n)_t = J(H^{n+1})_t$. Comme

$$\bigcup_{n\geq 0}\left\{\int_0^T H_u^2 du < n\right\} = \left\{\int_0^T H_u^2 du < +\infty\right\},$$

on peut définir presque sûrement un processus $\tilde{J}(H)_t$ en posant, sur $\{\int_0^T H_u^2 du < n\}$,

$$\forall t \leq T \quad \tilde{J}(H)_t = J(H^{(n)})_t.$$

Le processus $t \mapsto \tilde{J}(H)_t$ est presque sûrement continu, par définition. La propriété de prolongement est vérifiée par construction. Il reste donc à prouver la propriété de continuité de $\tilde{J}$. Pour cela remarquons que :

$$\begin{aligned}\mathbb{P}\left(\sup_{t\leq T}|\tilde{J}(H)_t| \geq \varepsilon\right) \leq \quad & \mathbb{P}\left(\int_0^T H_s^2 ds \geq 1/N\right)\\ & +\mathbb{P}\left(\mathbf{1}_{\{\int_0^T H_u^2 du<1/N\}}\sup_{t\leq T}|\tilde{J}(H)_t| \geq \varepsilon\right).\end{aligned}$$

Si l'on note $\tau_N = \inf\left\{s \leq T,\ \int_0^s H_u^2 du \geq \frac{1}{N}\right\}$ ($+\infty$ si cet ensemble est vide), alors sur $\left\{\int_0^T H_u^2 du < \frac{1}{N}\right\}$, on a $T < T_1$ et l'égalité (3.4) prouve que, pour tout $t \leq T$,

$$\int_0^t H_s dW_s = \tilde{J}(H)_t = J(H^1)_t = \int_0^t H_s^1 \mathbf{1}_{\{s\leq\tau_N\}} dW_s = \int_0^t H_s \mathbf{1}_{\{s\leq\tau_N\}} dW_s,$$

D'où, en utilisant (3.3) pour le processus $s \mapsto H_s \mathbf{1}_{\{s \leq \tau_N\}}$:

$$\begin{aligned}\mathbb{P}\left(\sup_{t\leq T}\left|\tilde{J}(H)_t\right| \geq \varepsilon\right) \leq \quad & \mathbb{P}\left(\int_0^T H_s^2 ds \geq \frac{1}{N}\right) \\ & + \frac{4}{\varepsilon^2}\mathbb{E}\left(\int_0^T H_s^2 \mathbf{1}_{\{s\leq\tau_N\}} ds\right) \\ \leq \quad & \mathbb{P}\left(\int_0^T H_s^2 ds \geq \frac{1}{N}\right) + \frac{4}{N\varepsilon^2}.\end{aligned}$$

On en déduit que si $\int_0^T H_s^{n2} ds$ tend vers 0 en probabilité, alors $\sup_{t\leq T}|\tilde{J}(H^n)_t|$ tend vers 0 en probabilité.

Pour prouver la linéarité de $\tilde{J}$, considérons deux processus de $\tilde{\mathcal{H}}$, H et K et les deux suites H_t^n et K_t^n définies comme au début de la démonstration, telles que $\int_0^T (H_s^n - H_s)^2 ds$ et $\int_0^T (K_s^n - K_s)^2 ds$ tendent en probabilité vers 0. On peut alors passer à la limite dans l'égalité $J(\lambda H^n + \mu K^n)_t = \lambda J(H^n)_t + \mu J(K^n)_t$, grâce à la propriété de continuité de $\tilde{J}$. On obtient ainsi la linéarité de $\tilde{J}$.

Enfin, le fait que si $H \in \tilde{\mathcal{H}}$ alors $\int_0^T (H_t - H_t^n)^2 dt$ tend vers 0 en probabilité et la propriété de continuité prouvent l'unicité du prolongement. □

Nous allons résumer les conditions d'existence de l'intégrale stochastique par rapport à un mouvement brownien, et les hypothèses qui permettent d'affirmer qu'il s'agit d'une martingale.

Résumé :

Soit $(W_t)_{t\geq 0}$ un $\mathcal{F}_t$-mouvement brownien et $(H_t)_{0\leq t\leq T}$ un processus $\mathcal{F}_t$-adapté. On peut définir l'intégrale stochastique $(\int_0^t H_s dW_s)_{0\leq t\leq T}$ dès que $\int_0^T H_s^2 ds < +\infty$ $\mathbb{P}$ p.s. . Le processus $(\int_0^t H_s dW_s)_{0\leq t\leq T}$ est une martingale si :

$$\mathbb{E}\left(\int_0^T H_s^2 ds\right) < +\infty.$$

Cette condition n'est cependant pas nécessaire. Remarquons, toutefois, que la condition $\mathbb{E}\left(\int_0^T H_s^2 ds\right) < +\infty$ est équivalente à :

$$\mathbb{E}\left(\sup_{t\in[0,T]}\left(\int_0^t H_s dW_s\right)^2\right) < +\infty,$$

et que , dans ce cas on a l'égalité :

$$\mathbb{E}\left[\left(\int_0^T H_s dW_s\right)^2\right] = \mathbb{E}\left(\int_0^T H_s^2 ds\right). \tag{3.7}$$

Ces propriétés sont démontrées dans l'exercice 18.

3.4.2 Calcul d'Itô

Nous allons maintenant introduire un calcul différentiel sur ces intégrales stochastiques. On appelle ce calcul *calcul d'Itô* et l'outil essentiel en est la "formule d'Itô".

La formule d'Itô donne, en particulier, la façon de différencier $t \mapsto f(W_t)$ si f est une fonction deux fois continûment différentiable. L'exemple suivant prouve que le prolongement naïf du calcul différentiel usuel est voué à l'échec. Supposons que l'on veuille "différencier" $t \to W_t^2$ et l'exprimer en fonction de "dW_t". Pour une fonction $f(t)$ différentiable nulle en 0, on a $f(t)^2 = 2\int_0^t f(s)\dot{f}(s)ds = 2\int_0^t f(s)df(s)$. Dans les cas du mouvement brownien et de l'intégrale stochastique on ne peut avoir une formule du même type : $W_t^2 = 2\int_0^t W_s dW_s$. En effet, d'après ce qui précède, $\int_0^t W_s dW_s$ est une martingale (car $\mathbb{E}\left(\int_0^t W_s^2 ds\right) < +\infty$), nulle en zéro. Si elle était égale à W_t^2 elle serait positive, et une martingale nulle en 0 ne peut être positive que si elle est nulle.

Commençons par préciser la définition de la classe de processus pour laquelle on peut énoncer la formule d'Itô.

Définition 3.4.8 Soient $(\Omega, \mathcal{F}, (\mathcal{F}_t)_{t\geq 0}, \mathbb{P})$ un espace probabilisé muni d'une filtration et $(W_t)_{t\geq 0}$ un $\mathcal{F}_t$–mouvement brownien. On appelle *processus d'Itô*, un processus $(X_t)_{0\leq t\leq T}$ à valeurs dans $\mathbb{R}$ tel que

$$\mathbb{P} \text{ p.s. } \forall t \leq T \quad X_t = X_0 + \int_0^t K_s ds + \int_0^t H_s dW_s,$$

avec

- X_0 $\mathcal{F}_0$-mesurable.
- $(K_t)_{0\leq t\leq T}$ et $(H_t)_{0\leq t\leq T}$ des processus adaptés à $\mathcal{F}_t$.
- $\int_0^T |K_s| ds < +\infty$ $\mathbb{P}$ p.s.
- $\int_0^T |H_s|^2 ds < +\infty$ $\mathbb{P}$ p.s.

On peut démontrer (voir exercice 19) le résultat suivant, qui précise l'unicité de la décomposition précédente.

Proposition 3.4.9 *Soit $(M_t)_{0\leq t\leq T}$ une martingale continue telle que*

$$M_t = \int_0^t K_s ds, \textit{ avec } \mathbb{P} \textit{ p.s. }, \int_0^T |K_s| ds < +\infty,$$

alors :

$$\mathbb{P} \textit{ p.s. } \forall t \leq T,\ M_t = 0.$$

Ceci entraîne que :

- *La décomposition d'un processus d'Itô est unique. Ce qui signifie que si, pour tout t,*

$$X_t = X_0 + \int_0^t K_s ds + \int_0^t H_s dW_s = X_0' + \int_0^t K_s' ds + \int_0^t H_s' dW_s$$

alors

$$X_0 = X'_0 \quad d\mathbb{P}\ p.s. \qquad H_s = H'_s \quad ds \times d\mathbb{P}\ p.p. \qquad K_s = K'_s \quad ds \times d\mathbb{P}\ p.p.$$

– *Si* $(X_t)_{0 \leq t \leq T}$ *est une martingale de la forme* $X_0 + \int_0^t K_s ds + \int_0^t H_s dW_s$, *alors* $K_t = 0\ dt \times d\mathbb{P}$ *p.p.*.

La formule d'Itô prend la forme suivante (nous l'admettons sans démonstration et nous renvoyons à Bouleau (1988) pour une démonstration élémentaire dans le cas du brownien ou à Karatzas et Shreve (1988) pour une démonstration complète) :

Théorème 3.4.10 *Soit* $(X_t)_{0 \leq t \leq T}$ *un processus d'Itô de la forme*

$$X_t = X_0 + \int_0^t K_s ds + \int_0^t H_s dW_s,$$

et f *une fonction deux fois continûment différentiable sur* $\mathbb{R}$. *On a*

$$f(X_t) = f(X_0) + \int_0^t f'(X_s) dX_s + \frac{1}{2} \int_0^t f''(X_s) d\langle X, X \rangle_s$$

où, par définition,

$$\langle X, X \rangle_t = \int_0^t H_s^2 ds,$$

et

$$\int_0^t f'(X_s) dX_s = \int_0^t f'(X_s) K_s ds + \int_0^t f'(X_s) H_s dW_s.$$

De même si $(t, x) \mapsto f(t, x)$ *est une fonction deux fois différentiable en* x *et une fois différentiable en* t, *ces dérivées étant continues en* (t, x) *(on dit dans ce cas que* f *est de classe* $C^{1,2}$*), on a*

$$\begin{aligned} f(t, X_t) &= f(0, X_0) + \int_0^t f'_s(s, X_s) ds \\ &\quad + \int_0^t f'_x(s, X_s) dX_s + \frac{1}{2} \int_0^t f''_{xx}(s, X_s) d\langle X, X \rangle_s. \end{aligned}$$

3.4.3 Exemples d'utilisation de la formule d'Itô

Commençons par traiter un exemple élémentaire. Si $f(x) = x^2$ et $X_t = W_t$, on a $K_s = 0$ et $H_s = 1$, donc

$$W_t^2 = 2 \int_0^t W_s dW_s + \frac{1}{2} \int_0^t 2ds.$$

On obtient

$$W_t^2 - t = 2 \int_0^t W_s dW_s.$$

Comme $\mathbb{E}\left(\int_0^t W_s^2 ds\right) < +\infty$, on retrouve le fait que $W_t^2 - t$ est une martingale.

Nous allons maintenant nous intéresser aux solutions $(S_t)_{t\geq 0}$ de l'équation

$$S_t = x_0 + \int_0^t S_s\left(\mu ds + \sigma dW_s\right). \tag{3.8}$$

On écrit souvent ce type d'équation sous la forme

$$dS_t = S_t\left(\mu dt + \sigma dW_t\right), \quad S_0 = x_0. \tag{3.9}$$

Cela signifie que l'on cherche un processus adapté $(S_t)_{t\geq 0}$ tel que les intégrales $\int_0^t S_s ds$ et $\int_0^t S_s dW_s$ aient un sens, et qui vérifie, pour chaque t,

$$\mathbb{P}\text{ p.s. } S_t = x_0 + \int_0^t \mu S_s ds + \int_0^t \sigma S_s dW_s.$$

Faisons tout d'abord un calcul formel, posons $Y_t = \log(S_t)$ où S_t est une solution de l'équation (3.8). S_t est un processus d'Itô avec $K_s = \mu S_s$ et $H_s = \sigma S_s$. Appliquons la formule d'Itô à $f(x) = \log(x)$ (au moins formellement car $f(x)$ n'est pas de classe C^2 sur $\mathbb{R}$!). On obtient en supposant que S_t est positif :

$$\log(S_t) = \log(S_0) + \int_0^t \frac{dS_s}{S_s} + \frac{1}{2}\int_0^t \left(\frac{-1}{S_s^2}\right)\sigma^2 S_s^2 ds.$$

soit, en utilisant (3.9)

$$Y_t = Y_0 + \int_0^t (\mu - \sigma^2/2)dt + \int_0^t \sigma dW_t,$$

puis

$$Y_t = \log(S_t) = \log(S_0) + (\mu - \sigma^2/2)t + \sigma W_t.$$

On a ainsi montré que, si $(S_t, t \geq 0)$ est un processus strictement positif vérifiant (3.8), on a bien

$$S_t = x_0 \exp((\mu - \sigma^2/2)t + \sigma W_t).$$

Vérifions maintenant rigoureusement que ce processus est bien solution. On a $S_t = f(t, W_t)$, où

$$f(t,x) = x_0 \exp((\mu - \sigma^2/2)t + \sigma x).$$

La formule d'Itô donne

$$\begin{aligned} S_t &= f(t, W_t) \\ &= f(0, W_0) + \int_0^t f_s'(s, W_s)ds \\ &\quad + \int_0^t f_x'(s, W_s)dW_s + \frac{1}{2}\int_0^t f_{xx}''(s, W_s)d\langle W, W\rangle_s. \end{aligned}$$

Mais, comme $\langle W, W\rangle_t = t$, on peut écrire

$$S_t = X_0 + \int_0^t S_s(\mu - \sigma^2/2)ds + \int_0^t S_s\sigma dW_s + \frac{1}{2}\int_0^t S_s\sigma^2 ds,$$

et finalement

$$S_t = X_0 + \int_0^t S_s\mu ds + \int_0^t S_s\sigma dW_s.$$

Remarque 3.4.3 On aurait pu obtenir (exercice) le résultat précédent en appliquant la formule d'Itô à $S_t = \phi(Z_t)$, avec $Z_t = (\mu - \sigma^2/2)t + \sigma W_t$ (qui est un processus d'Itô) et $\phi(x) = x_0 \exp(x)$.

On vient donc de démontrer l'existence d'une solution de (3.8). Nous allons maintenant prouver que cette solution est unique. Pour cela, nous allons utiliser une propriété généralisant la *formule d'intégration par parties* dans le cas des processus d'Itô.

Proposition 3.4.12 (Formule d'intégration par partie) *Soient X_t et Y_t deux processus d'Itô,*

$$X_t = X_0 + \int_0^t K_s ds + \int_0^t H_s dW_s$$

et

$$Y_t = Y_0 + \int_0^t K'_s ds + \int_0^t H'_s dW_s.$$

Alors

$$X_tY_t = X_0Y_0 + \int_0^t X_s dY_s + \int_0^t Y_s dX_s + \langle X, Y\rangle_t$$

avec la notation

$$\langle X, Y\rangle_t = \int_0^t H_s H'_s ds.$$

Démonstration. On a, d'après la formule d'Itô,

$$\begin{array}{rcl} (X_t + Y_t)^2 & = & (X_0 + Y_0)^2 \\ & & +2\int_0^t (X_s + Y_s)d(X_s + Y_s) \\ & & +\int_0^t (H_s + H'_s)^2 ds \\ X_t^2 & = & X_0^2 + 2\int_0^t X_s dX_s + \int_0^t H_s^2 ds \\ Y_t^2 & = & Y_0^2 + 2\int_0^t Y_s dY_s + \int_0^t H'^2_s ds. \end{array}$$

D'où, en faisant la différence entre la première ligne et les deux suivantes,

$$X_tY_t = X_0Y_0 + \int_0^t X_s dY_s + \int_0^t Y_s dX_s + \int_0^t H_s H'_s ds.$$

□

Montrons, maintenant, l'unicité d'une solution de l'équation (3.8). Notons que

$$S_t = x_0 \exp((\mu - \sigma^2/2)t + \sigma W_t)$$

est une solution de (3.8) et supposons que $(X_t)_{t\geq 0}$ en soit une autre. On va chercher à exprimer la *différentielle stochastique* de $X_t S_t^{-1}$. Posons

$$Z_t = \frac{S_0}{S_t} = \exp((-\mu + \sigma^2/2)t - \sigma W_t),$$

$\mu' = -\mu + \sigma^2$ et $\sigma' = -\sigma$. Alors $Z_t = \exp\left(\left(\mu' - \sigma'^2/2\right)t + \sigma' W_t\right)$ et le calcul fait précédemment prouve que

$$Z_t = 1 + \int_0^t Z_s(\mu' ds + \sigma' dW_s) = 1 + \int_0^t Z_s((-\mu + \sigma^2)ds - \sigma dW_s).$$

On peut alors exprimer la *différentielle* de $X_t Z_t$ grâce à la formule d'intégration par parties pour les processus d'Itô :

$$d(X_t Z_t) = X_t dZ_t + Z_t dX_t + d\langle X, Z\rangle_t.$$

Ici, on a :

$$\langle X, Z\rangle_t = \langle \int_0^{\cdot} X_s \sigma dW_s, -\int_0^{\cdot} Z_s \sigma dW_s \rangle_t = -\int_0^t \sigma^2 X_s Z_s ds.$$

On en déduit que

$$\begin{aligned} d(X_t Z_t) &= X_t Z_t((-\mu + \sigma^2)dt - \sigma dW_t) \\ &\quad + X_t Z_t(\mu dt + \sigma dW_t) - X_t Z_t \sigma^2 dt \\ &= 0. \end{aligned}$$

$X_t Z_t$ est donc égal à $X_0 Z_0$, ce qui entraîne que

$$\forall t \geq 0, \qquad \mathbb{P} \text{ p.s. } \; X_t = x_0 Z_t^{-1} = S_t.$$

Les processus X_t et Z_t étant continus, ceci prouve que

$$\mathbb{P} \text{ p.s. } \; \forall t \geq 0, \quad X_t = x_0 Z_t^{-1} = S_t.$$

On vient ainsi de démontrer la proposition suivante :

Théorème 3.4.13 *Soit σ, μ deux nombres réels, $(W_t)_{t\geq 0}$ un mouvement brownien et T un réel strictement positif, pour tout réel x_0, il existe un processus d'Itô unique $(S_t)_{0\leq t\leq T}$ qui vérifie, pour tout $t \leq T$,*

$$S_t = x_0 + \int_0^t S_s\left(\mu ds + \sigma dW_s\right).$$

Ce processus est donné par

$$S_t = x_0 \exp\left(\left(\mu - \sigma^2/2\right)t + \sigma W_t\right).$$

Remarque 3.4.4 • Le processus S_t que l'on vient d'expliciter servira de modèle standard pour le prix d'un actif financier. On l'appelle modèle de Black et Scholes.

• Lorsque $\mu = 0$, S_t est une martingale (voir proposition 3.3.3), ce type de processus porte le nom de martingale exponentielle.

Remarque 3.4.5 Soit Θ un ouvert de $\mathbb{R}$ et $(X_t)_{0\leq t\leq T}$ un processus d'Itô qui vérifie, pour tout $t \leq T$, $X_t \in \Theta$. Si, de plus, f est une fonction deux fois continûment différentiable de l'ouvert Θ dans $\mathbb{R}$, on peut justifier rigoureusement l'extension de la formule d'Itô dans ce cas :

$$f(X_t) = f(X_0) + \int_0^t f'(X_s)dX_s + \frac{1}{2}\int_0^t f''(X_s)H_s^2 ds.$$

Ce résultat permet en particulier de justifier l'application de la formule d'Itô, pour un processus strictement positif et pour la fonction $\log$.

3.4.4 Formule d'Itô multidimensionnelle

La formule d'Itô se généralise aux cas où la fonction f dépend de plusieurs processus d'Itô et lorsque ces processus d'Itô s'expriment en fonction de plusieurs mouvements browniens. Cette généralisation se révèle utile, par exemple, pour les modèles de taux d'intérêt sophistiqués.

Définition 3.4.16 On appelle $\mathcal{F}_t$-mouvement brownien p-dimensionnel un processus à valeurs dans $\mathbb{R}^p$, $(W_t)_{t\geq 0}$ adapté à $\mathcal{F}_t$, avec

$$(W_t = (W_t^1, \ldots, W_t^p))_{t\geq 0}$$

où les $(W_t^i)_{t\geq 0}$ sont des $\mathcal{F}_t$-mouvements browniens standards indépendants.

On peut alors prouver que si $(W_t)_{t\geq 0}$ est un $\mathcal{F}_t$-mouvement brownien p-dimensionnel, le vecteur $W_t - W_s$ est indépendant de $\mathcal{F}_s$, pour $t \geq s \geq 0$.

On généralise dans ce cadre la notion de processus d'Itô.

Définition 3.4.17 On dit que $(X_t)_{0\leq t\leq T}$ est un processus d'Itô par rapport à $(W_t, \mathcal{F}_t)$, où $(W_t)_{t\geq 0}$ est un $\mathcal{F}_t$-mouvement brownien p-dimensionnel, si

$$X_t = X_0 + \int_0^t K_s ds + \sum_{i=1}^p \int_0^t H_s^i dW_s^i$$

où :

- (K_t) et les (H_t^i) sont adaptés à $(\mathcal{F}_t)$.
- $\int_0^T |K_s| ds < +\infty$ $\mathbb{P}$ p.s. .
- $\int_0^T \left(H_s^i\right)^2 ds < +\infty$ $\mathbb{P}$ p.s. pour $i = 1, \ldots, p$.

La formule d'Itô prend alors la forme suivante.

Proposition 3.4.18 *Soient* $(X_t^1, \ldots, X_t^n)$ n *processus d'Itô de la forme*

$$X_t^i = X_0^i + \int_0^t K_s^i ds + \sum_{j=1}^{p} \int_0^t H_s^{i,j} dW_s^j$$

alors si f *est une fonction deux fois différentiable en* x *et une fois différentiable en* t*, ces dérivées étant continues en* (t, x)*, on a*

$$\begin{aligned} f(t, X_t^1, \ldots, X_t^n) &= f(0, X_0^1, \ldots, X_0^n) + \int_0^t \frac{\partial f}{\partial s}(s, X_s^1, \ldots, X_s^n) ds \\ &+ \sum_{i=1}^{n} \int_0^t \frac{\partial f}{\partial x_i}(s, X_s^1, \ldots, X_s^n) dX_s^i \\ &+ \frac{1}{2} \sum_{i,j=1}^{n} \int_0^t \frac{\partial^2 f}{\partial x_i x_j}(s, X_s^1, \ldots, X_s^n) d\langle X^i, X^j \rangle_s \end{aligned}$$

où

– $dX_s^i = K_s^i ds + \sum_{j=1}^{p} H_s^{i,j} dW_s^j$,

– $d\langle X^i, X^j \rangle_s = \sum_{m=1}^{p} H_s^{i,m} H_s^{j,m} ds$.

Remarque 3.4.6 Si $(X_s)_{0 \leq t \leq T}$ et $(Y_s)_{0 \leq t \leq T}$ sont deux processus d'Itô, on peut définir formellement le "crochet" de X et Y (que l'on a noté $\langle X, Y \rangle_s$) par les règles suivantes :

– $\langle X, Y \rangle_t$ est bilinéaire et symétrique.

– $\langle \int_0^\cdot K_s ds, X_\cdot \rangle_t = 0$ si $(X_t)_{0 \leq t \leq T}$ est un processus d'Itô.

– $\langle \int_0^\cdot H_s dW_t^i, \int_0^\cdot H_s' dW_t^j \rangle_t = 0$ si $i \neq j$

– $\langle \int_0^\cdot H_s dW_t^i, \int_0^\cdot H_s' dW_t^i \rangle_t = \int_0^t H_s H_s' ds$

Cette définition permet de retrouver la formule du crochet donnée dans la proposition précédente.

3.5 Équations différentielles stochastiques

Nous avons étudié en détail, au paragraphe 3.4.2, les solutions de l'équation

$$X_t = x + \int_0^t X_s(\mu ds + \sigma dW_s).$$

On peut considérer des équations d'une forme plus générale

$$X_t = Z + \int_0^t b(s, X_s) ds + \int_0^t \sigma(s, X_s) dW_s. \tag{3.10}$$

On appelle ces équations des *équations différentielles stochastiques*. Une solution de (3.10) porte le nom de *diffusion*. Ces équations permettent de construire la plupart des modèles d'actifs utiles en finances, aussi bien lorsque l'on cherche à modéliser des actifs que des taux d'intérêt. Nous allons étudier quelques propriétés des solutions de ces équations.

3.5.1 Théorème d'Itô

Précisons, tout d'abord, ce que l'on entend par une solution de (3.10).

Définition 3.5.1 On se place sur un espace de probabilité $(\Omega, \mathcal{A}, \mathbb{P})$ muni d'un filtration $(\mathcal{F}_t)_{t\geq 0}$. On considère deux fonctions b et σ , $b : \mathbb{R}^+ \times \mathbb{R} \to \mathbb{R}$, $\sigma : \mathbb{R}^+ \times \mathbb{R} \to \mathbb{R}$, Z une variable aléatoire $\mathcal{F}_0$-mesurable et $(W_t)_{t\geq 0}$ un $\mathcal{F}_t$-mouvement brownien. Une solution à l'équation (3.10) est un processus stochastique $(X_t)_{t\geq 0}$ continu $\mathcal{F}_t$-adapté, qui vérifie :

– Pour tout $t \geq 0$, les intégrales $\int_0^t b(s, X_s)ds$ et $\int_0^t \sigma(s, X_s)dW_s$ ont un sens

$$\int_0^t |b(s, X_s)|ds < +\infty \text{ et } \int_0^t |\sigma(s, X_s)|^2 ds < +\infty \quad \mathbb{P} \text{ p.s.} \quad .$$

– $(X_t)_{t\geq 0}$ vérifie (3.10) c'est-à-dire :

$$\forall t \geq 0 \quad \mathbb{P} \text{ p.s. } \; X_t = Z + \int_0^t b\,(s, X_s)\,ds + \int_0^t \sigma\,(s, X_s)\,dW_s.$$

Remarque 3.5.1 On ré-écrit formellement l'équation (3.10) sous la forme

$$\begin{cases} dX_t & = & b(t, X_t)dt + \sigma(t, X_t)dW_t \\ X_0 & = & Z. \end{cases}$$

Le théorème suivant donne des conditions suffisantes sur b et σ pour avoir un résultat d'existence et d'unicité pour (3.10)).

Théorème 3.5.3 *Si b et σ sont des fonctions continues, telles qu'il existe $K < +\infty$, avec*

1. $|b(t, x) - b(t, y)| + |\sigma(t, x) - \sigma(t, y)| \leq K|x - y|$
2. $|b(t, x)| + |\sigma(t, x)| \leq K(1 + |x|)$
3. $\mathbb{E}(Z^2) < +\infty$,

alors, pour tout $T \geq 0$, l'équation (3.10) admet une solution unique dans l'intervalle $[0, T]$. De plus cette solution $(X_s)_{0\leq s\leq T}$ vérifie

$$\mathbb{E}\left(\sup_{0\leq s\leq T} |X_s|^2\right) < +\infty.$$

L'unicité signifie que si $(X_t)_{0\leq t\leq T}$ et $(Y_t)_{0\leq t\leq T}$ sont deux solutions de l'équation (3.10), alors $\mathbb{P}$ p.s. $\forall 0 \leq t \leq T, \quad X_t = Y_t$.

Démonstration. Posons :

$$\mathcal{E} = \quad \Big\{(X_s)_{0\leq s\leq T}, \text{ processus continu et } \mathcal{F}_t\text{-adapté,} \\ \text{tel que } \mathbb{E}\left(\sup_{s\leq T} |X_s|^2\right) < +\infty\Big\}.$$

L'espace $\mathcal{E}$, muni de la norme $\|X\| = \sqrt{\mathbb{E}\left(\sup_{0\leq s\leq T}|X_s|^2\right)}$, est un espace vectoriel normé complet. Pour démontrer l'existence nous allons utiliser un argument d'existence d'un point fixe pour une application contractante. Soit Φ l'application qui à un processus $(X_s)_{0\leq s\leq T}$ associe un processus $(\Phi(X)_s)_{0\leq s\leq T}$ défini par

$$\Phi(X)_t = Z + \int_0^t b(s,X_s)ds + \int_0^t \sigma(s,X_s)dW_s.$$

Si X est dans $\mathcal{E}$, $\Phi(X)$ est bien définie, de plus si X et Y sont deux éléments de $\mathcal{E}$ en utilisant le fait que, $(a+b)^2 \leq 2(a^2+b^2)$ on obtient :

$$\begin{aligned}|\Phi(X)_t - \Phi(Y)_t|^2 \leq \quad & 2\left(\sup_{0\leq t\leq T}\left|\int_0^t (b(s,X_s)-b(s,Y_s))ds\right|^2\right.\\ &\left.+\sup_{0\leq t\leq T}\left|\int_0^t(\sigma(s,X_s)-\sigma(s,Y_s))dW_s\right|^2\right),\end{aligned}$$

donc, en utilisant l'inégalité (3.3),

$$\begin{aligned}&\mathbb{E}\left(\sup_{s\leq T}|\Phi(X)_t-\Phi(Y)_t|^2\right)\\ &\leq 2\mathbb{E}\left(\sup_{0\leq t\leq T}\left(\int_0^t |b(s,X_s)-b(s,Y_s)|ds\right)^2\right)\\ &\qquad +8\mathbb{E}\left(\int_0^T(\sigma(s,X_s-\sigma(s,Y_s))^2ds\right)\\ &\leq 2(K^2T^2+4K^2T)\mathbb{E}\left(\sup_{0\leq t\leq T}|X_t-Y_t|^2\right).\end{aligned}$$

D'où

$$\|\Phi(X)-\Phi(Y)\| \leq \sqrt{2(K^2T^2+4K^2T)}\|X-Y\|.$$

En remarquant que $(a+b+c)^2 \leq 3(a^2+b^2+c^2)$, on obtient (on note 0 pour le processus identiquement nul) :

$$|\Phi(0)_t|^2 \leq 3\left(Z^2 + \sup_{0\leq t\leq T}\left|\int_0^t b(s,0)ds\right|^2 + \sup_{0\leq t\leq T}\left|\int_0^t \sigma(s,0)dW_s\right|^2\right).$$

Et donc :

$$\mathbb{E}\left(\sup_{0\leq t\leq T}|\Phi(0)_t|^2\right) \leq 3(\mathbb{E}(Z^2)+K^2T^2+4K^2T) < +\infty.$$

On en déduit que Φ est une application de $\mathcal{E}$ dans $\mathcal{E}$ de norme de Lipschitz majorée par $k(T) = \sqrt{2(K^2T^2+4K^2T)}$. Nous commençons par supposer que T est suffisamment petit pour que $k(T) < 1$. Φ est alors une application contractante de $\mathcal{E}$ dans $\mathcal{E}$. Elle admet donc un point fixe unique dans $\mathcal{E}$ et ce point fixe est une solution de l'équation (3.10). Ce qui prouve l'existence d'une solution.

D'autre part, une solution de (3.10) qui est dans $\mathcal{E}$ est un point fixe de Φ. Ceci prouve l'unicité d'une solution de (3.10) dans $\mathcal{E}$. Pour démontrer l'unicité dans la classe de tous les processus d'Itô, il suffit de prouver qu'une solution de (3.10) est nécessairement dans $\mathcal{E}$. Soit X une solution de (3.10), nous noterons $T_n = \inf\{s \geq 0,\ |X_s| > n\}$ et $f^n(t) =$

$\mathbb{E}\left(\sup_{0\leq s\leq t\wedge T_n}|X_s|^2\right)$. Il est facile de vérifier que $f^n(t)$ est une fonction finie et continue. En faisant le même genre d'estimation que précédemment on obtient

$$\begin{aligned}\mathbb{E}(\sup_{0\leq u\leq t\wedge T_n}|X_u|^2) &\leq 3\left(\mathbb{E}(Z^2)+\mathbb{E}\left(\int_0^{t\wedge T_n}K(1+|X_s|)ds\right)^2\right.\\ &\left.+4\mathbb{E}\left(\int_0^{t\wedge T_n}K^2(1+|X_s|)^2ds\right)\right)\\ &\leq 3(\mathbb{E}(Z^2)+2(K^2T+4K^2)\\ &\times\int_0^t(1+\mathbb{E}(\sup_{0\leq u\leq s\wedge T_n}|X_u|^2))ds).\end{aligned}$$

Cela donne l'estimation

$$f^n(t)\leq a+b\int_0^t f^n(s)ds.$$

Nous allons maintenant utiliser une version du lemme de Gronwall.

Lemme 3.5.4 (Lemme de Gronwall) *Si f est une fonction continue, telle que pour tout $0\leq t\leq T$, $f(t)\leq a+b\int_0^t f(s)ds$, avec $b\geq 0$, alors $f(T)\leq a(1+e^{bT})$.*

Démonstration. Posons $u(t)=e^{-bt}\int_0^t f(s)ds$. On a

$$u'(t)=e^{-bt}(f(s)-b\int_0^t f(s)ds)\leq ae^{-bt}.$$

Par intégration, on obtient $u(T)\leq a(1-e^{-bT})/b$, puis :

$$f(T)\leq a+b\int_0^T f(s)ds=a+be^{bT}u(T)\leq ae^{bT}.$$

□

On en déduit ici que $f^n(T)<K<+\infty$, K étant une constante fonction de T mais indépendante de n. Le lemme de Fatou donne alors , en passant à la limite en n, que pour tout T

$$\mathbb{E}\left(\sup_{0\leq s\leq T}|X_s|^2\right)<K<+\infty.$$

X est donc dans $\mathcal{E}$. Ceci termine la démonstration dans le cas où T est petit.

Pour conclure pour T quelconque, il suffit de prendre n assez grand et de raisonner successivement sur les intervalles $[0,T/n]$, $[T/n,2T/n]$,$\cdots$,$[(n-1)T/n,T]$.

3.5.2 Le processus d'Ornstein-Ulhenbeck

Le processus d'Ornstein-Ulhenbeck est la solution unique de l'équation

$$\begin{cases}dX_t &= -cX_tdt+\sigma dW_t\\ X_0 &= x.\end{cases}$$

On peut expliciter cette solution. En effet, posons $Y_t=X_te^{ct}$ et écrivons la formule d'intégration par parties

$$dY_t=dX_te^{ct}+X_td(e^{ct})+d\langle X,e^{c\cdot}\rangle_t.$$

De plus, puisque $d(e^{ct}) = ce^{ct}dt$,

$$\langle X, e^{c\cdot} \rangle_t = 0.$$

On en déduit que $dY_t = \sigma e^{ct} dW_t$, puis que

$$X_t = xe^{-ct} + \sigma e^{-ct} \int_0^t e^{cs} dW_s.$$

On peut calculer la moyenne et la variance de X_t :

$$\mathbb{E}(X_t) = xe^{-ct} + \sigma e^{-ct} \mathbb{E}\left(\int_0^t e^{cs} dW_s \right) = xe^{-ct}.$$

En effet $\mathbb{E}\left(\int_0^t (e^{cs})^2 ds \right) < +\infty$, et donc $\int_0^t e^{cs} dW_s$ est une martingale nulle à l'instant 0 donc de moyenne nulle. De même

$$\begin{aligned}
\text{Var}(X_t) &= \mathbb{E}((X_t - \mathbb{E}(X_t))^2) \\
&= \sigma^2 \mathbb{E}\left(e^{-2ct} \left(\int_0^t e^{cs} dW_s \right)^2 \right) \\
&= \sigma^2 e^{-2ct} \mathbb{E}\left(\int_0^t e^{2cs} ds \right) \\
&= \sigma^2 \frac{1 - e^{-2ct}}{2c}.
\end{aligned}$$

On peut démontrer que X_t est une variable aléatoire gaussienne, en effet X_t s'écrit $\int_0^t f(s) dW_s$ où $f(.)$ est une fonction déterministe du temps et $\int_0^t f^2(s) ds < +\infty$ (voir exercice 12). Plus précisément, le *processus* $(X_t)_{t \geq 0}$ est un processus gaussien. Cela signifie que si $\lambda_1, \cdots, \lambda_n$ sont des réels et si $0 \leq t_1 < \cdots < t_n$, la variable aléatoire $\lambda_1 X_{t_1} + \cdots + \lambda_n X_{t_n}$ est une variable aléatoire gaussienne. Pour se convaincre de ceci, il suffit de remarquer que

$$X_{t_i} = xe^{-ct_i} + \sigma e^{-ct_i} \int_0^{+\infty} \mathbf{1}_{\{s \leq t_i\}} e^{cs} dW_s = m_i + \int_0^t f_i(s) dW_s.$$

On remarque alors que :

$$\lambda_1 X_{t_1} + \cdots + \lambda_n X_{t_n} = \sum_{i=1}^n \lambda_i m_i + \int_0^t (\sum_{i=1}^n \lambda_i f_i(s)) dW_s,$$

qui est bien une variable aléatoire gaussienne (car c'est, comme précédemment, une intégrale stochastique d'une fonction déterministe du temps).

3.5.3 Équations différentielles stochastiques vectorielles

On peut généraliser l'étude des équations différentielles stochastiques aux cas où le processus évolue dans $\mathbb{R}^n$. Cette généralisation est utile, dans les applications à la finance, lorsque l'on cherche à construire des modèles pour des paniers d'actions ou de devises. On se donne :

- $W = (W^1, \ldots, W^p)$ un $\mathcal{F}_t$-mouvement brownien à valeurs dans $\mathbb{R}^p$.
- $b : \mathbb{R}^+ \times \mathbb{R}^n \to \mathbb{R}^n, b(s, x) = (b^1(s, x), \ldots, b^n(s, x))$.
- $\sigma : \mathbb{R}^+ \times \mathbb{R}^n \to \mathbb{R}^{n \times p}, \sigma(s, x) = (\sigma_{i,j}(s, x))_{1 \leq i \leq n, 1 \leq j \leq p}$.
- $Z = (Z^1, \ldots, Z^n)$ une variable aléatoire $\mathcal{F}_0$-mesurable à valeurs dans $\mathbb{R}^n$.

On s'intéresse alors à l'équation différentielle stochastique :

$$X_t = Z + \int_0^t b(s, X_s)ds + \int_0^t \sigma(s, X_s)dW_s. \tag{3.11}$$

Où il faut comprendre que l'on cherche un processus $(X_t)_{0 \leq t \leq T}$ à valeurs dans $\mathbb{R}^n$ adapté à $(\mathcal{F}_t)_{t \geq 0}$ et tel que $\mathbb{P}$ p.s. , pour tout t et pour tout $i \leq n$, on a presque sûrement :

$$X_t^i = Z^i + \int_0^t b^i(s, X_s)ds + \sum_{j=1}^{p} \int_0^t \sigma_{i,j}(s, X_s)dW_s^j.$$

Le théorème d'existence et d'unicité d'un solution de (3.11) prend la forme suivante

Théorème 3.5.5 *Si $x \in \mathbb{R}^n$, $|x|$ est la norme euclidienne de x et si $\sigma \in \mathbb{R}^{n \times p}$, $|\sigma|^2 = \sum_{1 \leq i \leq n,\ 1 \leq j \leq p} \sigma_{i,j}^2$. On suppose que*

1. $|b(t, x) - b(t, y)| + |\sigma(t, x) - \sigma(t, y)| \leq K|x - y|$,
2. $|b(t, x)| + |\sigma(t, x)| \leq K(1 + |x|)$,
3. $\mathbb{E}(|Z|^2) < +\infty$.

Alors il existe une solution unique à l'équation (3.11). De plus cette solution vérifie, pour tout T,

$$\mathbb{E}\left(\sup_{0 \leq s \leq T} |X_s|^2\right) < +\infty$$

La démonstration est identique à celle du cas à valeurs dans $\mathbb{R}$.

3.5.4 Propriété de Markov des solutions d'équations différentielles stochastiques

La propriété de Markov pour un processus $(X_t)_{t \geq 0}$ signifie que le comportement futur de ce processus après t dépend uniquement de X_t et non de ce qui s'est passé avant t. Cette propriété est essentielle dans les calculs de prix d'options. Elle permet souvent d'exprimer le prix d'une option portant sur un actif markovien comme une fonction du prix de cet actif à l'instant t et de t.

Mathématiquement, on dira qu'un processus $(X_t)_{t \geq 0}$ vérifie la propriété de Markov par rapport à une filtration $(\mathcal{F}_t)_{t \geq 0}$ pour laquelle il est adapté, si pour toute fonction f borélienne bornée et pour tous s et t, tels que $s \leq t$:

$$\mathbb{E}(f(X_t)|\mathcal{F}_s) = \mathbb{E}(f(X_t)|X_s).$$

Nous allons énoncer dans ce paragraphe la propriété de Markov pour une solution de (3.10). On notera $(X_s^{t,x}, s \geq t)$ la solution de l'équation (3.10) partant de x à l'instant t et $X^x = X^{0,x}$ la solution de l'équation partant de x à l'instant 0. Le processus $X^{t,x}$ vérifie pour $s \geq t$

$$X_s^{t,x} = x + \int_t^s b(u, X_u^{t,x})du + \int_t^s \sigma(u, X_u^{t,x})dW_u.$$

A priori, $X^{t,x}_.$ est défini pour tout (t,x) presque sûrement. On peut cependant, sous les hypothèses du théorème 3.5.3, construire un processus dépendant de (t,x,s) qui est $\mathbb{P}$ p.s. continu en ces trois variables et tel que $X_s^{t,x}$ soit solution de l'équation précédente. C'est un résultat délicat à démontrer (on trouvera sa démonstration dans Rogers et Williams (1987)) que nous allons admettre.

La propriété de Markov est une conséquence d'une propriété *de flot* vérifiée par les solutions d'une équation différentielle stochastique. C'est une généralisation de la propriété de flot des équations différentielles ordinaires.

Lemme 3.5.6 *Sous les conditions du théorème 3.5.3, si $s \geq t$*

$$X_s^{0,x} = X_s^{t,X_t^x} \quad \mathbb{P}\ p.s.$$

Démonstration. Nous ne donnons que l'idée générale de cette démonstration. On a, pour tout x :

$$\mathbb{P}\text{ p.s.} \quad X_s^{t,x} = x + \int_t^s b(u, X_u^{t,x})du + \int_t^s \sigma(u, X_u^{t,x})dW_u.$$

On en déduit, successivement, que $\mathbb{P}$ p.s. pour tout $y \in \mathbb{R}$

$$X_s^{t,y} = y + \int_t^s b(u, X_u^{t,y})du + \int_t^s \sigma(u, X_u^{t,y})dW_u,$$

puis que :

$$X_s^{t,X_t^x} = X_t^x + \int_t^s b\left(u, X_u^{t,X_t^x}\right) du + \int_t^s \sigma\left(u, X_u^{t,X_t^x}\right) dW_u.$$

Ces résultats sont intuitifs, mais pour les justifier en détails il faut utiliser la continuité de $y \mapsto X^{t,y}_.$. Nous laissons de coté les détails de leurs démonstrations. Cela admis, on remarque que X_s^x est aussi solution de l'équation précédente, en effet, si $t \leq s$

$$\begin{aligned} X_s^{0,x} &= x + \int_0^s b(u, X_u^x)du + \int_0^s \sigma(u, X_u^x)dW_u \\ &= X_t^x + \int_t^s b(u, X_u^x)du + \int_t^s \sigma(u, X_u^x)dW_u. \end{aligned}$$

L'unicité des solutions de cette équation prouve, alors, que $X_s^{0,x} = X_s^{t,X_t}$ pour $t \leq s$. □

La propriété de Markov prend dans ce cas la forme suivante.

Théorème 3.5.7 *Soit $(X_t)_{t\geq 0}$ une solution de (3.10). C'est un processus de Markov par rapport à la filtration $(\mathcal{F}_t)_{t\geq 0}$ du mouvement brownien. Plus précisément, on a, pour toute fonction borélienne bornée f :*

$$\mathbb{P}\ p.s.\ \ \mathbb{E}(f(X_t)|\mathcal{F}_s) = \phi(X_s),$$

où $\phi(x) = \mathbb{E}(f(X_t^{s,x}))$.

Remarque 3.5.2 On note souvent l'égalité précédente sous la forme :

$$\mathbb{E}(f(X_t)|\mathcal{F}_s) = \mathbb{E}(f(X_t^{s,x}))|_{x=X_s}.$$

Démonstration. Nous ne donnerons qu'une esquisse de la démonstration. Pour une démonstration complète on pourra consulter Friedman (1975).

La propriété de flot prouve que, si $s \geq t$, $X_t^x = X_t^{s,X_s^x}$. D'autre part, on peut démontrer que $X_t^{s,x}$ s'exprime de façon mesurable en fonction des accroissements du brownien $(W_{s+u} - W_s,\ u \geq 0)$ et de x (ce résultat est naturel mais délicat à justifier en détail (voir Friedman (1975))). Si l'on admet ce résultat, pour un s et un t fixés on a $X_t^{s,x} = \Phi(x, W_{s+u} - W_s;\ u \geq 0)$ et donc

$$X_t^x = \Phi(X_s^x, W_{s+u} - W_s;\ u \geq 0),$$

avec X_s^x qui est $\mathcal{F}_s$ mesurable et $(W_{s+u} - W_s)_{u\geq 0}$ qui est indépendant de $\mathcal{F}_s$.

Si on applique le résultat de la proposition A.2.5 de l'appendice à X_s, $(W_{s+u} - W_s)_{u\geq 0}$, Φ et $\mathcal{F}_s$, on obtient

$$\begin{aligned}\mathbb{E}(f(\Phi(X_s^x,&W_{s+u} - W_s; u \geq 0))|\mathcal{F}_s)\\ &= \mathbb{E}(f(\Phi(x, W_{s+u} - W_s; u \geq 0)))|_{x=X_s^x}\\ &= \mathbb{E}(f(X_t^{s,x}))|_{x=X_s^x}.\end{aligned}$$

Le résultat précédent se généralise à des fonctions des trajectoires de la diffusion après l'instant s. En particulier, le théorème suivant est utile dans les calculs liés aux taux d'intérêt. □

Théorème 3.5.9 *Soit $(X_t)_{t\geq 0}$ une solution de (3.10) et $r(s,x)$ une fonction mesurable positive. On a, si $t > s$,*

$$\mathbb{P}\ p.s.\ \ \mathbb{E}\left(e^{-\int_s^t r(u,X_u)du} f(X_t)|\mathcal{F}_s\right) = \phi(X_s)$$

avec

$$\phi(x) = \mathbb{E}\left(e^{-\int_s^t r(u,X_u^{s,x})du} f(X_t^{s,x})\right).$$

On écrit aussi cette égalité sous la forme

$$\mathbb{E}\left(e^{-\int_s^t r(u,X_u)du} f(X_t)|\mathcal{F}_s\right) = \mathbb{E}\left(e^{-\int_s^t r(u,X_u^{s,x})du} f(X_t^{s,x})\right)\Bigg|_{x=X_s}.$$

Remarque 3.5.3 On peut en fait démontrer un résultat plus général que celui énoncé précédemment. Si on omet les détails techniques, on peut affirmer que, si ϕ est “une fonction de toute la trajectoire” de X_t après s,

$$\mathbb{P} \text{ p.s. } \quad \mathbb{E}(\phi(X_t^x,\, t \geq s)|\mathcal{F}_s) = \mathbb{E}(\phi(X_t^{s,x}, t \geq s))|_{x=X_s}.$$

Remarque 3.5.4 Lorsque b et σ ne dépendent que de x (on dit que la diffusion est homogène dans ce cas), on peut montrer que la loi de $X_{s+t}^{s,x}$ est identique à celle de $X_t^{0,x}$, ce qui signifie que si f est une fonction mesurable et bornée

$$\mathbb{E}(f(X_{s+t}^{s,x})) = \mathbb{E}(f(X_t^{0,x})).$$

On peut étendre ce résultat et montrer que, si r est une fonction de x uniquement

$$\mathbb{E}\left(e^{-\int_s^{s+t} r(X_u^{s,x})du} f(X_{s+t}^{s,x})\right) = \mathbb{E}\left(e^{-\int_0^t r(X_u^{0,x})du} f(X_t^{0,x})\right).$$

On en déduit que, dans ce cas, le théorème 3.5.9 s'exprime sous la forme

$$\mathbb{E}\left(e^{-\int_s^t r(X_u)du} f(X_t)|\mathcal{F}_s\right) = \mathbb{E}\left(e^{-\int_0^{t-s} r(X_u^{0,x})du} f(X_{t-s}^{0,x})\right)\Bigg|_{x=X_s}.$$

3.6 Exercices

Exercice 9 Soit $(M_t)_{t\geq 0}$ une martingale, telle que pour tout t, $\mathbb{E}(M_t^2) < +\infty$. Démontrer que, si $s \leq t$,

$$\mathbb{E}\left((M_t - M_s)^2|\mathcal{F}_s\right) = \mathbb{E}\left(M_t^2 - M_s^2|\mathcal{F}_s\right).$$

Exercice 10 Soit X_t un processus à accroissements indépendants et stationnaires nul en l'instant 0 et tel que, pour tout t, $\mathbb{E}\left(X_t^2\right) < +\infty$. On supposera, de plus, que la fonction $t \mapsto \mathbb{E}\left(X_t^2\right)$ est continue. Démontrer que $\mathbb{E}\left(X_t\right) = ct$ et que $\text{Var}(X_t) = c't$, c et c' étant des constantes.

Exercice 11 Démontrer que, si τ est un temps d'arrêt

$$\mathcal{F}_\tau = \{A \in \mathcal{A},\ \text{pour tout}\ t \geq 0,\ A \cap \{\tau \leq t\} \in \mathcal{F}_t\}$$

définit une tribu.

Exercice 12 Soit S un temps d'arrêt, démontrer que S est $\mathcal{F}_S$ mesurable.

Exercice 13 Soit S et T deux temps d'arrêt, tels que $S \leq T$ $\mathbb{P}$ p.s. . Démontrer que $\mathcal{F}_S \subset \mathcal{F}_T$.

Exercice 14 Soient S un temps d'arrêt, fini presque sûrement, et $(X_t)_{t\geq 0}$ un processus adapté et presque sûrement continu.

1. Démontrer que, $\mathbb{P}$ p.s., pour tout s :

$$X_s = \lim_{n \to +\infty} \sum_{k \geq 0} \mathbf{1}_{[k/n,(k+1)/n)}(s) X_{k/n}.$$

2. Prouver que l'application :

$$\begin{array}{ccc} ([0,t] \times \Omega, \mathcal{B}([0,t]) \times \mathcal{F}_t) & \mapsto & (\mathbb{R}, \mathcal{B}(\mathbb{R})) \\ (s,\omega) & \mapsto & X_s(\omega) \end{array}$$

est mesurable.

3. En déduire que si $S \leq t$, X_S est $\mathcal{F}_t$ mesurable, puis que X_S est $\mathcal{F}_S$ mesurable.

Exercice 15 Cette exercice est une introduction à l'intégrale stochastique. Il s'agit de construire une intégrale du type $\int_0^{+\infty} f(s)dX_s$, où $(X_t)_{t\geq 0}$ est un $\mathcal{F}_t$-mouvement brownien et $f(s)$ est une fonction mesurable de $(\mathbb{R}^+, \mathcal{B}(\mathbb{R}^+))$ dans $(\mathbb{R}, \mathcal{B}(\mathbb{R}))$ telle que :

$$\int_0^{+\infty} f^2(s)ds < +\infty.$$

Ce type d'intégrale s'appelle *intégrale de Wiener* et c'est un cas particulier de l'intégrale d'Itô qui est introduite au paragraphe 3.4.

On rappelle que l'ensemble $\mathcal{H}$ des fonctions de la forme $\sum_{0 \leq i \leq N-1} a_i \mathbf{1}_{]t_i,t_{i+1}]}$, avec $a_i \in \mathbb{R}$, et $t_0 = 0 \leq t_1 \leq \cdots \leq t_N$ est dense dans $L^2(\mathbb{R}^+, dx)$ muni de la norme $\|f\|_{L^2} = \sqrt{\int_0^{+\infty} f^2(s)ds}$.

1. Soit $a_i \in \mathbb{R}$, et $0 = t_0 \leq t_1 \leq \cdots \leq t_N$, et :

$$f = \sum_{0 \leq i \leq N-1} a_i \mathbf{1}_{(t_i,t_{i+1}]}.$$

On pose :

$$I_e(f) = \sum_{0 \leq i \leq N-1} a_i (X_{t_{i+1}} - X_{t_i}).$$

Démontrer que $I_e(f)$ est une variable aléatoire gaussienne dont on calculera la moyenne et la variance. Démontrer en particulier que :

$$\mathbb{E}(I_e(f)^2) = \|f\|_{L^2}^2.$$

2. En déduire qu'il existe une unique application linéaire de $L^2(\mathbb{R}^+, dx)$ à valeurs dans $L^2(\Omega, \mathcal{F}, \mathbb{P})$, I, telle que $I(f) = I_e(f)$, si f est dans $\mathcal{H}$ et $\mathbb{E}(I(f)^2) = \|f\|_{L^2}$, pour tout f dans $L^2(\mathbb{R}^+)$.

3. Démontrer que, si $(X_n)_{n\geq 0}$ est une suite de variables aléatoires gaussiennes centrées qui convergent dans $L^2(\Omega, \mathcal{F}, \mathbb{P})$ vers X, alors X est une variable aléatoire gaussienne centrée. En déduire que si $f \in L^2(\mathbb{R}^+, dx)$ alors $I(f)$ est une variable aléatoire gaussienne centrée de variance $\int_0^{+\infty} f^2(s)ds$.

4. Soit $f \in L^2(\mathbb{R}^+, dx)$, on note :

$$Z_t = \int_0^t f(s)dX_s = \int \mathbf{1}_{[0,t]}(s)f(s)dX_s.$$

Démontrer que Z_t est un processus adapté à $\mathcal{F}_t$, et que $Z_t - Z_s$ est indépendant de $\mathcal{F}_s$ (commencer par traiter le cas $f \in H$).

5. Démontrer que les processus Z_t, $Z_t^2 - \int_0^t f^2(s)ds$ et

$$\exp\left(Z_t - (1/2)\int_0^t f^2(s)ds\right)$$

sont des $\mathcal{F}_t$-martingales.

Exercice 16 Soient T un réel positif et $(M_t)_{0\leq t\leq T}$ une $\mathcal{F}_t$-martingale continue. On suppose que $\mathbb{E}(M_T^2)$ est fini.

1. Démontrer que $(|M_t|)_{0\leq t\leq T}$ une sous-martingale.
2. Montrer que, si $M^* = \sup_{0\leq t\leq T}|M_t|$,

$$\lambda\mathbb{P}(M^* \geq \lambda) \leq \mathbb{E}(|M_T|\mathbf{1}_{\{M^*\geq\lambda\}}).$$

(Utiliser le théorème d'arrêt pour la sous-martingale $|M_t|$ entre $\tau \wedge T$ où $\tau = \inf\{t \leq T, |M_t| \geq \lambda\}$ (si cet ensemble est non vide, $+\infty$ sinon) et T).

3. Déduire du résultat précédent que, si A est positif,

$$\mathbb{E}((M^* \wedge A)^2) \leq 2\mathbb{E}((M^* \wedge A)|M_T|).$$

(Utiliser le fait que $(M^* \wedge A)^p = \int_0^{M^*\wedge A} px^{p-1}dx$ pour $p = 1, 2$).

4. Démontrer que, $\mathbb{E}\left((M^*)^2\right)$ est fini et que

$$\mathbb{E}\left(\sup_{0\leq t\leq T}|M_t|^2\right) \leq 4\mathbb{E}(|M_T|^2).$$

Exercice 17

1. Démontrer que si S et S' sont deux $\mathcal{F}_t$-temps d'arrêt alors $S \wedge S' = \inf(S, S')$ et $S \vee S' = \sup(S, S')$ sont des $\mathcal{F}_t$-temps d'arrêt.
2. En utilisant le temps d'arrêt $S \vee s$ et le théorème d'arrêt démontrer que

$$\mathbb{E}(M_S\mathbf{1}_{\{S>s\}}|\mathcal{F}_s) = M_s\mathbf{1}_{\{S>s\}}.$$

3. En déduire que, si $s \leq t$,

$$\mathbb{E}(M_{S\wedge t}\mathbf{1}_{\{S>s\}}|\mathcal{F}_s) = M_s\mathbf{1}_{\{S>s\}}.$$

4. En utilisant le fait que $M_{S\wedge s}$ est $\mathcal{F}_s$ mesurable, montrer que $t \to M_{S\wedge t}$ est une $\mathcal{F}_t$ martingale.

Exercice 18

1. Soit $(H_t)_{0\leq t\leq T}$ un processus mesurable adapté tel que $\int_0^T H_t^2 dt < \infty$, *p.s.*. On pose $M_t = \int_0^t H_s dW_s$, (où $(W_t)_{0\leq t\leq T}$ est un mouvement brownien standard). Montrer que si $\mathbb{E}\left(\sup_{0\leq t\leq T} M_t^2\right) < \infty$, alors $\mathbb{E}\left(\int_0^T H_t^2 dt\right) < \infty$. On pourra introduire la suite de temps d'arrêt définie par $\tau_n = \inf\{t \geq 0 \mid \int_0^t H_s^2 ds = n\}$ et montrer que $\mathbb{E}(M_{T\wedge\tau_n}^2) = \mathbb{E}\left(\int_0^{T\wedge\tau_n} H_s^2 ds\right)$.
2. On pose
$$p(t,x) = \frac{1}{\sqrt{1-t}} \exp(-x^2/2(1-t)),$$
pour $0 \leq t < 1$ et $x \in \mathbb{R}$, et $p(1,x) = 0$. Soit $(M_t)_{0\leq t\leq 1}$ le processus défini sur $[0,1]$ par $M_t = p(t,W_t)$ où $(W_t)_{0\leq t\leq 1}$ est un mouvement brownien standard.
   (a) Montrer que
   $$M_t = M_0 + \int_0^t \frac{\partial p}{\partial x}(s,W_s) dW_s.$$
   (b) Soit
   $$H_t = \frac{\partial p}{\partial x}(t,W_t),$$
   montrer que $\int_0^1 H_t^2 dt < \infty$, p.s., et $\mathbb{E}\left(\int_0^1 H_t^2 dt\right) = +\infty$.

Exercice 19 Soit $(M_t)_{0\leq t\leq T}$ une $\mathcal{F}_t$-martingale continue telle que $M_t = \int_0^t K_s ds$, où $(K_t)_{0\leq t\leq T}$ est un processus $\mathcal{F}_t$-adapté tel que $\mathbb{P}$ p.s. $\int_0^T |K_s| ds < +\infty$.

1. On suppose, de plus, que $\mathbb{P}$ p.s. $\int_0^T |K_s| ds \leq C < +\infty$. Démontrer que si $t_i^n = Ti/n$ pour $0 \leq i \leq n$, alors
$$\lim_{n\to+\infty} \mathbb{E}\left(\sum_{i=1}^n \left(M_{t_i^n} - M_{t_{i-1}^n}\right)^2\right) = 0.$$
2. Sous les hypothèses de la question précédente, démontrer que
$$\mathbb{E}\left(\sum_{i=1}^n \left(M_{t_i^n} - M_{t_{i-1}^n}\right)^2\right) = \mathbb{E}(M_T^2 - M_0^2).$$
En déduire $M_T = 0$ $\mathbb{P}$ p.s. , puis que $\mathbb{P}$ p.s. $\forall t \leq T,\ M_t = 0$.
3. On ne suppose plus que $\int_0^T |K_s| ds$ soit borné mais seulement que cette variable aléatoire est finie presque sûrement. On admettra que la variable aléatoire $\int_0^t |K_s| ds$ est $\mathcal{F}_t$-mesurable. Montrer que
$$T_n = \inf\{0 \leq s \leq T, \int_0^t |K_s| ds \geq n\}$$

(ou T si cet ensemble est vide) est un temps d'arrêt. Prouver que

$$\mathbb{P} \text{ p.s. } \lim_{n\to+\infty} T_n = T.$$

En déduire, en utilisant la suite de martingales $(M_{t\wedge T_n})_{t\geq 0}$, que

$$\mathbb{P} \text{ p.s. } \forall t \leq T,\ M_t = 0.$$

4. Soit M_t une martingale de la forme $\int_0^t H_s dW_s + \int_0^t K_s ds$ avec $\int_0^t H_s^2 ds < +\infty$ p.s. et $\int_0^t |K_s| ds < +\infty$ p.s. En utilisant la suite de temps d'arrêt $T_n = \inf\{t \leq T, \int_0^t H_s^2 ds \geq n\}$, démontrer que $K_t = 0\ dt \times d\mathbb{P}$ p.s.

Exercice 20 On s'intéresse à la solution X_t de l'équation différentielle stochastique

$$\begin{cases} dX_t &= (\mu X_t + \mu')dt + (\sigma X_t + \sigma')dW_t \\ X_0 &= 0. \end{cases}$$

On pose $S_t = \exp\big((\mu - \sigma^2/2)t + \sigma W_t\big)$.

1. Écrire l'équation différentielle stochastique dont est solution S_t^{-1}.
2. Montrer que

$$d(X_t S_t^{-1}) = S_t^{-1}((\mu' - \sigma\sigma')dt + \sigma' dW_t).$$

3. En déduire une expression pour X_t.

Exercice 21 Soit $(W_t)_{t\geq 0}$ un $\mathcal{F}_t$-mouvement brownien. Le but de cet exercice est de calculer la loi du couple $(W_t, \sup_{s\leq t} W_s)$.

1 Soit S un temps d'arrêt borné. En utilisant le théorème d'arrêt pour la martingale $M_t = \exp(izW_t + z^2 t/2)$, où z est un nombre réel, démontrer que, si $0 \leq u \leq v$,

$$\mathbb{E}(\exp(iz(W_{v+S} - W_{u+S}))|\mathcal{F}_{u+S}) = \exp(-z^2(v-u)/2).$$

2. En déduire que $W_u^S = W_{u+S} - W_S$ est un $\mathcal{F}_{S+u}$-mouvement brownien indépendant de la tribu $\mathcal{F}_S$.

3. Soit $(Y_t)_{t\geq 0}$ est un processus aléatoire continu indépendant de la tribu $\mathcal{B}$ tel que $\mathbb{E}(\sup_{0\leq s\leq K} |Y_s|) < +\infty$. Soit T une variable aléatoire $\mathcal{B}$-mesurable bornée par K, montrer que

$$\mathbb{E}(Y_T|\mathcal{B}) = \mathbb{E}(Y_t)|_{t=T}.$$

On commencera par traiter le cas où T est de la forme $\sum_{1\leq i\leq n} t_i \mathbf{1}_{A_i}$, où $0 < t_1 < \cdots < t_n = K$, les A_i étant disjoints et $\mathcal{B}$ mesurables.

4. On pose $\tau^\lambda = \inf\{s \geq 0,\ W_s > \lambda\}$, démontrer que, si f est une fonction bornée,
$$\mathbb{E}\left(f(W_t)\mathbf{1}_{\{\tau^\lambda \leq t\}}\right) = \mathbb{E}\left(\mathbf{1}_{\{\tau^\lambda \leq t\}}\phi(t-\tau^\lambda)\right),$$
où $\phi(u) = \mathbb{E}(f(W_u + \lambda))$. En déduire, en utilisant le fait que $\mathbb{E}(f(W_u + \lambda)) = \mathbb{E}(f(-W_u + \lambda))$, que
$$\mathbb{E}(f(W_t)\mathbf{1}_{\{\tau^\lambda \leq t\}}) = \mathbb{E}(f(2\lambda - W_t)\mathbf{1}_{\{\tau^\lambda \leq t\}}).$$

5. Montrer que si $W_t^* = \sup_{s \leq t} W_s$ et si $\lambda \geq 0$,
$$\mathbb{P}(W_t \leq \lambda,\ W_t^* \geq \lambda) = \mathbb{P}(W_t \geq \lambda,\ W_t^* \geq \lambda) = \mathbb{P}(W_t \geq \lambda).$$
En déduire que W_t^* suit la même loi que $|W_t|$.

6. Démontrer que, si $\lambda \geq \mu$ et $\lambda \geq 0$,
$$\mathbb{P}(W_t \leq \mu,\ W_t^* \geq \lambda) = \mathbb{P}(W_t \geq 2\lambda - \mu, W_t^* \geq \lambda) = \mathbb{P}(W_t \geq 2\lambda - \mu),$$
et que, si $\lambda \leq \mu$ et $\lambda \geq 0$,
$$\mathbb{P}(W_t \leq \mu, W_t^* \geq \lambda) = 2\mathbb{P}(W_t \geq \lambda) - \mathbb{P}(W_t \geq \mu).$$

7. Vérifier que la loi du couple (W_t, W_t^*) est donnée par
$$\mathbf{1}_{\{0 \leq y\}}\mathbf{1}_{\{x \leq y\}}\frac{2(2y-x)}{\sqrt{2\pi t^3}}\exp\left(-\frac{(2y-x)^2}{2t}\right)dxdy.$$

Chapitre 4

Modèle de Black-Scholes

Le problème traité par Black et Scholes (1973) est l'évaluation et la couverture d'une option de type européen (*call* ou *put*) sur une action ne distribuant pas de dividendes. La méthode utilisée, qui repose sur des idées analogues à celles déjà présentées dans le cadre des modèles discrets dans le chapitre 1 de ce livre, conduit à des formules explicites couramment utilisées par les praticiens, malgré le caractère simplificateur du modèle. Dans ce chapitre, nous donnons une présentation actualisée des travaux de Black et Scholes. Le cas des options américaines est abordé et des extensions sont présentées dans les problèmes.

4.1 Description du modèle

4.1.1 L'évolution des cours

Le modèle proposé par Black et Scholes pour décrire l'évolution des cours est un modèle à temps continu avec un actif risqué (une action de prix S_t à l'instant t) et un actif sans risque (de prix S_t^0 à l'instant t). On suppose l'évolution de S_t^0 régie par l'équation différentielle (ordinaire)

$$dS_t^0 = rS_t^0 dt, \tag{4.1}$$

où r est une constante positive. Cela signifie que le taux d'intérêt sur le marché des placements sans risque est constant et égal à r (noter que r est ici un taux d'intérêt *instantané*, à ne pas confondre avec le taux annuel ou le taux sur une période des modèles discrets). On pose $S_0^0 = 1$, de sorte que $S_t^0 = e^{rt}$ pour $t \geq 0$.

On suppose que l'évolution du cours de l'action est régie par l'équation différentielle stochastique

$$dS_t = S_t(\mu dt + \sigma dB_t), \tag{4.2}$$

où μ et σ sont deux constantes et (B_t) est un mouvement brownien standard. La constante σ est appelée *volatilité* de l'action.

Le modèle est étudié sur l'intervalle $[0, T]$, où T est la date d'échéance de l'option que l'on se propose de traiter. Comme nous l'avons vu (cf. Chapitre 3, Section 3.4.3), l'équation (4.2) a pour solution explicite

$$S_t = S_0 \exp\left(\mu t - \frac{\sigma^2}{2}t + \sigma B_t\right),$$

où S_0 est le cours observé à la date 0. Il en résulte en particulier que, dans ce modèle, la loi de S_t est une loi log-normale (c'est-à-dire que son logarithme suit une loi normale).

Plus précisément, on voit que le processus (S_t) vérifie une équation du type (4.2) si et seulement si le processus $(\log(S_t))$ est un mouvement brownien (pas nécessairement standard). D'après la Définition 3.2.1 du chapitre 3, cela signifie que le processus (S_t) vérifie les propriétés suivantes :

- continuité des trajectoires,
- indépendance des accroissements relatifs : si $u \leq t, S_t/S_u$ ou (ce qui revient au même) l'accroissement relatif $(S_t - S_u)/S_u$ est indépendant de la tribu $\sigma(S_v, v \leq u)$,
- stationnarité des accroissements relatifs : si $u \leq t$, la loi de $(S_t - S_u)/S_u$ est identique à celle de $(S_{t-u} - S_0)/S_0$.

Ces trois propriétés traduisent de façon concrète les hypothèses de Black et Scholes sur l'évolution du cours de l'action.

4.1.2 Les stratégies auto-financées

Une stratégie sera définie par un processus $\phi = (\phi_t)_{0 \leq t \leq T} = (H_t^0, H_t)_{0 \leq t \leq T}$ à valeurs dans $\mathbb{R}^2$, adapté à la filtration $(\mathcal{F}_t)$ du mouvement brownien, les composantes H_t^0 et H_t de ϕ_t représentant les quantités d'actif sans risque et d'actif risqué détenues en portefeuille à la date t. La valeur du portefeuille à la date t est alors donnée par

$$V_t(\phi) = H_t^0 S_t^0 + H_t S_t.$$

Dans les modèles à temps discret, nous avons caractérisé les stratégies auto-financées par l'égalité $V_{n+1}(\phi) - V_n(\phi) = \phi_{n+1}.(S_{n+1} - S_n)$ (cf. chapitre 1, Remarque 1.1.1). La transposition de cette égalité à temps continu conduit à écrire la condition d'auto-financement sous la forme

$$dV_t(\phi) = H_t^0 dS_t^0 + H_t dS_t.$$

Pour que cette égalité ait un sens, on impose la condition

$$\int_0^T |H_t^0| dt < +\infty \text{ p.s.} \quad \text{et} \int_0^T H_t^2 < +\infty \text{ p.s.}$$

Alors, l'intégrale

$$\int_0^T H_t^0 dS_t^0 = \int_0^T H_t^0 r e^{rt} dt$$

est bien définie, ainsi que l'intégrale stochastique

$$\int_0^T H_t dS_t = \int_0^T (H_t S_t \mu) dt + \int_0^T \sigma H_t S_t dB_t,$$

puisque la fonction $t \mapsto S_t$ est continue, donc bornée sur l'intervalle $[0, T]$, presque sûrement.

Définition 4.1.1 Une stratégie auto-financée est définie par un couple ϕ de processus adaptés $(H_t^0)_{0 \leq t \leq T}$ et $(H_t)_{0 \leq t \leq T}$ vérifiant

1. $\displaystyle\int_0^T |H_t^0| dt + \int_0^T H_t^2 dt < +\infty$ p.s..
2. $\displaystyle H_t^0 S_t^0 + H_t S_t = H_0^0 S_0^0 + H_0 S_0 + \int_0^t H_u^0 dS_u^0 + \int_0^t H_u dS_u$ p.s., pour tout $t \in [0, T]$.

Nous noterons $\tilde{S}_t = e^{-rt} S_t$ le cours actualisé de l'actif risqué. La proposition suivante est l'analogue de la Proposition 1.1.2 du chapitre 1.

Proposition 4.1.2 *Soit* $\phi = (H_t^0, H_t)_{0 \leq t \leq T}$ *un processus adapté à valeurs dans* $\mathbb{R}^2$*, vérifiant* $\int_0^T |H_t^0| dt + \int_0^T H_t^2 dt < +\infty$ *p.s.. On pose* $V_t(\phi) = H_t^0 S_t^0 + H_t S_t$ *et* $\tilde{V}_t(\phi) = e^{-rt} V_t(\phi)$*. Alors,* ϕ *définit une stratégie auto-financée si et seulement si*

$$\tilde{V}_t(\phi) = V_0(\phi) + \int_0^t H_u d\tilde{S}_u \, p.s., \tag{4.3}$$

pour tout $t \in [0, T]$.

Démonstration. Supposons la stratégie ϕ auto-financée. De l'égalité

$$d\tilde{V}_t(\phi) = -r\tilde{V}_t(\phi) dt + e^{-rt} dV_t(\phi),$$

qui résulte de la différenciation du produit des processus (e^{-rt}) et $(V_t(\phi))$ (noter que le terme de crochet $d\langle e^{-r.}, V_.(\phi)\rangle_t$ est nul), on déduit

$$\begin{aligned} d\tilde{V}_t(\phi) &= -re^{-rt}(H_t^0 e^{rt} + H_t S_t) dt + e^{-rt} H_t^0 d(e^{rt}) + e^{-rt} H_t dS_t \\ &= H_t(-re^{-rt} S_t dt + e^{-rt} dS_t) \\ &= H_t d\tilde{S}_t. \end{aligned}$$

D'où l'égalité (4.3). La démonstration de la réciproque repose sur un raisonnement similaire. □

Remarque 4.1.1 Nous n'avons pas imposé de condition de *prévisibilité* sur les stratégies, contrairement à ce que nous avons fait dans le chapitre 1. En fait, on peut définir une notion de processus prévisible à temps continu mais, dans le cas de la filtration d'un mouvement brownien, cela ne restreint pas les stratégies de manière significative, en raison de la continuité des trajectoires du mouvement brownien.

Dans notre étude des modèles discrets complets, nous avons été amenés à nous placer sous une probabilité équivalente à la probabilité initiale, sous laquelle les prix actualisés des actifs sont des martingales, puis nous avons construit des stratégies auto-financées simulant les options. La section suivante présente les outils qui permettent de transposer ces méthodes au temps continu.

4.2 Changement de probabilité. Théorème de représentation des martingales

4.2.1 Probabilités équivalentes

Soit $(\Omega, \mathcal{A}, \mathbb{P})$un espace de probabilité. Une mesure de probabilité $\mathbb{Q}$ sur $(\Omega, \mathcal{A})$ est dite absolument continue par rapport à $\mathbb{P}$ si, pour tout $A \in \mathcal{A}$,

$$\mathbb{P}(A) = 0 \Rightarrow \mathbb{Q}(A) = 0.$$

Théorème 4.2.1 *Une mesure de probabilité $\mathbb{Q}$ est absolument continue par rapport à $\mathbb{P}$ si, et seulement si, il existe une variable aléatoire positive Z sur $(\Omega, \mathcal{A})$ telle que*

$$\forall A \in \mathcal{A}, \quad \mathbb{Q}(A) = \int_A Z(\omega) d\mathbb{P}(\omega).$$

La variable aléatoire Z est appelée densité de $\mathbb{Q}$ par rapport à $\mathbb{P}$ et notée $d\mathbb{Q}/d\mathbb{P}$.

Il est clair que si $\mathbb{Q}$ admet une densité par rapport à $\mathbb{P}$, $\mathbb{Q}$ est absolument continue par rapport à $\mathbb{P}$. La réciproque résulte du Théorème de Radon-Nikodym (cf. par exemple Dacunha-Castelle et Duflo (1986a), ou Williams (1991), Section 5.14).

Les probabilités $\mathbb{P}$ et $\mathbb{Q}$ sont dites *équivalentes* si chacune d'elles est absolument continue par rapport à l'autre. Noter que si $\mathbb{Q}$ est absolument continue par rapport à $\mathbb{P}$, de densité Z, alors $\mathbb{P}$ et $\mathbb{Q}$ sont équivalentes si et seulement si $\mathbb{P}(Z > 0) = 1$.

4.2.2 Théorème de Girsanov

Soit $(\Omega, \mathcal{F}, (\mathcal{F}_t)_{0 \leq t \leq T}, \mathbb{P})$ un espace de probabilité filtré, dont la filtration est la filtration naturelle d'un mouvement brownien standard $(B_t)_{0 \leq t \leq T}$, indexé par l'intervalle de temps $[0, T]$. Le résultat suivant est connu sous le nom de Théorème de Girsanov (pour une démonstration, voir Karatzas et Shreve (1988), ou Dacunha-Castelle et Duflo (1986b), Chapitre 8).

Théorème 4.2.2 *Soit $(\theta_t)_{0 \leq t \leq T}$ un processus adapté vérifiant $\int_0^T \theta_s^2 ds < \infty$ p.s. et tel que le processus $(L_t)_{0 \leq t \leq T}$ défini par*

$$L_t = \exp\left(-\int_0^t \theta_s dB_s - \frac{1}{2}\int_0^t \theta_s^2 ds\right)$$

soit une martingale. Alors, sous la probabilité $\mathbb{P}^{(L)}$ de densité L_T par rapport à $\mathbb{P}$, le processus $(W_t)_{0 \leq t \leq T}$ défini par $W_t = B_t + \int_0^t \theta_s ds$ est un $(\mathcal{F}_t)$-mouvement brownien standard.

Remarque 4.2.1 Une condition suffisante pour que $(L_t)_{0\leq t\leq T}$ soit une martingale est que l'on ait

$$\mathbb{E}\left(\exp\left(\frac{1}{2}\int_0^T \theta_t^2 dt\right)\right) < \infty,$$

Cette condition est connue sous le nom de critère de Novikov (cf. Karatzas et Shreve (1988), Dacunha-Castelle et Duflo (1986b)). La démonstration du Théorème de Girsanov dans le cas où le processus (θ_t) est constant fait l'objet de l'exercice 22.

4.2.3 Théorème de représentation des martingales browniennes

Soit $(B_t)_{0\leq t\leq T}$ un mouvement brownien standard, défini sur un espace de probabilité $(\Omega, \mathcal{F}, \mathbb{P})$ et soit $(\mathcal{F}_t)_{0\leq t\leq T}$ sa *filtration naturelle*. Rappelons (cf. Chapitre 3, Proposition 3.4.4) que si $(H_t)_{0\leq t\leq T}$ est un processus adapté tel que $\mathbb{E}(\int_0^T H_t^2 dt) < \infty$, le processus $(\int_0^t H_s dB_s)$ est une martingale de carré intégrable nulle en 0. Le théorème suivant montre que toutes les martingales browniennes peuvent se représenter à l'aide d'une intégrale stochastique.

Théorème 4.2.3 *Soit $(M_t)_{0\leq t\leq T}$ une martingale de carré intégrable, par rapport à la filtration brownienne $(\mathcal{F}_t)_{0\leq t\leq T}$. Il existe un processus adapté $(H_t)_{0\leq t\leq T}$ tel que $\mathbb{E}(\int_0^T H_s^2 ds) < +\infty$ et*

$$\forall t \in [0,T], \quad M_t = M_0 + \int_0^t H_s dB_s \quad p.s. \tag{4.4}$$

Noter que cette représentation n'est possible que pour les martingales de la filtration *naturelle* du mouvement brownien (cf. Exercice 29).

Il résulte du théorème que si U est une variable aléatoire $\mathcal{F}_T$-mesurable, de carré intégrable, on peut écrire

$$U = \mathbb{E}(U) + \int_0^T H_s dB_s \quad \text{p.s.},$$

où (H_t) est un processus adapté tel que $\mathbb{E}(\int_0^T H_t^2 ds) < +\infty$. Il suffit, pour montrer cela, de considérer la martingale $M_t = \mathbb{E}(U|\mathcal{F}_t)$. On démontre aussi (cf., par exemple, Karatzas et Shreve (1988)) que si $(M_t)_{0\leq t\leq T}$ est une martingale (non nécessairement de carré intégrable), il existe une représentation de la forme (4.4), mais avec un processus H vérifiant seulement $\int_0^T H_t^2 ds < \infty$, p.s. Nous utiliserons d'ailleurs ce résultat dans le Chapitre 6.

4.3 Évaluation et couverture des options dans le modèle de Black-Scholes

4.3.1 Une probabilité sous laquelle $(\tilde{S}_t)$ est une martingale

Nous reprenons maintenant le modèle introduit dans la Section 4.1. Nous allons montrer qu'il existe une probabilité équivalente à la probabilité initiale $\mathbb{P}$, sous laquelle le prix actualisé $\tilde{S}_t = e^{-rt}S_t$ de l'action est une martingale. Utilisant l'équation différentielle stochastique vérifiée par (S_t), on a

$$\begin{aligned} d\tilde{S}_t &= -re^{-rt}S_t dt + e^{-rt}dS_t \\ &= \tilde{S}_t((\mu - r)dt + \sigma dB_t), \end{aligned}$$

et par conséquent, si on pose $W_t = B_t + \frac{\mu-r}{\sigma}t$,

$$d\tilde{S}_t = \tilde{S}_t \sigma dW_t. \tag{4.5}$$

D'après le Théorème 4.2.2, appliqué en prenant $\theta_t = (\mu - r)t/\sigma$, il existe une probabilité $\mathbb{P}^*$ équivalente à $\mathbb{P}$, sous laquelle $(W_t)_{0\leq t\leq T}$ est un mouvement brownien standard. On admettra, dans la suite, que la définition de l'intégrale stochastique est invariante par changement de probabilité équivalente (cf. Exercice 28). Alors, si on se place sous la probabilité $\mathbb{P}^*$, on déduit de l'égalité (4.5) que $(\tilde{S}_t)$ est une martingale et que

$$\tilde{S}_t = \tilde{S}_0 \exp(\sigma W_t - \sigma^2 t/2).$$

4.3.2 Pricing

Dans cette section, nous nous limitons à l'étude des options européennes. Une option européenne est définie par une variable aléatoire positive $\mathcal{F}_T$-mesurable h. Le plus souvent, h est de la forme $f(S_T)$ ($f(x) = (x - K)_+$ dans le cas du call, $f(x) = (K - x)_+$ dans le cas du put). Comme dans le cas discret, nous allons définir la valeur de l'option en la simulant. Pour des raisons techniques, nous limiterons la classe des stratégies admissibles de la façon suivante.

Définition 4.3.1 Une stratégie $\phi = (H_t^0, H_t)_{0\leq t\leq T}$ est *admissible* si elle est autofinancée et si la valeur actualisée $\tilde{V}_t(\phi) = H_t^0 + H_t\tilde{S}_t$ du portefeuille correspondant est, pour tout t, positive et telle que $\sup_{t\in[0,T]} \tilde{V}_t$ est de carré intégrable sous $\mathbb{P}^*$.

On dira qu'une option est *simulable* si sa valeur à l'échéance est égale à la valeur finale d'une stratégie admissible. Il est clair avec cette définition, que, pour que l'option définie par h soit simulable, il est nécessaire que h soit de carré intégrable sous $\mathbb{P}^*$. Dans la cas du call ($h = (S_T - K)_+$), cette propriété est bien vérifiée puisque $\mathbb{E}^*(S_T^2) < \infty$; notons que dans le cas du put , h est même bornée.

Théorème 4.3.2 *Dans le modèle de Black-Scholes, toute option définie par une variable aléatoire h, positive $\mathcal{F}_T$-mesurable, de carré intégrable sous la probabilité*

$\mathbb{P}^*$, est simulable et la valeur à l'instant t de tout portefeuille simulant est donnée par

$$V_t = \mathbb{E}^*\left(e^{-r(T-t)}h|\mathcal{F}_t\right).$$

La valeur de l'option à l'instant t est donc définie de façon naturelle par l'expression $\mathbb{E}^*(e^{-r(T-t)}h|\mathcal{F}_t)$.

Démonstration. Supposons d'abord qu'il existe une stratégie admissible (H^0, H), simulant l'option. La valeur à l'instant t du portefeuille (H_t^0, H_t) est donnée par

$$V_t = H_t^0 S_t^0 + H_t S_t,$$

et on a, par hypothèse, $V_T = h$. Soit $\tilde{V}_t = V_t e^{-rt}$ la valeur actualisée

$$\tilde{V}_t = H_t^0 + H_t \tilde{S}_t.$$

Puisque la stratégie est auto-financée, on a, d'après la Proposition 4.1.2 et l'égalité (4.5),

$$\begin{aligned}\tilde{V}_t &= V_0 + \int_0^t H_u d\tilde{S}_u \\ &= V_0 + \int_0^t H_u \sigma \tilde{S}_u dW_u.\end{aligned}$$

Sous la probabilité $\mathbb{P}^*$, $\sup_{t\in[0,T]} \tilde{V}_t$ est de carré intégrable, d'après la définition des stratégies admissibles, et l'égalité qui précède fait apparaître le processus $(\tilde{V}_t)$ comme une intégrale stochastique par rapport à (W_t). Il en résulte (cf. Chapitre 3, Proposition 3.4.4 et Exercice 18) que $(\tilde{V}_t)$ est une martingale de carré intégrable sous $\mathbb{P}^*$. D'où

$$\tilde{V}_t = \mathbb{E}^*\left(\tilde{V}_T \mid \mathcal{F}_t\right),$$

et par conséquent

$$V_t = \mathbb{E}^*\left(e^{-r(T-t)}h \mid \mathcal{F}_t\right). \tag{4.6}$$

Nous avons ainsi montré que si le portefeuille (H^0, H) simule l'option définie par h, sa valeur est donnée par (4.6). Pour achever la démonstration du théorème, il reste à démontrer que l'option est bien simulable, c'est-à-dire à trouver des processus (H_t^0) et (H_t) définissant une stratégie admissible, et tels que

$$H_t^0 S_t^0 + H_t S_t = \mathbb{E}^*\left(e^{-r(T-t)}h \mid \mathcal{F}_t\right).$$

Or, sous la probabilité $\mathbb{P}^*$, le processus défini par $M_t = \mathbb{E}^*(e^{-rT}h|\mathcal{F}_t)$ est une martingale de carré intégrable. La filtration $(\mathcal{F}_t)$, filtration naturelle de (B_t), est aussi la filtration naturelle de (W_t) et, d'après le Théorème de Représentation des Martingales (cf. Théorème 4.2.3), il existe un processus adapté $(K_t)_{0\leq t\leq T}$ tel que $\mathbb{E}^*(\int_0^T K_s^2 ds) < +\infty$ et

$$\forall t \in [0,T], \quad M_t = M_0 + \int_0^t K_s dW_s \text{ p.s.}$$

La stratégie $\phi = (H^0, H)$, avec $H_t = K_t/(\sigma \tilde{S}_t)$ et $H_t^0 = M_t - H_t\tilde{S}_t$, est alors, d'après la Proposition 4.1.2 et l'égalité (4.5), une stratégie auto-financée dont la valeur à l'instant t est donnée par

$$V_t(\phi) = e^{rt} M_t = \mathbb{E}^* \left(e^{-r(T-t)} h \mid \mathcal{F}_t \right).$$

Il est clair sur cette expression que $V_t(\phi)$ est une variable aléatoire positive, que $\sup_{0\leq t\leq} V_t(\phi)$ est de carré intégrable sous $\mathbb{P}^*$ et que $V_T(\phi) = h$. On a donc bien une stratégie admissible simulant h. □

Remarque 4.3.1 Lorsque la variable aléatoire h est de la forme $h = f(S_T)$, on peut expliciter la valeur V_t de l'option à l'instant t comme une fonction de t et S_t. On a, en effet,

$$\begin{aligned} V_t &= \mathbb{E}^* \left(e^{-r(T-t)} f(S_T) \mid \mathcal{F}_t \right) \\ &= \mathbb{E}^* \left(e^{-r(T-t)} f\left(S_t e^{r(T-t)} e^{\sigma(W_T - W_t) - (\sigma^2/2)(T-t)} \right) | \mathcal{F}_t \right). \end{aligned}$$

La variable aléatoire S_t est $\mathcal{F}_t$-mesurable et, sous $\mathbb{P}^*$, $W_T - W_t$ est indépendante de $\mathcal{F}_t$. On a donc, en utilisant la Proposition A.2.5 de l'appendice,

$$V_t = F(t, S_t),$$

avec

$$F(t,x) = \mathbb{E}^* \left(e^{-r(T-t)} f\left(x e^{r(T-t)} e^{\sigma(W_T - W_t) - (\sigma^2/2)(T-t)} \right) \right). \tag{4.7}$$

Comme, sous $\mathbb{P}^*$, $W_T - W_t$ est une gaussienne centrée de variance $T - t$,

$$F(t,x) = e^{-r(T-t)} \int_{-\infty}^{+\infty} f\left(x e^{(r-\sigma^2/2)(T-t) + \sigma y \sqrt{T-t}} \right) \frac{e^{-y^2/2} dy}{\sqrt{2\pi}}.$$

Le calcul de F peut être poussé plus loin dans le cas des calls et des puts. Si l'on prend l'exemple du call, avec $f(x) = (x - K)_+$, on a, d'après l'égalité (4.7),

$$\begin{aligned} F(t,x) &= \mathbb{E}^* \left(e^{-r(T-t)} \left(x e^{(r-\sigma^2/2)(T-t) + \sigma(W_T - W_t)} - K \right)_+ \right) \\ &= \mathbb{E} \left(x e^{\sigma\sqrt{\theta} g - \sigma^2\theta/2} - K e^{-r\theta} \right)_+, \end{aligned}$$

où g est une gaussienne centrée réduite et $\theta = T - t$.

Introduisons les quantités

$$d_1 = \frac{\log(x/K) + (r + \sigma^2/2)\theta}{\sigma\sqrt{\theta}} \quad \text{et} \quad d_2 = d_1 - \sigma\sqrt{\theta}.$$

Avec ces notations, on a

$$\begin{aligned} F(t,x) &= \mathbb{E}\left[\left(xe^{\sigma\sqrt{\theta}g-\sigma^2\theta/2} - Ke^{-r\theta}\right)1_{\{g+d_2\geq 0\}}\right] \\ &= \int_{-d_2}^{+\infty}\left(xe^{\sigma\sqrt{\theta}y-\sigma^2\theta/2} - Ke^{-r\theta}\right)\frac{e^{-y^2/2}}{\sqrt{2\pi}}dy \\ &= \int_{-\infty}^{d_2}\left(xe^{\sigma\sqrt{\theta}y-\sigma^2\theta/2} - Ke^{-r\theta}\right)\frac{e^{-y^2/2}}{\sqrt{2\pi}}dy. \end{aligned}$$

En écrivant cette expression comme la différence de deux intégrales et en faisant dans la première le changement de variable $z = y + \sigma\sqrt{\theta}$, on obtient

$$F(t,x) = xN(d_1) - Ke^{-r\theta}N(d_2), \tag{4.8}$$

avec

$$N(d) = \frac{1}{\sqrt{2\pi}}\int_{-\infty}^{d} e^{-x^2/2}dx.$$

Pour le put, un calcul analogue donne, avec les mêmes notations,

$$F(t,x) = Ke^{-r\theta}N(-d_2) - xN(-d_1). \tag{4.9}$$

Pour des méthodes de calcul efficaces de $N(d)$ on pourra se reporter à l'appendice.

4.3.3 Couverture des calls et des puts

Dans la démonstration du Théorème 4.3.2, nous avons invoqué le Théorème de Représentation des Martingales pour montrer l'existence d'un portefeuille simulant l'option. Dans la pratique, il importe de pouvoir construire effectivement le portefeuille simulant afin de couvrir l'option et on ne peut se contenter d'un simple théorème d'existence.

Nous allons voir comment, dans le cas où l'option est définie par une variable aléatoire positive de la forme $h = f(S_T)$, on peut expliciter le portefeuille de couverture . Un portefeuille simulant doit avoir, à chaque instant t, une valeur actualisée égale à

$$\tilde{V}_t = e^{-rt}F(t, S_t),$$

où F est la fonction définie par l'égalité (4.7). Sous des hypothèses très larges sur f (et, en particulier, dans les cas du call et du put où l'on dispose des formules explicites de la Remarque 4.3.1), on voit que la fonction F est de classe C^∞ sur $[0, T[\times\mathbb{R}$. Si on pose

$$\tilde{F}(t,x) = e^{-rt}F(t, xe^{rt}),$$

on a $\tilde{V}_t = \tilde{F}(t, \tilde{S}_t)$ et, pour $t < T$, d'après la formule d'Itô,

$$\begin{aligned} \tilde{F}(t,\tilde{S}_t) &= \tilde{F}(0,\tilde{S}_0) + \int_0^t \frac{\partial \tilde{F}}{\partial x}(u,\tilde{S}_u)d\tilde{S}_u \\ &+ \int_0^t \frac{\partial \tilde{F}}{\partial t}(u,\tilde{S}_u)du + \int_0^t \frac{1}{2}\frac{\partial^2 \tilde{F}}{\partial x^2}(u,\tilde{S}_u)d\langle\tilde{S},\tilde{S}\rangle_u. \end{aligned}$$

De l'égalité $d\tilde{S}_t = \sigma \tilde{S}_t dW_t$, on déduit

$$d\langle \tilde{S}, \tilde{S} \rangle_u = \sigma^2 \tilde{S}_u^2 du,$$

ce qui permet d'écrire $\tilde{F}(t, \tilde{S}_t)$ sous la forme

$$\tilde{F}(t, \tilde{S}_t) = \tilde{F}(0, \tilde{S}_0) + \int_0^t \sigma \frac{\partial \tilde{F}}{\partial x}(u, \tilde{S}_u) \tilde{S}_u dW_u + \int_0^t K_u du.$$

Comme le processus $\tilde{F}(t, \tilde{S}_t)$ est une martingale sous $\mathbb{P}^*$, on a nécessairement $K_u = 0$, $du \times d\mathbb{P}$ p.p. (cf. Chapitre 3, Exercise 19). D'où

$$\begin{aligned} \tilde{F}(t, \tilde{S}_t) &= \tilde{F}(0, \tilde{S}_0) + \int_0^t \sigma \frac{\partial \tilde{F}}{\partial x}(u, \tilde{S}_u) \tilde{S}_u dW_u. \\ &= \tilde{F}(0, \tilde{S}_0) + \int_0^t \frac{\partial \tilde{F}}{\partial x}(u, \tilde{S}_u) d\tilde{S}_u. \end{aligned}$$

Le candidat naturel pour le processus de couverture H_t est alors

$$H_t = \frac{\partial \tilde{F}}{\partial x}(t, \tilde{S}_t) = \frac{\partial F}{\partial x}(t, S_t).$$

Si on pose $H_t^0 = \tilde{F}(t, \tilde{S}_t) - H_t \tilde{S}_t$, le portefeuille (H_t^0, H_t) est auto-financé et sa valeur actualisée est bien $\tilde{V}_t = \tilde{F}(t, \tilde{S}_t)$.

Remarque 4.3.2 Le raisonnement qui précède montre qu'on peut traiter les options de la forme $f(S_T)$ sans utiliser le Théorème de Représentation des Martingales.

Remarque 4.3.3 Dans le cas du call, on a, avec les notations de la Remarque 4.3.1,

$$\frac{\partial F}{\partial x}(t, x) = N(d_1),$$

et, dans le cas du put,

$$\frac{\partial F}{\partial x}(t, x) = -N(-d_1).$$

On pourra le vérifier en exercice (la façon la plus simple de faire le calcul consiste à dériver sous le signe d'espérance). Cette quantité est souvent appelée le *delta* de l'option par les praticiens. Plus généralement, lorsque la valeur à l'instant t d'un portefeuille peut s'écrire $\Psi(t, S_t)$, la quantité $(\partial\Psi/\partial x)(t, S_t)$, qui mesure la sensibilité du portefeuille par rapport aux variations du cours à l'instant t, est appelé le *delta* du portefeuille. On parle de *gamma* pour la dérivée seconde $(\partial^2\Psi/\partial x^2)(t, S_t)$, *thêta* pour la dérivée par rapport au temps et de *véga* pour la dérivée de Ψ par rapport à la volatilité σ.

4.4 Options américaines

4.4.1 Évaluation des options américaines

Nous avons vu, dans le Chapitre 2, les liens entre l'évaluation des options américaines et le problème d'arrêt optimal dans le cadre des modèles discrets. La théorie de l'arrêt optimal en temps continu repose sur les mêmes idées qu'en temps discret, mais la mise en œuvre de ces idées soulève, dans ce cadre, de sérieuses difficultés techniques. En ce qui concerne les options américaines, il est clair que l'approche que nous avons utilisée dans la Section 1.3.3 du Chapitre 1, basée sur une relation de récurrence, n'est pas directement transposable. L'exercice 8 du Chapitre 2 montre que, dans un modèle discret, à toute option américaine peut être associée une stratégie de couverture dans laquelle une certaine consommation est autorisée. C'est à partir de stratégies de gestion avec consommation que nous allons traiter les options américaines dans le modèle de Black-Scholes.

Définition 4.4.1 Une stratégie de gestion avec consommation est la donnée d'un processus adapté $\phi = (H_t^0, H_t)_{0\leq t\leq T}$, à valeurs dans $\mathbb{R}^2$, vérifiant les propriétés suivantes :

1. $\displaystyle\int_0^T |H_t^0|dt + \int_0^T H_t^2 dt < +\infty \quad p.s.$
2. $H_t^0 S_t^0 + H_t S_t = H_0^0 S_0^0 + H_0 S_0 + \int_0^t H_u^0 dS_u^0 + \int_0^t H_u dS_u - C_t$, pour tout $t \in [0,T]$, où $(C_t)_{0\leq t\leq T}$ est un processus croissant continu adapté, nul en $t = 0$; C_t représentant la consommation cumulée jusqu'à l'instant t.

Une option américaine est naturellement définie par un processus adapté, à valeurs positives $(h_t)_{0\leq t\leq T}$. Pour simplifier, nous nous limiterons à des processus de la forme $h_t = \psi(S_t)$, où ψ est une fonction continue de $\mathbb{R}^+$ dans $\mathbb{R}^+$, vérifiant $\psi(x) \leq A + Bx$, pour tout $x \in \mathbb{R}^+$, où A et B sont des constantes positives. Pour un call, on a $\psi(x) = (x-K)_+$ et pour un put $\psi(x) = (K-x)_+$.

Nous dirons que la stratégie de gestion avec consommation $\phi = (H_t^0, H_t)_{0\leq t\leq T}$ couvre l'option américaine définie par $h_t = \psi(S_t)$ si, en notant $V_t(\phi) = H_t^0 S_t^0 + H_t S_t$, on a

$$\forall t \in [0,T], \quad V_t(\phi) \geq \psi(S_t) \quad \text{p.s.}$$

Notons Φ^ψ l'ensemble des stratégies de gestion avec consommation qui couvrent l'option américaine définie par $h_t = \psi(S_t)$. Si le vendeur de l'option suit une stratégie $\phi \in \Phi^\psi$, il dispose, à chaque instant t, d'une richesse au moins égale à $\psi(S_t)$, qui est la somme à fournir en cas d'exercice de l'option à la date t. Le théorème suivant caractérise la valeur minimale d'une stratégie de couverture d'une option américaine.

Théorème 4.4.2 *Soit u l'application de $[0,T] \times \mathbb{R}^+$ dans $\mathbb{R}$ définie par*

$$u(t,x) = \sup_{\tau\in\mathcal{T}_{t,T}} \mathbb{E}^*[e^{-r(\tau-t)}\psi(x\exp((r-(\sigma^2/2))(\tau-t)+\sigma(W_\tau - W_t)))],$$

où $\mathcal{T}_{t,T}$ désigne l'ensemble des temps d'arrêt à valeurs dans l'intervalle $[t,T]$. Il existe une stratégie $\bar{\phi} \in \Phi^{\psi}$, telle que $V_t(\bar{\phi}) = u(t,S_t)$, pour tout $t \in [0,T]$. De plus, pour toute stratégie $\phi \in \Phi^{\psi}$, on a $V_t(\phi) \geq u(t,S_t)$, pour tout $t \in [0,T]$.

Pour éviter les difficultés techniques, nous donnerons seulement le schéma de la démonstration, renvoyant à Karatzas et Shreve (1988) pour les détails. On montre d'abord que le processus $(e^{-rt}u(t,S_t))$ est l'enveloppe de Snell (sous $\mathbb{P}^*$) du processus $(e^{-rt}\psi(S_t))$, c'est-à-dire la plus petite $\mathbb{P}^*$-sur-martingale continue à droite qui le majore. Or, on peut montrer que la valeur actualisée d'une stratégie de gestion avec consommation est une sur-martingale sous $\mathbb{P}^*$. On a donc l'inégalité $V_t(\phi) \geq u(t,S_t)$, pour toute stratégie $\phi \in \Phi^{\psi}$. L'obtention d'une stratégie $\bar{\phi}$ telle que $V_t(\bar{\phi}) = u(t,S_t)$ repose sur un théorème de décomposition des sur-martingales analogue à la Proposition 2.3.1 du Chapitre 2 et sur le Théorème de Représentation des Martingales browniennes.

Il est naturel de considérer que $u(t,S_t)$ représente la valeur de l'option américaine à l'instant t, puisque c'est la valeur minimale d'une stratégie qui couvre l'option.

Remarque 4.4.1 Soit τ un temps d'arrêt à valeurs dans $[0,T]$. La valeur à l'instant 0 d'une stratégie admissible au sens de la Définition 4.3.1 et de valeur $\psi(S_\tau)$ à l'instant τ est donnée par $\mathbb{E}^*(e^{-r\tau}\psi(S_\tau))$, puisque la valeur actualisée de toute stratégie admissible est une martingale sous $\mathbb{P}^*$. La quantité $u(0,S_0) = \sup_{\tau\in\mathcal{T}_{0,T}} \mathbb{E}^*(e^{-r\tau}\psi(S_\tau))$ est donc bien la richesse initiale minimale permettant de couvrir tous les exercices possibles.

Comme dans les modèles discrets, on constate que le prix du call américain (sur une action ne distribuant pas de dividende) est égal au prix du call européen.

Proposition 4.4.4 *Si, dans le Théorème 4.4.2, la fonction ψ est donnée par $\psi(x) = (x-K)_+$, pour tout réel x, alors on a*

$$u(t,x) = F(t,x),$$

où F est la fonction définie par l'égalité (4.8) donnant le prix du call européen.

Démonstration. Supposons pour simplifier $t = 0$ (le raisonnement est le même pour $t > 0$). Alors, il suffit de montrer que, pour tout temps d'arrêt $\tau \in \mathcal{T}_{0,T}$,

$$\mathbb{E}^*(e^{-r\tau}(S_\tau - K)_+) \leq \mathbb{E}^*(e^{-rT}(S_T - K)_+) = \mathbb{E}^*(\tilde{S}_T - e^{-rT}K)_+.$$

Or, on a

$$\mathbb{E}^*\left((\tilde{S}_T - e^{-rT}K)_+ \mid \mathcal{F}_\tau\right) \geq \mathbb{E}^*\left((\tilde{S}_T - e^{-rT}K) \mid \mathcal{F}_\tau\right) = \tilde{S}_\tau - e^{-rT}K,$$

puisque $(\tilde{S}_t)$ est une martingale sous $\mathbb{P}^*$. D'où

$$\mathbb{E}^*\left((\tilde{S}_T - e^{-rT}K)_+ \mid \mathcal{F}_\tau\right) \geq \tilde{S}_\tau - e^{-r\tau}K,$$

puisque $r \geq 0$ et, puisque le membre de gauche est positif,

$$\mathbb{E}^* \left((\tilde{S}_T - e^{-rT}K)_+ \mid \mathcal{F}_\tau \right) \geq (\tilde{S}_\tau - e^{-r\tau}K)_+.$$

D'où l'inégalité annoncée en prenant l'espérance. □

4.4.2 Put perpétuel, prix critique

Dans le cas du put, le prix de l'option américaine n'est pas égal à celui de l'option européenne et il n'existe pas de formule explicite donnant la fonction u du Théorème 4.4.2. On doit donc recourir à des méthodes de calcul approché qui seront abordées dans le chapitre 5. Dans cette section, nous nous contenterons de déduire de la formule

$$u(t,x) = \sup_{\tau \in \mathcal{T}_{t,T}} \mathbb{E}^*(Ke^{-r(\tau-t)} - x\exp(-\sigma^2(\tau-t)/2 + \sigma(W_\tau - W_t)))_+ \quad (4.10)$$

quelques propriétés qualitatives de la fonction u. Nous supposerons, pour simplifier que $t = 0$. En fait, on peut se ramener à ce cas, quitte à remplacer T par $T - t$. L'équation (4.10) s'écrit alors

$$u(0,x) = \sup_{\tau \in \mathcal{T}_{0,T}} \mathbb{E}^*(Ke^{-r\tau} - x\exp(\sigma W_\tau - \sigma^2\tau/2))_+. \quad (4.11)$$

Considérons un espace de probabilité $(\Omega, \mathcal{F}, \mathbb{P})$, sur lequel est défini un mouvement brownien standard $(B_t)_{0\leq t<\infty}$, défini sur $\mathbb{R}^+$. On a

$$\begin{aligned} u(0,x) &= \sup_{\tau \in \mathcal{T}_{0,T}} \mathbb{E}(Ke^{-r\tau} - x\exp(\sigma B_\tau - (\sigma^2\tau/2)))_+ \\ &\leq \sup_{\tau \in \mathcal{T}_{0,\infty}} \mathbb{E}\left[(Ke^{-r\tau} - x\exp(\sigma B_\tau - (\sigma^2\tau/2)))_+ \mathbf{1}_{\{\tau < \infty\}}\right], \end{aligned} \quad (4.12)$$

en notant $\mathcal{T}_{0,\infty}$ l'ensemble de tous les temps d'arrêt de la filtration de $(B_t)_{t\geq 0}$ et $\mathcal{T}_{0,T}$ l'ensemble des éléments de $\mathcal{T}_{0,\infty}$ à valeurs dans $[0,T]$. Le membre de droite de l'inégalité (4.12) s'interprète naturellement comme la valeur d'un put "perpétuel" (c'est-à-dire exerçable à tout moment sans limite d'échéance). La proposition suivante permet d'expliciter le majorant dans (4.12).

Proposition 4.4.5 *La fonction*

$$u^\infty(x) = \sup_{\tau \in \mathcal{T}_{0,\infty}} \mathbb{E}\left[(Ke^{-r\tau} - x\exp(\sigma B_\tau - (\sigma^2\tau/2)))_+ \mathbf{1}_{\{\tau < \infty\}}\right] \quad (4.13)$$

est donnée par les formules

$$u^\infty(x) = \begin{cases} K - x, & \textit{pour} \quad x \leq x^* \\ (K - x^*)\left(\frac{x}{x^*}\right)^{-\gamma}, & \textit{pour} \quad x > x^*, \end{cases}$$

avec $x^* = K\gamma/(1+\gamma)$ *et* $\gamma = 2r/\sigma^2$.

Démonstration. On déduit de la formule (4.13) que la fonction u^∞ est convexe, décroissante sur $[0,+\infty[$ et vérifie $u^\infty(x) \geq (K-x)_+$, et, pour tout $T > 0, u^\infty(x) \geq \mathbb{E}(Ke^{-rT} - x\exp(\sigma B_T - (\sigma^2 T/2)))_+$, ce qui implique $u^\infty(x) > 0$, pour tout $x \geq 0$. Notons maintenant $x^* = \sup\{x \geq 0 \,|\, u^\infty(x) = K - x\}$. Les propriétés de u^∞ que nous venons d'énumérer entraînent

$$\forall x \leq x^*, \quad u^\infty(x) = K - x \quad \text{et} \quad \forall x > x^* \quad u^\infty(x) > (K-x)_+. \tag{4.14}$$

Pour $x \in [0,+\infty[$, notons $(X_t^x)_{t\geq 0}$ le processus défini par

$$X_t^x = x\exp((r - \sigma^2/2)t + \sigma B_t).$$

La théorie de l'enveloppe de Snell à temps continu (cf. El Karoui (1981), Kushner (1977), ainsi que le Chapitre 5) permet de montrer que

$$u^\infty(x) = \mathbb{E}\left[(Ke^{-r\tau_x} - x\exp(\sigma B_{\tau_x} - (\sigma^2\tau_x/2)))_+ \mathbf{1}_{\{\tau_x < \infty\}}\right],$$

où τ_x est le temps d'arrêt défini par

$$\tau_x = \inf\{t \geq 0 \mid e^{-rt}u^\infty(X_t^x) = e^{-rt}(K - X_t^x)_+\} \quad (\text{avec } \inf\emptyset = +\infty).$$

Le temps d'arrêt τ_x est donc un temps d'arrêt optimal (noter l'analogie avec les résultats du Chapitre 2).

Il résulte de (4.14) que

$$\tau_x = \inf\{t \geq 0 \mid X_t^x \leq x^*\} = \inf\{t \geq 0 \mid (r - \sigma^2/2)t + \sigma B_t \leq \log(x^*/x)\}.$$

Introduisons, pour tout nombre $z \in \mathbb{R}_+$, le temps d'arrêt $\tau_{x,z}$ défini par

$$\tau_{x,z} = \inf\{t \geq 0 \mid X_t^x \leq z\}.$$

Avec ces notations, le temps d'arrêt optimal est donné par $\tau_x = \tau_{x,x^*}$. Fixons x et notons ϕ la fonction de z définie par

$$\phi(z) = \mathbb{E}\left(e^{-r\tau_{x,z}}\mathbf{1}_{\{\tau_{x,z} < \infty\}}\left(K - X_{\tau_{x,z}}^x\right)_+\right).$$

Puisque τ_{x,x^*} est optimal, la fonction ϕ atteint son maximum au point $z = x^*$. Nous allons calculer ϕ explicitement, puis nous la maximiserons pour déterminer x^* et $u^\infty(x) = \phi(x^*)$.

Si $z > x$, on a évidemment $\tau_{x,z} = 0$ et $\phi(z) = (K-x)_+$. Si $z \leq x$, on a, en utilisant la continuité des trajectoires de $(X_t^x)_{t\geq 0}$,

$$\tau_{x,z} = \inf\{t \geq 0 \mid X_t^x = z\}$$

et par conséquent

$$\begin{aligned}\phi(z) &= (K-z)_+\mathbb{E}\left(e^{-r\tau_{x,z}}\mathbf{1}_{\{\tau_{x,z} < \infty\}}\right)\\ &= (K-z)_+\mathbb{E}(e^{-r\tau_{x,z}})\end{aligned}$$

avec, par convention, $e^{-r\infty} = 0$. En reprenant l'expression de X_t^x en fonction de B_t, on voit que, pour $z \leq x$,

$$\begin{aligned}\tau_{x,z} &= \inf\left\{t \geq 0 \mid \left(r - \frac{\sigma^2}{2}\right)t + \sigma B_t = \log(z/x)\right\} \\ &= \inf\left\{t \geq 0 \mid \mu t + B_t = \frac{1}{\sigma}\log(z/x)\right\},\end{aligned}$$

en posant $\mu = r/\sigma - \sigma/2$. Donc, si on note, pour tout réel b,

$$T_b = \inf\{t \geq 0 \mid \mu t + B_t = b\},$$

on a

$$\phi(z) = \begin{cases} (K-x)_+ & \text{si } z > x \\ (K-z)\mathbb{E}\left(\exp\left(-rT_{\log(z/x)/\sigma}\right)\right) & \text{si } z \in [0,x] \cap [0,K] \\ 0 & \text{si } z \in [0,x] \cap [K,+\infty). \end{cases}$$

Le maximum de ϕ est donc atteint sur l'intervalle $[0,x] \cap [0,K]$. En utilisant la formule suivante (démontrée dans l'exercice 27)

$$\mathbb{E}(e^{-\alpha T_b}) = \exp\left(\mu b - |b|\sqrt{\mu^2 + 2\alpha}\right),$$

on voit que

$$\forall z \in [0,x] \cap [0,K], \quad \phi(z) = (K-z)\left(\frac{z}{x}\right)^\gamma,$$

où $\gamma = 2r/\sigma^2$. La dérivée de cette fonction est donnée par

$$\phi'(z) = \frac{z^{\gamma-1}}{x^\gamma}(K\gamma - (\gamma+1)z).$$

Il en résulte que, si $x \leq K\gamma/(\gamma+1)$,

$$\max_z \phi(z) = \phi(x) = K - x$$

et, si $x > K\gamma/(\gamma+1)$,

$$\max_z \phi(z) = \phi(K\gamma/(\gamma+1)),$$

ce qui donne les formules annoncées. □

4.5 Volatilité implicite et modèles à volatilité locale

Un des traits majeurs du modèle de Black-Scholes (et une des raisons de son succès) est le fait que les formules de prix obtenues, de même que les formules de couverture, dépendent d'un seul paramètre non directement observable : la volatilité σ (le paramètre de dérive μ disparaît sous l'effet du changement de probabilité). Dans la pratique, deux méthodes sont utilisées pour évaluer σ.

1. La méthode *historique* : dans le modèle de Black-Scholes, $\sigma^2 T$ est la variance de $\log(S_T)$ et les variables

$$\log(S_T/S_0), \log(S_{2T}/S_T), \ldots, \log(S_{NT}/S_{(N-1)T})$$

sont indépendantes et équidistribuées. Dès lors on peut, à partir des valeurs du cours observées dans le passé, estimer σ par des voies statistiques (par exemple en calculant les variances empiriques ; cf. Dacunha-Castelle et Duflo (1986a), Chapitre 5).

2. La méthode *implicite* : certaines options sont cotées sur les marchés organisés et, le prix des options (calls et puts) étant une fonction strictement croissante de σ (cf. Exercice 24), on peut associer une *volatilité implicite* à chaque option cotée, par inversion de la formule de Black-Scholes. Le modèle ainsi identifié peut ensuite être utilisé pour les calculs de couverture.

Dans ces questions de volatilité, on se heurte vite aux imperfections du modèle de Black-Scholes. On constate des différences importantes entre volatilité historique et volatilité implicite, et la volatilité implicite semble dépendre du prix d'exercice et de l'échéance. Malgré ces incohérences, le modèle constitue une référence indispensable pour les praticiens, la volatilité implicite d'une option leur apportant une meilleure information que son prix.

Une façon de construire un modèle cohérent avec les données de marché consiste à remplacer la volatilité constante σ par un processus stochastique (σ_t), l'équation (4.2) devenant

$$dS_t = S_t(\mu dt + \sigma_t dB_t).$$

Si le processus stochastique (σ_t) est adapté à la filtration naturelle de $(B_t)_{0\leq t\leq T}$ et borné, ainsi que le processus $(1/\sigma_t)$, l'approche présentée dans ce chapitre peut être étendue (cf. Problème 1 pour le cas d'une fonction déterministe du temps et Problème 5 pour le cas général). Plus précisément, les options européennes peuvent être répliquées et les prix d'options peuvent être calculés en utilisant la probabilité $\mathbb{P}^*$, sous laquelle le prix actualisé de l'actif est une martingale. Dans le *modèle à volatilité locale*, on a

$$\sigma_t = \sigma(t, S_t),$$

où σ est maintenant une fonction déterministe du temps et du prix du sous-jacent. Les travaux de Dupire (1994) et Derman et Kani (1994) ont montré que, étant donné des prix de calls, on peut construire un modèle à volatilité locale produisant les mêmes prix. Plus précisément, si $C(T, K)$ est le prix de marché, observé à la date 0, d'un call de prix d'exercice K et d'échéance T, le modèle à volatilité locale correspondant est donné par la formule suivante, connue sous le nom de *formule de Dupire* (cf. Problème 6 pour une démonstration dans le cas $r = 0$).

$$\frac{\partial C}{\partial T}(T, K) = \frac{\sigma^2(T, K)K^2}{2}\frac{\partial^2 C}{\partial K^2}(T, K) - rK\frac{\partial C}{\partial K}(T, K). \qquad (4.15)$$

En pratique, cette formule n'est pas facile à mettre en œvre, car elle fait intervenir les dérivées partielles des prix de marché par rapport au prix d'exercice et à l'échéance, alors qu'il n'y a qu'un nombre fini d'options cotées. Le modèle à volatilité locale pose aussi des problèmes d'instabilité, de sorte que les praticiens préfèrent utiliser des modèles plus sophistiqués combinant volatilité stochastique solution d'une équation différentielle stochastique dirigée par un autre mouvement brownien et modèles avec sauts.

Remarque 4.5.1 Le terme de *volatilité stochastique* fait référence aux modèles dans lesquels le processus de volatilité (σ_t) vérifie une équation différentielle stochastique dirigée par un autre mouvement Brownien (qui peut être corrélé ou pas avec le brownien (B_t) de l'équation différentielle stochastique du sous-jacent). Le processus de volatilité n'est alors pas adapté à la filtration de (B_t). Les marchés décrits par un modèle à volatilité stochastique sont des marchés *incomplets*, dans lesquels la réplication des options par une stratégie fondée sur le sous-jacent n'est plus possible. Voir le Chapitre 7 pour une introduction aux marchés incomplets.

4.6 Modèle de Black-Scholes avec dividendes et symétrie call/put

Dans notre présentation du modèle de Black-Scholes, nous avons supposé implicitement que le sous-jacent ne distribuait pas de dividendes. Nous allons montrer comment la méthodologie s'étend au cas où des dividendes sont versés en continu à un taux constant δ. Cela signifie que, dans un intervalle de temps infinitésimal $[t, t + dt]$, le détenteur d'une action reçoit $\delta S_t dt$. L'intérêt de cette hypothèse peu réaliste est qu'elle conduit à des formules explicites. L'hypothèse est d'ailleurs plus réaliste dans le contexte des options sur taux de change, où le taux de dividende δ s'interprète comme le taux d'intérêt étranger (voir Problème 2).

Dans le cas d'un actif versant des dividendes, la condition d'auto-financement prend la forme

$$dV_t = H_t^0 dS_t^0 + H_t(dS_t + \delta S_t dt),$$

et, en quantités actualisées,

$$d\tilde{V}_t = H_t(d\tilde{S}_t + \delta \tilde{S}_t dt) = H_t \sigma \tilde{S}_t dW_t^\delta,$$

où $W_t^\delta = B_t + (\mu + \delta - r)t/\sigma$. La probabilité risque-neutre est alors la probabilité $\mathbb{P}^\delta$ sous laquelle $(W_t^\delta)_{0\leq t\leq T}$ est un mouvement brownien standard. Notons que, sous $\mathbb{P}^\delta$, le processus $(e^{(\delta-r)t} S_t)_{0\leq t\leq T}$ est une martingale (cf. Problème 2 pour plus de détails dans le contexte des options de change).

Nous allons établir une intéressante relation de symétrie entre les prix des calls et des puts. Pour plus de clarté, nous noterons $C_e(t, x; K, r, \delta)$ (resp. $P_e(t, x; K, r, \delta)$) le prix à l'instant t d'un call (resp. put) européen d'échéance T et de prix d'exercice K, lorsque le prix du sous-jacent est x, le taux d'intérêt étant égal à r et le taux de dividende à δ. Nous noterons de même $C_a(t, x; K, r, \delta)$ (resp. $P_a(t, x; K, r, \delta)$) le prix du call (resp. put) *américain*. Notons que $C_e(t, x; K, r, \delta) = \mathbb{E}^\delta e^{-r(T-t)} \left(x e^{(r-\delta-(\sigma^2/2))(T-t)+\sigma(W_T^\delta - W_t^\delta)} - K \right)_+$.

Proposition 4.6.1 *On a*

$$C_e(t,x;K,r,\delta) = P_e(t,K;x,\delta,r) \quad \textit{et} \quad C_a(t,x;K,r,\delta) = P_a(t,K;x,\delta,r).$$

Démonstration. Nous donnons la démonstration dans le cas américain. Le cas des options européennes est plus simple. Nous supposons aussi que $t = 0$ pour simplifier l'écriture. On a

$$C_a(0,x;K,r,\delta) = \sup_{\tau \in \mathcal{T}_{0,T}} \mathbb{E}^\delta e^{-r\tau}\left(xe^{(r-\delta-\frac{\sigma^2}{2})\tau+\sigma W_\tau^\delta} - K\right)_+.$$

Pour $\tau \in \mathcal{T}_{0,T}$, on a, avec la notation $\hat{W}_t^\delta$ pour $W_t^\delta - \sigma t$ et $\hat{\mathbb{P}}^\delta$ pour la probabilité de densité donnée par $d\hat{\mathbb{P}}^\delta/d\mathbb{P}^\delta = e^{\sigma W_T^\delta - (\sigma^2/2)T}$,

$$\begin{aligned}
\mathbb{E}^\delta e^{-r\tau}\left(xe^{(r-\delta-\frac{\sigma^2}{2})\tau+\sigma W_\tau^\delta} - K\right)^+ &= \\
&= \mathbb{E}^\delta e^{-\delta\tau} e^{\sigma W_\tau^\delta - (\sigma^2/2)\tau}\left(x - Ke^{(\delta-r+\frac{\sigma^2}{2})\tau - \sigma W_\tau^\delta}\right)^+ \\
&= \mathbb{E}^\delta e^{-\delta\tau} e^{\sigma W_T^\delta - (\sigma^2/2)T}\left(x - Ke^{(\delta-r-\frac{\sigma^2}{2})\tau - \sigma \hat{W}_\tau^\delta}\right)^+,
\end{aligned}$$

où la dernière égalité vient du fait que $(e^{\sigma W_t^\delta - (\sigma^2/2)t})_{t\geq 0}$ est une martingale. Par suite,

$$\mathbb{E}^\delta e^{-r\tau}\left(xe^{(r-\delta-\frac{\sigma^2}{2})\tau+\sigma W_\tau} - K\right)^+ = \hat{\mathbb{E}}^\delta e^{-\delta\tau}\left(x - Ke^{(\delta-r-\frac{\sigma^2}{2})\tau - \sigma \hat{W}_\tau^\delta}\right)^+.$$

Or, sous la probabilité $\hat{\mathbb{P}}^\delta$, le processus $(\hat{W}_t^\delta)_{0\leq t\leq T}$est un mouvement brownien standard, de même, par symétrie, que le processus $(-\hat{W}_t^\delta)_{0\leq t\leq T}$. D'où $C_a(t,x;K,r,\delta) = P_a(t,K;x,\delta,r)$. □

Notes : La présentation que nous avons adoptée, basée sur le Théorème de Girsanov, s'inspire de Harrison et Pliska (1981) (voir aussi Bensoussan (1984) et la Section 5.8 de Karatzas et Shreve (1988)). L'approche initiale de Black et Scholes (1973) Merton (1973) consistait à dégager, à partir d'un raisonnement d'arbitrage et de la formule d'Itô, une équation aux dérivées partielles vérifiée par le prix du call comme fonction du temps et du sous-jacent. Pour les méthodes statistiques de détermination des paramètres des modèles, on pourra se référer à Dacunha-Castelle et Duflo (1986a) et Dacunha-Castelle et Duflo (1986b) et à la bibliographie de ces ouvrages.

4.7 Exercices

Exercice 22 Le but de l'exercice est de démontrer le Théorème de Girsanov (cf. Théorème 4.2.2) dans le cas où le processus (θ_t) est constant. Soit $(B_t)_{0\leq t\leq T}$ un mouvement brownien standard par rapport à une filtration $(\mathcal{F}_t)_{0\leq t\leq T}$ et soit μ un nombre réel. On pose, pour $0 \leq t \leq T$, $L_t = \exp(-\mu B_t - (\mu^2/2)t)$.

1. Montrer que $(L_t)_{0\leq t\leq T}$ est une martingale par rapport à la filtration $(\mathcal{F}_t)$ et que $\mathbb{E}(L_t) = 1$, pour tout $t \in [0, T]$.
2. Soit $\mathbb{P}^{(L_t)}$ la probabilité de densité L_t par rapport à la probabilité initiale $\mathbb{P}$. Montrer que les probabilités $\mathbb{P}^{(L_T)}$ et $\mathbb{P}^{(L_t)}$ coïncident sur la tribu $\mathcal{F}_t$.
3. Soit Z une variable aléatoire $\mathcal{F}_T$-mesurable, bornée. Montrer que l'espérance conditionnelle de Z sachant $\mathcal{F}_t$, sous la probabilité $\mathbb{P}^{(L_T)}$, est donnée par

$$\mathbb{E}^{(L_T)}(Z \mid \mathcal{F}_t) = \frac{\mathbb{E}(ZL_T \mid \mathcal{F}_t)}{L_t}.$$

Cette égalité est parfois appelée *formule de Bayes* pour les espérances conditionnelles.

4. On pose $W_t = \mu t + B_t$, pour tout $t \in [0, T]$. Montrer que pour tout réel u et pour tous s et t dans $[0, T]$, avec $s \leq t$, on a

$$\mathbb{E}^{(L_T)}\left(e^{iu(W_t - W_s)} | \mathcal{F}_s\right) = e^{-u^2(t-s)/2}.$$

Conclure en utilisant la Proposition A.2.2 de l'Appendice.

Exercice 23 Montrer qu'il y a unicité (en précisant en quel sens) du portefeuille simulant une option européenne dans le modèle de Black-Scholes.

Exercice 24 On considère une option européenne donnée par $h = f(S_T)$ et on note F la fonction donnant le prix de l'option en fonction du temps et du cours spot dans le modèle de Black-Scholes (cf. équation (4.7)).

1. Montrer que si f est croissante (resp. décroissante), $F(t, x)$ est une fonction croissante (resp. décroissante) de x.
2. On suppose f convexe. Montrer que $F(t, x)$ est une fonction convexe de x, une fonction décroissante de t si $r = 0$ et une fonction croissante de σ dans tous les cas. (Indication : partir de l'égalité (4.7) et utiliser l'inégalité de Jensen : $\Phi(\mathbb{E}(X)) \leq \mathbb{E}(\Phi(X))$, pour toute fonction convexe Φ et pour toute variable aléatoire X telle que X et $\Phi(X)$ soient intégrables.)
3. On note F_c (resp. F_p) la fonction F obtenue quand $f(x) = (x - K)_+$ (resp. $f(x) = (K - x)_+$). Montrer que $F_c(t, .)$ et $F_p(t, .)$ sont strictement positives pour $t < T$. Étudier les fonctions $F_c(t, .)$ et $F_p(t, .)$ aux voisinages de 0 et $+\infty$.

Exercice 25 Calculer, sous la probabilité initiale $\mathbb{P}$, la probabilité qu'un call européen soit exercée.

Exercice 26 Justifier les formules (4.8) et (4.9) et calculer, pour un call ou un put, le delta, le gamma, le thêta et le véga (cf. Remarque 4.3.3).

Exercice 27 Soit $(B_t)_{t\geq 0}$ un mouvement brownien standard. Pour tous nombres réels μ et b, on pose

$$T_b^\mu = \inf\{t \geq 0 \mid \mu t + B_t = b\},$$

avec la convention : $\inf \emptyset = \infty$.

1. En utilisant le Théorème de Girsanov, montrer que l'on a

$$\forall \alpha, t > 0, \quad \mathbb{E}(e^{-\alpha(T_b^\mu \wedge t)}) = \mathbb{E}\left(e^{-\alpha(T_b^0 \wedge t)} e^{\mu B_{T_b^0 \wedge t} - \frac{\mu^2}{2} T_b^0 \wedge t}\right).$$

2. Montrer l'inégalité

$$\forall \alpha, t > 0, \quad \mathbb{E}\left(e^{-\alpha(T_b^0 \wedge t)} e^{\mu B_{T_b^0 \wedge t} - \frac{\mu^2}{2} T_b^0 \wedge t} \mathbf{1}_{\{t < T_b^0\}}\right) \leq e^{-\alpha t}.$$

3. Déduire de ce qui précède et de la Proposition 3.3.6 que

$$\forall \alpha, t > 0, \quad \mathbb{E}\left(e^{-\alpha T_b^\mu} 1_{\{T_b^\mu < \infty\}}\right) = \exp\left(\mu b - |b|\sqrt{2\alpha + \mu^2}\right).$$

4. Calculer $\mathbb{P}(T_b^\mu < \infty)$.

Exercice 28

1. Soit $\mathbb{P}$ et $\mathbb{Q}$ deux probabilités équivalentes sur un espace probabilisable $(\Omega, \mathcal{A})$. Montrer que si une suite (X_n) de variables aléatoires converge en probabilité sous $\mathbb{P}$, elle converge en probabilité sous $\mathbb{Q}$ vers la même limite.
2. Les notations et hypothèses sont celles du Théorème 4.2.2. Soit $(H_t)_{0 \leq t \leq T}$ un processus adapté tel que $\int_0^T H_s^2 ds < \infty$, $\mathbb{P}$ p.s. L'intégrale stochastique de (H_t) par rapport à B_t est bien définie sous la probabilité $\mathbb{P}$. On pose

$$X_t = \int_0^t H_s dB_s + \int_0^t H_s \theta_s ds.$$

Puisque $\mathbb{P}^{(L)}$ et $\mathbb{P}$ sont équivalentes, on a $\int_0^T H_s^2 ds < \infty$, $\mathbb{P}^{(L)}$ p.s. et on peut donc définir, sous $\mathbb{P}^{(L)}$, le processus

$$Y_t = \int_0^t H_s dW_s.$$

On demande de montrer que les deux processus X et Y sont égaux. Pour cela, on traitera d'abord le cas des processus élémentaires et on utilisera le fait que si $(H_t)_{0 \leq t \leq T}$ est un processus adapté vérifiant $\int_0^T H_s^2 ds < \infty$ p.s., il existe une suite (H^n) de processus élémentaires telle que $\int_0^T (H_s - H_s^n)^2 ds$ converge vers 0 en probabilité.

Exercice 29 Soit $(B_t)_{0 \leq t \leq 1}$un mouvement brownien standard défini sur l'intervalle de temps $[0, 1]$. On note $(\mathcal{F}_t)_{0 \leq t \leq 1}$ sa filtration naturelle et on suppose donnée une variable aléatoire τ de loi exponentielle de paramètre λ, indépendante de $\mathcal{F}_1$. Pour $t \in [0, 1]$, on note $\mathcal{G}_t$ la tribu engendrée par $\mathcal{F}_t$ et la variable aléatoire $\tau \wedge t$.

1. Montrer que $(\mathcal{G}_t)_{0 \leq t \leq 1}$ est une filtration et que $(B_t)_{0 \leq t \leq 1}$ est un $(\mathcal{G}_t)$-mouvement brownien standard.

2. Pour $t \in [0,1]$, on pose $M_t = \mathbb{E}\left(\mathbf{1}_{\{\tau > 1\}} \mid \mathcal{G}_t\right)$. Montrer que $M_t = e^{-\lambda(1-t)}\mathbf{1}_{\{\tau > t\}}$ p.s. On pourra utiliser le fait suivant : si $\mathcal{B}_1$ et $\mathcal{B}_2$ sont deux sous-tribus et X une variable aléatoire positive telle que la tribu engendrée par $\mathcal{B}_2$ et X soit indépendante de la tribu $\mathcal{B}_1$, alors $\mathbb{E}(X \mid \mathcal{B}_1 \vee \mathcal{B}_2) = \mathbb{E}(X \mid \mathcal{B}_2)$, où $\mathcal{B}_1 \vee \mathcal{B}_2$ désigne la tribu engendrée par $\mathcal{B}_1$ et $\mathcal{B}_2$.
3. Montrer qu'il n'existe pas de processus à trajectoires continues (X_t) tel que, pour tout $t \in [0,1]$, $\mathbb{P}(M_t = X_t) = 1$ (remarquer que l'on aurait nécessairement $\mathbb{P}(\forall t \in [0,1],\, M_t = X_t) = 1$).
   En déduire que la martingale (M_t) ne peut pas se représenter comme une intégrale stochastique par rapport à (B_t).

Exercice 30 On pourra utiliser les résultats de l'Exercice 21 du Chapitre 3. Soit $(W_t)_{t\geq 0}$ un $(\mathcal{F}_t)$-mouvement brownien standard.

1. Montrer que si $\mu \leq \lambda$ et $N(d) = \int_{-\infty}^{d} \exp(-x^2/2)dx/\sqrt{2\pi}$, on a
$$\mathbb{E}(e^{\alpha W_T} 1_{\{W_T \leq \mu, \sup_{s\leq T} W_s \geq \lambda\}}) = \exp\left(\frac{\alpha^2 T}{2} + 2\alpha\lambda\right) N\left(\frac{\mu - 2\lambda - \alpha T}{\sqrt{T}}\right).$$
   En déduire que si $\lambda \leq \mu$,
$$\mathbb{E}(e^{\alpha W_T} 1_{\{W_T \geq \mu, \inf_{s\leq T} W_s \leq \lambda\}}) = \exp\left(\frac{\alpha^2 T}{2} + 2\alpha\lambda\right) N\left(\frac{2\lambda - \mu + \alpha T}{\sqrt{T}}\right).$$
2. Soit $H \leq K$. On cherche une formule explicite pour
$$C = \mathbb{E}\left(e^{-rT}(X_T - K)_+ \mathbf{1}_{\left\{\inf\limits_{s\leq T} X_s \geq H\right\}}\right),$$
   où $X_t = x\exp((r - \sigma^2/2)t + \sigma W_t)$. Donner une interprétation financière de cette expression et expliciter une probabilité $\tilde{\mathbb{P}}$ sous laquelle $\tilde{W}_t = (r/\sigma - \sigma/2)t + W_t$ est un mouvement brownien standard.
3. Écrire C sous la forme d'une espérance sous $\tilde{\mathbb{P}}$ d'une variable aléatoire fonction uniquement de $\tilde{W}_T$ et $\sup_{0\leq s\leq T} \tilde{W}_s$.
4. En déduire une formule explicite pour C.

4.8 Problèmes

Problème 1 : Modèle de Black-Scholes avec paramètres dépendant du temps On reprend le modèle de Black-Scholes en supposant que les prix des actifs vérifient (avec les notations du cours)
$$\begin{cases} dS_t^0 &= r(t)S_t^0 dt \\ dS_t &= S_t(\mu(t)dt + \sigma(t)dB_t), \end{cases}$$

où $r(t), \mu(t), \sigma(t)$ sont des fonctions *déterministes* du temps, continues sur l'intervalle $[0,T]$. On suppose de plus $\inf_{t\in[0,T]} \sigma(t) > 0$.

1. Montrer que

$$S_t = S_0 \exp\left(\int_0^t \mu(s)ds + \int_0^t \sigma(s)dB_s - \frac{1}{2}\int_0^t \sigma^2(s)ds\right).$$

Indication : on pourra considérer le processus

$$Z_t = S_t \exp\left[-\left(\int_0^t \mu(s)ds + \int_0^t \sigma(s)dB_s - \frac{1}{2}\int_0^t \sigma^2(s)ds\right)\right].$$

2. (a) Soit (X_n) une suite de variables aléatoires réelles, gaussiennes, centrées, convergeant vers X dans L^2. Montrer que X est une gaussienne.
   (b) Montrer, en approchant σ par des fonctions en escalier, que $\int_0^t \sigma(s)dB_s$ est une gaussienne et calculer sa variance.
3. Montrer qu'il existe une probabilité $\mathbb{P}^*$ équivalente à $\mathbb{P}$, sous laquelle le prix actualisé de l'action est une martingale et donner sa densité par rapport à $\mathbb{P}$.
4. Dans la suite, on se propose d'évaluer et de couvrir un call d'échéance T et de prix d'exercice K sur une action.
   (a) Soit $(H_t^0, H_t)_{0\leq t\leq T}$ une stratégie auto-financée, de valeur V_t à la date t. Montrer que si (V_t/S_t^0) est une martingale sous $\mathbb{P}^*$ avec, de plus, $V_T = (S_T - K)_+$, alors

$$\forall t \in [0,T], \quad V_t = F(t, S_t),$$

   où F est la fonction définie par

$$F(t,x) = \mathbb{E}^*\left(xe^{\int_t^T \sigma(s)dW_s - \frac{1}{2}\int_t^T \sigma^2(s)ds} - Ke^{-\int_t^T r(s)ds}\right)_+$$

   et (W_t) est un mouvement brownien standard sous $\mathbb{P}^*$.
   (b) Expliciter la fonction F et faire le lien avec la formule de Black-Scholes.
   (c) Construire une stratégie de couverture du call (expliciter H_t^0 et H_t et vérifier la condition d'auto-financement).

Problème 2 : Modèle de Garman-Kohlhagen

Le modèle de Garman-Kohlhagen (1983) est le modèle le plus couramment utilisé pour l'évaluation et la couverture des options de change. Il est directement inspiré du modèle de Black-Scholes. Pour fixer les idées, nous nous intéresserons à des options 'dollar contre euro'. Par exemple, un *call* européen sur un dollar, d'échéance T au cours d'exercice K, est le droit d'acheter, à la date T, un dollar pour un prix K en euros.

Nous noterons S_t le cours du dollar à l'instant t, c'est-à-dire le nombre d'euros nécessaire à l'achat d'un dollar. L'évolution de S_t au cours du temps est modélisée par l'équation différentielle stochastique

$$\frac{dS_t}{S_t} = \mu dt + \sigma dW_t,$$

où $(W_t)_{t\in[0,T]}$ est un mouvement brownien standard sur l'espace $(\Omega, \mathcal{F}, \mathbb{P})$, et μ et σ des nombres réels, avec $\sigma > 0$. On notera $(\mathcal{F}_t)_{t\in[0,T]}$ la filtration naturelle de $(W_t)_{t\in[0,T]}$ et on considèrera que $\mathcal{F}_t$ représente l'ensemble des informations disponibles à la date t.

I

1. Expliciter S_t en fonction de S_0, t et W_t. Calculer l'espérance de S_t.
2. Montrer que si $\mu > 0$, le processus $(S_t)_{t\in[0,T]}$ est une sous-martingale.
3. Soit $U_t = 1/S_t$ le taux de conversion de l'euro en dollar. Montrer que U_t vérifie l'équation différentielle stochastique
$$\frac{dU_t}{U_t} = (\sigma^2 - \mu)dt - \sigma dW_t.$$
En déduire que si $0 < \mu < \sigma^2$, les processus $(S_t)_{t\in[0,T]}$ et $(U_t)_{t\in[0,T]}$ sont, l'un et l'autre des sous-martingales. En quoi cela peut-il sembler paradoxal ?

II

On se propose d'évaluer et de couvrir un call européen sur un dollar, d'échéance T et de cours d'exercice K, par une démarche analogue à celle du modèle de Black-Scholes. Le vendeur de l'option, à partir de la richesse initiale que représente la prime, construit une stratégie, définissant à chaque instant t un portefeuille composé de H_t^0 euros et H_t dollars, de façon à produire, à la date T, une richesse égale (en euros) à $(S_T - K)_+$.

A une date t, la valeur en euros d'un portefeuille contenant H_t^0 euros et H_t dollars est évidemment
$$V_t = H_t^0 + H_t S_t. \tag{4.16}$$
On suppose que les euros sont placés ou empruntés au taux r_0 (taux *domestique*) et les dollars au taux r_1 (taux *étranger*). Une stratégie auto-financée est alors définie par un processus adapté $(H_t^0, H_t)_{t\in[0,T]}$, tel que
$$dV_t = r_0 H_t^0 dt + r_1 H_t S_t dt + H_t dS_t, \tag{4.17}$$
où V_t est définie par l'équation (4.16).

1. Quelles conditions d'intégrabilité doit-on imposer aux processus (H_t^0) et (H_t) pour que l'égalité (4.17) ait un sens ?
2. Soit $\tilde{V}_t = e^{-r_0 t} V_t$ la valeur actualisée du portefeuille auto-financé (H_t^0, H_t). Démontrer l'égalité
$$d\tilde{V}_t = H_t e^{-r_0 t} S_t(\mu + r_1 - r_0)dt + H_t e^{-r_0 t} S_t \sigma dW_t.$$
3. (a) Montrer qu'il existe une probabilité $\tilde{\mathbb{P}}$, équivalente à $\mathbb{P}$, sous laquelle le processus
$$\tilde{W}_t = \frac{\mu + r_1 - r_0}{\sigma} t + W_t$$
est un mouvement brownien standard.

(b) On dira d'une stratégie auto-financée qu'elle est *admissible* si sa valeur actualisée $\tilde{V}_t$ est positive pour tout t et si $\sup_{t\in[0,T]}(\tilde{V}_t)$ est de carré intégrable sous $\tilde{\mathbb{P}}$. Montrer que la valeur actualisée d'une stratégie admissible est une martingale sous $\tilde{\mathbb{P}}$.

4. Montrer que si une stratégie admissible simule le call, c'est-à-dire a pour valeur à l'instant T, $V_T = (S_T - K)_+$, alors, pour tout $t \leq T$, la valeur de la stratégie à l'instant t est donnée par

$$V_t = F(t, S_t),$$

où

$$F(t,x) = \tilde{\mathbb{E}}\left(xe^{-\left(r_1+\frac{\sigma^2}{2}\right)(T-t)+\sigma(\tilde{W}_T-\tilde{W}_t)} - Ke^{-r_0(T-t)}\right)_+ .$$

(Le symbole $\tilde{\mathbb{E}}$ désigne l'espérance sous la probabilité $\tilde{\mathbb{P}}$.)

5. Montrer (par un calcul détaillé) que

$$F(t,x) = e^{-r_1(T-t)}xN(d_1) - Ke^{-r_0(T-t)}N(d_2),$$

où N est la fonction de répartition de la loi normale centrée réduite, et

$$d_1 = \frac{\log(x/K) + (r_0 - r_1 + (\sigma^2/2))(T-t)}{\sigma\sqrt{T-t}}, \quad d_2 = d_1 - \sigma\sqrt{T-t}.$$

6. On demande maintenant de montrer que l'option est effectivement simulable.

(a) On pose $\tilde{S}_t = e^{(r_1-r_0)t}S_t$. Montrer l'égalité

$$d\tilde{S}_t = \sigma\tilde{S}_t d\tilde{W}_t.$$

(b) Soit $\tilde{F}$ la fonction définie par $\tilde{F}(t,x) = e^{-r_0 t}F(t, xe^{(r_0-r_1)t})$ (F désignant la fonction définie dans la Question 4). Soit $C_t = F(t, S_t)$ et $\tilde{C}_t = e^{-r_0 t}C_t = \tilde{F}(t, \tilde{S}_t)$. Montrer l'égalité

$$d\tilde{C}_t = \frac{\partial F}{\partial x}(t, S_t)\sigma e^{-r_0 t}S_t d\tilde{W}_t.$$

(c) En déduire que le call est simulable et expliciter le portefeuille (H_t^0, H_t) simulant cette option.

7. Écrire une relation de parité call-put, analogue à celle vue en cours dans le cas des actions, et donner un exemple d'arbitrage si cette relation n'est pas vérifiée.

Problème 3 : Options d'échange

On considère un marché financier dans lequel il y a deux actifs risqués, de prix respectifs S_t^1 et S_t^2 à l'instant t, et un actif sans risque de prix $S_t^0 = e^{rt}$ à l'instant

t. L'évolution des prix S_t^1 et S_t^2 au cours du temps est modélisée par les équations différentielles stochastiques

$$\begin{cases} dS_t^1 &= S_t^1(\mu_1 dt + \sigma_1 B_t^1) \\ dS_t^2 &= S_t^2(\mu_2 dt + \sigma_2 dB_t^2), \end{cases}$$

où $(B_t^1)_{t\in[0,T]}$ et $(B_t^2)_{t\in[0,T]}$ sont deux mouvements browniens standards indépendants, définis sur un espace de probabilité $(\Omega, \mathcal{F}, \mathbb{P})$, μ_1, μ_2, σ_1 et σ_2 sont des constantes réelles, avec $\sigma_1 > 0$ et $\sigma_2 > 0$. On note $\mathcal{F}_t$ la tribu engendrée par les variables aléatoires B_s^1 et B_s^2 pour $s \leq t$. Les processus $(B_t^1)_{t\in[0,T]}$ et $(B_t^2)_{t\in[0,T]}$ sont alors des $(\mathcal{F}_t)$-mouvements browniens et, pour $t \geq s$, le vecteur $(B_t^1 - B_s^1, B_t^2 - B_s^2)$ est indépendant de $\mathcal{F}_s$.

Nous allons étudier l'évaluation et la couverture d'une option donnant le droit d'échanger, à la date T, un des actifs risqués contre l'autre.

I

1. On pose $\theta_1 = (\mu_1 - r)/\sigma_1$ et $\theta_2 = (\mu_2 - r)/\sigma_2$. Montrer que le processus défini par
$$M_t = \exp\left(-\theta_1 B_t^1 - \theta_2 B_t^2 - \frac{1}{2}\left(\theta_1^2 + \theta_2^2\right) t\right)$$
est une martingale par rapport à la filtration $(\mathcal{F}_t)_{t\in[0,T]}$.

2. Soit $\tilde{\mathbb{P}}$ la probabilité de densité M_T par rapport à $\mathbb{P}$. On introduit les processus W^1 et W^2 définis par $W_t^1 = B_t^1 + \theta_1 t$ et $W_t^2 = B_t^2 + \theta_2 t$. Calculer, sous la probabilité $\tilde{\mathbb{P}}$, la fonction caractéristique du couple (W_t^1, W_t^2). En déduire que, pour tout $t \in [0, T]$, les variables aléatoires W_t^1 et W_t^2 sont, sous $\tilde{\mathbb{P}}$, des gaussiennes indépendantes centrées de variance t.

   Pour la suite, on pourra admettre que, sous la probabilité $\tilde{\mathbb{P}}$, les processus $(W_t^1)_{0\leq t\leq T}$ et $(W_t^2)_{0\leq t\leq T}$ sont des $(\mathcal{F}_t)$-mouvements browniens standards indépendants et que, pour $t \geq s$, le vecteur $(W_t^1 - W_s^1, W_t^2 - W_s^2)$ est indépendant de $\mathcal{F}_s$.

3. Exprimer $\tilde{S}_t^1$ et $\tilde{S}_t^2$ en fonction de S_0^1, S_0^2, W_t^1 et W_t^2, et montrer que, sous $\tilde{\mathbb{P}}$, les prix actualisés $\tilde{S}_t^1 = e^{-rt}S_t^1$, et $\tilde{S}_t^2$, sont des martingales.

II

On se propose d'évaluer et de couvrir une option européenne d'échéance T, donnant à son détenteur le droit d'échanger une unité de l'actif 2 contre une unité de l'actif 1. Pour cela, on utilise la même démarche que dans le modèle de Black-Scholes. Le vendeur de l'option, à partir de la richesse initiale que constitue la prime, construit une stratégie définissant à chaque instant t un portefeuille composé de H_t^0 unités de l'actif sans risque et H_t^1 et H_t^2 unités des actifs 1 et 2, respectivement, de façon à produire, à la date T, une richesse égale à $(S_T^1 - S_T^2)_+$. Une stratégie de gestion est donc définie par les trois processus H^0, H^1 et H^2.

1. Définir de façon précise les stratégies auto-financées et montrer que, si $\tilde{V}_t = e^{-rt}V_t$ est la valeur actualisée d'une stratégie auto-financée, on a
$$d\tilde{V}_t = H_t^1 e^{-rt} S_t^1 \sigma_1 dW_t^1 + H_t^2 e^{-rt} S_t^2 \sigma_2 dW_t^2.$$
2. Montrer que si les processus $(H_t^1)_{0\leq t\leq T}$ et $(H_t^2)_{0\leq t\leq T}$ d'une stratégie auto-financée sont uniformément bornés (ce qui signifie qu'il existe $C > 0$, tel que, pour tout $(t,\omega) \in [0,T] \times \Omega$, $|H_t^1(\omega)| \leq C$, pour $i = 1,2$), alors la valeur actualisée de la stratégie est une martingale sous $\tilde{\mathbb{P}}$.
3. Montrer que si une stratégie auto-financée vérifie les hypothèses de la question précédente et a pour valeur terminale $V_T = (S_T^1 - S_T^2)_+$, sa valeur à tout instant $t < T$ est donnée par
$$V_t = F(t, S_t^1, S_t^2), \tag{4.18}$$
où la fonction F est définie par
$$F(t,x_1,x_2) = \tilde{\mathbb{E}}\left(x_1 e^{\sigma_1(W_T^1 - W_t^1) - \frac{\sigma_1^2}{2}(T-t)} - x_2 e^{\sigma_2(W_T^2 - W_t^2) - \frac{\sigma_2^2}{2}(T-t)}\right)_+, \tag{4.19}$$
le symbole $\tilde{\mathbb{E}}$ désignant l'espérance sous $\tilde{\mathbb{P}}$. L'existence d'une stratégie auto-financée ayant cette valeur sera montrée plus tard. On considèrera dans la suite que la valeur de l'option $(S_T^1 - S_T^2)_+$ à la date t est donnée par $F(t, S_t^1, S_t^2)$.
4. Montrer une relation de parité entre la valeur de l'option $(S_T^1 - S_T^2)_+$ et celle de l'option symétrique $(S_T^2 - S_T^1)_+$, analogue à la relation de parité call-put, et donner un exemple d'arbitrage possible, si cette relation n'est pas vérifiée.

III

Le but de cette partie est d'expliciter la fonction F définie par (4.19) et de construire une stratégie simulant l'option.

1. Soit g_1 et g_2 deux gaussiennes centrées réduites indépendantes et soit λ un nombre réel.
   (a) Montrer que, sous la probabilité $\mathbb{P}^{(\lambda)}$, de densité par rapport à $\mathbb{P}$ donnée par
   $$\frac{d\mathbb{P}^{(\lambda)}}{d\mathbb{P}} = e^{\lambda g_1 - \lambda^2/2},$$
   les variables aléatoires $g_1 - \lambda$ et g_2 sont des gaussiennes centrées réduites indépendantes.
   (b) En déduire que, pour tous réels y_1, y_2, λ_1 et λ_2, on a
   $$\begin{aligned}\mathbb{E}\left(e^{y_1+\lambda_1 g_1} - e^{y_2+\lambda_2 g_2}\right)_+ &= e^{y_1+\lambda_1^2/2} N\left(\frac{y_1 - y_2 + \lambda_1^2}{\sqrt{\lambda_1^2+\lambda_2^2}}\right) \\ &\quad - e^{y_2+\lambda_2^2/2} N\left(\frac{y_1 - y_2 - \lambda_2^2}{\sqrt{\lambda_1^2+\lambda_2^2}}\right),\end{aligned}$$
   où N est la fonction de répartition de la loi normale centrée réduite.

2. Déduire de la question précédente une expression de F à l'aide de la fonction N.
3. On pose $\tilde{C}_t = e^{-rt}F(t, S_t^1, S_t^2)$. En remarquant que

$$\tilde{C}_t = F(t, \tilde{S}_t^1, \tilde{S}_t^2) = \tilde{\mathbb{E}}\left(e^{-rT}(S_T^1 - S_T^2)_+ | \mathcal{F}_t\right),$$

montrer l'égalité

$$d\tilde{C}_t = \frac{\partial F}{\partial x_1}(t, \tilde{S}_t^1, \tilde{S}_t^2)\sigma_1 e^{-rt} S_t^1 dW_t^1 + \frac{\partial F}{\partial x_2}(t, \tilde{S}_t^1, \tilde{S}_t^2)\sigma_2 e^{-rt} S_t^2 dW_t^2.$$

On pourra utiliser le fait que si (X_t) est un processus d'Itô de la forme $X_t = X_0 + \int_0^t J_s^1 dW_s^1 + \int_0^t J_s^2 dW_s^2 + \int_0^t K_s ds$, et est une martingale sous $\tilde{\mathbb{P}}$, alors $K_t = 0$, $dtd\tilde{\mathbb{P}}$ presque partout.
4. Construire une stratégie de couverture de l'option d'échange.

Problème 4 : Étude de stratégies avec consommation

On considère un marché financier dans lequel il y a un actif sans risque, de prix $S_t^0 = e^{rt}$ à l'instant t (avec $r \geq 0$) et un actif risqué, de prix S_t à l'instant t. Le modèle est étudié sur l'intervalle de temps $[0, T]$ (avec $0 \leq T < \infty$). Dans ce qui suit, $(S_t)_{0 \leq t \leq T}$ est un processus stochastique défini sur un espace de probabilité $(\Omega, \mathcal{F}, \mathbb{P})$, muni d'une filtration $(\mathcal{F}_t)_{0 \leq t \leq T}$. On suppose que $(\mathcal{F}_t)_{0 \leq t \leq T}$ est la filtration naturelle d'un mouvement brownien standard $(B_t)_{0 \leq t \leq T}$ et que le processus $(S_t)_{0 \leq t \leq T}$ est adapté à cette filtration.

Nous allons étudier des stratégies dans lesquelles la consommation est autorisée. L'évolution de $(S_t)_{0 \leq t \leq T}$ est régie par le modèle de Black-Scholes

$$dS_t = S_t(\mu dt + \sigma dB_t),$$

avec $\mu \in \mathbb{R}$ et $\sigma > 0$. On note $\mathbb{P}^*$ la probabilité de densité $\exp(-\theta B_T - \theta^2 T/2)$ par rapport à $\mathbb{P}$, avec $\theta = (\mu - r)/\sigma$. Sous $\mathbb{P}^*$, le processus $(W_t)_{0 \leq t \leq T}$, défini par $W_t = (\mu - r)t/\sigma + B_t$, est un mouvement brownien standard.

Une stratégie de consommation est définie par trois processus stochastiques $(H_t^0)_{0 \leq t \leq T}$, $(H_t)_{0 \leq t \leq T}$ et $(c(t))_{0 \leq t \leq T}$. Les nombres H_t^0 et H_t représentent les quantités d'actif sans risque et d'actif risqué détenues à l'instant t et $c(t)$ représente le taux de consommation à l'instant t. On dit qu'une telle stratégie est *admissible* si les conditions suivantes sont réalisées.

(i) Les processus $(H_t^0)_{0 \leq t \leq T}$, $(H_t)_{0 \leq t \leq T}$ et $(c(t))_{0 \leq t \leq T}$ sont adaptés et vérifient

$$\int_0^T (|H_t^0| + H_t^2 + |c(t)|)dt < \infty, \quad \text{p.s.}$$

(ii) Pour tout $t \in [0, T]$,

$$\begin{aligned} H_t^0 S_t^0 + H_t S_t &= H_0^0 S_0^0 + H_0 S_0 + \int_0^t H_u^0 dS_u^0 \\ &\quad + \int_0^t H_u dS_u - \int_0^t c(u)du, \quad \text{p.s.} \end{aligned}$$

(iii) Pour tout $t \in [0,T]$, $c(t) \geq 0$ p.s.

(iv) Pour $t \in [0,T]$, la variable aléatoire $H_t^0 S_t^0 + H_t S_t$ est positive et

$$\sup_{t\in[0,T]} \left(H_t^0 S_t^0 + H_t S_t + \int_0^t c(s)ds \right)$$

est de carré intégrable sous la probabilité $\mathbb{P}^*$.

1. Soit $(H_t^0)_{0\leq t\leq T}$, $(H_t)_{0\leq t\leq T}$ et $(c(t))_{0\leq t\leq T}$ trois processus adaptés vérifiant la condition (i) ci-dessus. On pose $V_t = H_t^0 S_t^0 + H_t S_t$ et $\tilde{V}_t = e^{-rt} V_t$. Montrer qu'alors la condition (ii) est vérifiée si et seulement si on a, pour tout $t \in [0,T]$,

$$\tilde{V}_t = V_0 + \int_0^t H_u d\tilde{S}_u - \int_0^t \tilde{c}(u)du, \quad \text{p.s.},$$

avec $\tilde{S}_u = e^{-ru} S_u$ et $\tilde{c}(u) = e^{-ru} c(u)$.

2. On suppose que les conditions (i) à (iv) sont vérifiées et on note encore $\tilde{V}_t = e^{-rt} V_t = e^{-rt}\left(H_t^0 S_t^0 + H_t S_t\right)$. Montrer que le processus $(\tilde{V}_t)_{0\leq t\leq T}$ est une sur-martingale sous la probabilité $\mathbb{P}^*$.

3. Soit $(c(t))_{0\leq t\leq T}$ un processus adapté, à valeurs positives tel que $\mathbb{E}^*\left(\int_0^T c(t)dt\right)^2 < \infty$ et soit $x > 0$. On dit que $(c(t))_{0\leq t\leq T}$ est un processus de consommation *finançable* à partir de la richesse initiale x s'il existe des processus $\left(H_t^0\right)_{0\leq t\leq T}$ et $(H_t)_{0\leq t\leq T}$ tels que les conditions (i) à (iv) soient vérifiées avec, de plus, $V_0 = H_0^0 S_0^0 + H_0 S_0 = x$.

   (a) Montrer que si le processus $(c(t))_{0\leq t\leq T}$ est finançable à partir de la richesse initiale x, alors $\mathbb{E}^*\left(\int_0^T e^{-rt} c(t)dt\right) \leq x$.

   (b) Soit $(c(t))_{0\leq t\leq T}$ un processus adapté, positif, tel que

   $$\mathbb{E}^*\left(\int_0^T c(t)dt\right)^2 < \infty \quad \text{and} \quad \mathbb{E}^*\left(\int_0^T e^{-rt} c(t)dt\right) \leq x.$$

   Montrer que $(c(t))_{0\leq t\leq T}$ est un processus de consommation finançable à partir de la richesse initiale x. On introduira la martingale $(M(t))_{0\leq t\leq T}$ définie par $M_t = \mathbb{E}^*\left(x + \int_0^T e^{-rs} c(s)ds \mid \mathcal{F}_t\right)$ et on lui appliquera le Théorème de Représentation des Martingales.)

   (c) Un investisseur disposant d'une richesse initiale x souhaite consommer une richesse correspondant à la vente de ρ actifs risqués par unité de temps tant que S_t dépasse un certain niveau K (ce qui correspond à $c(t) = \rho S_t \mathbf{1}_{\{S_t > K\}}$). A quelle condition sur ρ et x cette consommation est-elle finançable ?

Problème 5 : Monotonie des prix d'options par rapport à la volatilité

Dans ce problème, on considère un marché financier avec un actif sans risque (de prix $S_t^0 = e^{rt}$ à l'instant t) et un actif risqué, de prix S_t à l'instant t. On suppose que le processus $(S_t)_{0\leq t\leq T}$ est solution d'une équation différentielle stochastique de la forme

$$dS_t = S_t(\mu dt + \sigma(t)dB_t), \tag{4.20}$$

où $\mu \in \mathbb{R}$ et $(\sigma(t))_{0\leq t\leq T}$ est un processus adapté à la filtration naturelle de $(B_t)_{0\leq t\leq T}$, vérifiant

$$\forall t \in [0,T], \quad \sigma_1 \leq \sigma(t) \leq \sigma_2,$$

pour des constantes σ_1 et σ_2 telles que $0 < \sigma_1 < \sigma_2$. On considère un call européen d'échéance T et de prix d'exercice K sur une unité d'actif risqué. On sait (cf. Chapitre 5) que si le processus $(\sigma(t))_{0\leq t\leq T}$ est constant (avec $\sigma(t) = \sigma$ pour tout t), le prix du call à l'instant t est $C(t, S_t)$, où la fonction $C(t,x)$ vérifie

$$\begin{cases} \dfrac{\partial C}{\partial t}(t,x) + \dfrac{\sigma^2 x^2}{2}\dfrac{\partial^2 C}{\partial x^2}(t,x) + rx\dfrac{\partial C}{\partial x}(t,x) - rC(t,x) = 0, & t \in [0,T), x > 0 \\ C(T,x) = (x-K)_+. \end{cases}$$

On note C_i la fonction C correspondant au cas $\sigma = \sigma_i$ ($i = 1,2$). Nous allons montrer que le prix du call à l'instant 0 dans le modèle à volatilité stochastique ci-dessus est compris entre $C_1(0,S_0)$ et $C_2(0,S_0)$.

On rappelle que si $(\theta_t)_{0\leq t\leq T}$ est un processus adapté borné, le processus $(L_t)_{0\leq t\leq T}$ défini par $L_t = \exp\left(\int_0^t \theta_s dB_s - \frac{1}{2}\int_0^t \theta_s^2 ds\right)$ est une martingale.

1. Montrer (en utilisant les formules de prix sous forme d'espérances) que les fonctions $x \mapsto C_i(t,x)$ ($i = 1,2$) sont convexes.
2. Montrer que la solution de l'équation (4.20) est donnée par
$$S_t = S_0 \exp\left(\mu t + \int_0^t \sigma(s)dB_s - \frac{1}{2}\int_0^t \sigma^2(s)ds\right).$$
3. Déterminer une probabilité $\mathbb{P}^*$ équivalente à $\mathbb{P}$, sous laquelle le processus défini par $W_t = B_t + \int_0^t (\mu - r)/\sigma(s)ds$ soit un mouvement brownien standard.
4. Expliquer pourquoi le prix du call à l'instant 0 est donné par
$$C_0 = \mathbb{E}^*\left(e^{-rT}(S_T - K)_+\right).$$
5. On pose $\tilde{S}_t = e^{-rt}S_t$. Montrer que $\mathbb{E}^*\left(\tilde{S}_t^2\right) \leq S_0^2 e^{\sigma_2^2 t}$.
6. Montrer que le processus défini par
$$M_t = \int_0^t e^{-ru}\frac{\partial C_1}{\partial x}(u, S_u)\sigma(u)S_u dW_u$$
est une martingale sous la probabilité $\mathbb{P}^*$.
7. En utilisant la formule d' Itô et les Questions 1 et 6, montrer que $(e^{-rt}C_1(t,S_t))$ est une sous-martingale sous la probabilité $\mathbb{P}^*$. En déduire que $C_1(0,S_0) \leq C_0$.
8. Démontrer l'inégalité $C_0 \leq C_2(0,S_0)$.

Problème 6 : Formule de Dupire

On considère un modèle à volatilité locale, dans lequel le prix de l'actif risqué S_t vérifie l'équation

$$dS_t = \mu(t)S_t dt + \sigma(t, S_t)S_t dB_t, \tag{4.21}$$

où $B = (B_t)_{t\geq 0}$ est un mouvement brownien standard, défini sur $(\Omega, \mathcal{A}, \mathbb{P})$, $\mu : \mathbb{R}^+ \to \mathbb{R}$ est une fonction continue (déterministe) et $\sigma : \mathbb{R}^+ \times \mathbb{R} \to \mathbb{R}$ est une fonction continue telle que

$$\forall t \geq 0, \quad \forall (x, y) \in \mathbb{R}^2, \quad |x\sigma(t, x) - y\sigma(t, y)| \leq M|x - y|$$

et

$$\forall (t, x) \in \mathbb{R}_+ \times \mathbb{R}, \quad \sigma(t, x) \geq m,$$

où m et M sont des constantes positives. Pour simplifier, on suppose que le taux d'intérêt est nul. On note $\mathbf{F} = (\mathcal{F}_t)_{t\geq 0}$ la filtration naturelle de $(B_t)_{t\geq 0}$.

1. Montrer que pour tout $x \in \mathbb{R}$, l'équation (4.21) a une et une seule solution vérifiant $S_0 = x$.
2. Montrer que si S est solution de (4.21), on a, pour $t \geq 0$,

$$S_t = S_0 \exp\left(\int_0^t \mu(s)ds + \int_0^t \sigma(u, S_u)dB_u - \frac{1}{2}\int_0^t \sigma^2(u, S_u)du\right).$$

3. Dans tout le problème, on suppose que S est solution de (4.21) et que le prix initial S_0 est un nombre réel strictement positif (déterministe). Montrer que la filtration naturelle du processus $(S_t)_{t\geq 0}$ est égale à $\mathbf{F}$. (Indication : écrire B_t sous forme d'un intégrale stochastique par rapport au processus $(S_t)_{t\geq 0}$.)
4. Soit L la martingale définie par $L_t = \exp\left(-\int_0^t \theta_u dB_u - \frac{1}{2}\int_0^t \theta_u^2 du\right)$, avec $\theta_t = \mu(t)/\sigma(t, S_t)$. On fixe l'horizon $\bar{T}$ du modèle ($0 < \bar{T} < +\infty$) et on note $\mathbb{P}^*$ la probabilité donnée par $\frac{d\mathbb{P}^*}{d\mathbb{P}} = L_{\bar{T}}$. Pour $T \in [0, \bar{T}]$, on désigne par $C(T, K)$ le prix d'un call d'échéance T et de prix d'exercice K.
   (a) Montrer que, pour $(t, x) \in \mathbb{R}^+ \times \mathbb{R}$, $\sigma(t, x) \leq M$. En déduire que, pour $0 \leq t \leq \bar{T}$ et $p \geq 1$, $\mathbb{E}^*(S_t^p) \leq S_0^p \exp\left(\frac{p^2-p}{2}M^2 t\right)$.
   (b) Justifier brièvement l'égalité $C(T, K) = \mathbb{E}^*(S_T - K)_+$, pour $T \in [0, \bar{T}]$.
   (c) En utilisant le fait que S est une martingale sous $\mathbb{P}^*$, montrer que, pour $K \geq 0$, la fonction $T \mapsto C(T, K)$ est croissante sur $[0, \bar{T}]$. Montrer que la fonction $(T, K) \mapsto C(T, K)$ est continue sur $[0, \bar{T}] \times \mathbb{R}^+$.
   (d) Montrer que

$$\mathbb{E}^*\left[(S_T - K)_+\right]^2 = 2\int_K^{+\infty} C(T, y)dy.$$

5. On pose $f_0(x) = (x_+)^2$ et, pour $\varepsilon > 0$,

$$f_\varepsilon(x) = \begin{cases} 0 & \text{if } x < 0 \\ \frac{x^3}{3\varepsilon} & \text{if } x \in [0, \varepsilon] \\ x^2 - \varepsilon x + \frac{\varepsilon^2}{3} & \text{if } x > \varepsilon. \end{cases}$$

   (a) Montrer que, pour $\varepsilon > 0$, f_ε est de classe C^2, que $\lim_{\varepsilon \to 0} f_\varepsilon(x) = f_0(x)$ pour tout $x \in \mathbb{R}$, et que

$$\forall x \geq 0, \quad 0 \leq f_\varepsilon(x) \leq f_0(x), \quad 0 \leq f_\varepsilon'(x) \leq 2x, \quad 0 \leq f_\varepsilon''(x) \leq 2.$$

   (b) Montrer que, pour $K \geq 0$ et $T \in [0, \bar{T}]$,

$$\begin{aligned} \mathbb{E}^* f_\varepsilon(S_T - K) &= f_\varepsilon(S_0 - K) \\ &\quad + \frac{1}{2} \mathbb{E}^* \left(\int_0^T f_\varepsilon''(S_u - K) S_u^2 \sigma^2(u, S_u) du \right). \end{aligned}$$

6. On suppose que, pour chaque $t \in]0, \bar{T}]$, la variable aléatoire S_t a, sous la probabilité $\mathbb{P}^*$, une densité $p(t, \cdot)$, avec $(t, x) \mapsto p(t, x)$ continue sur $]0, \bar{T}] \times \mathbb{R}^+$.

   (a) Montrer que, pour $0 < T \leq \bar{T}$ et $K > 0$, $p(T, K) = \dfrac{\partial^2 C}{\partial K^2}(T, K)$.

   (b) Montrer, en utilisant la Question 5, que

$$\begin{aligned} \mathbb{E}^* \left[(S_T - K)_+ \right]^2 &= (S_0 - K)_+^2 \\ &\quad + \int_0^T \left(\int_K^{+\infty} y^2 \sigma^2(u, y) p(u, y) dy \right) du. \end{aligned}$$

   (c) Déduire de ce qui précède, que pour $0 < T \leq \bar{T}$ et $K > 0$, on a

$$\frac{\partial C}{\partial T}(T, K) = \frac{K^2 \sigma^2(T, K)}{2} \frac{\partial^2 C}{\partial K^2}(T, K).$$

Problème 7 : Option sur option

On considère un marché financier avec un actif sans risque, de prix $S_t^0 = e^{rt}$ à l'instant t (avec $r \geq 0$), et un actif risqué, de prix S_t à l'instant t. Le modèle est étudié sur l'intervalle de temps $[0, T]$ $(0 \leq T < \infty)$. Soit $(S_t)_{0 \leq t \leq T}$ un processus stochastique défini sur un espace de probabilité $(\Omega, \mathcal{F}, \mathbb{P})$, muni d'une filtration $(\mathcal{F}_t)_{0 \leq t \leq T}$. On suppose que $(\mathcal{F}_t)_{0 \leq t \leq T}$ est la filtration naturelle d'un mouvement brownien standard $(B_t)_{0 \leq t \leq T}$ et que l'évolution de $(S_t)_{0 \leq t \leq T}$ est régie par le modèle de Black-Scholes

$$dS_t = S_t(\mu dt + \sigma dB_t),$$

avec $\mu \in \mathbb{R}$ et $\sigma > 0$.

On se propose d'étudier un exemple d'option sur option. On considère une option d'achat d'échéance $T_1 \in (0, T)$ et de prix d'exercice K_1 sur un call d'échéance T et de prix d'exercice K. La valeur de cette option à l'instant T_1 est donc

$$h = (C(T_1, S_{T_1}) - K_1)_+,$$

où $C(t, x)$ est le prix du call sous-jacent, donné par la formule de Black-Scholes.

1. (a) Dessiner le graphe de la fonction $x \mapsto C(T_1, x)$. Montrer que la droite d'équation $y = x - Ke^{-r(T-T_1)}$ est une asymptote (on pourra utiliser la formule de parité call-put).
   (b) Montrer que l'équation $C(T_1, x) = K_1$ admet une unique solution x_1.
2. Montrer que la valeur à un instant $t < T_1$, de l'option définie par h est donnée par $G(T_1 - t, S_t)$, la fonction G étant définie par

$$G(\theta, x) = \mathbb{E}\left[e^{-r\theta}\left(C\left(T_1, xe^{\left(r-\frac{\sigma^2}{2}\right)\theta+\sigma\sqrt{\theta}g}\right) - K_1\right)^+\right],$$

   où g est une gaussienne centrée réduite.
3. (a) Montrer que la fonction $x \mapsto G(\theta, x)$ est croissante, convexe.
   (b) On cherche maintenant à expliciter G. On note N la fonction de répartition de la loi normale centrée réduite et $\mu = r - (\sigma^2/2)$. Montrer l'égalité

$$G(\theta, x) = \mathbb{E}\left[e^{-r\theta}C\left(T_1, xe^{\mu\theta+\sigma\sqrt{\theta}g}\right)\mathbf{1}_{\{g > -d\}}\right] - K_1e^{-r\theta}N(d),$$

   où

$$d = \frac{\log(x/x_1) + (r - \sigma^2/2)\theta}{\sigma\sqrt{\theta}}.$$

   (c) Montrer que si g_1 est une gaussienne centrée réduite indépendante de g, on a, en posant $\theta_1 = T - T_1$,

$$G(\theta, x) + K_1e^{-r\theta}N(d) = \mathbb{E}\left[\left(xe^{\sigma(\sqrt{\theta}g+\sqrt{\theta_1}g_1)-\frac{\sigma^2}{2}\bar{\theta}} - Ke^{-r\bar{\theta}}\right)\mathbf{1}_A\right],$$

   où $\bar{\theta} = \theta + \theta_1$ et l'événement A est défini par

$$A = \left\{\sigma(\sqrt{\theta}g + \sqrt{\theta_1}g_1) > -\left(\log(x/K_1) + \mu\bar{\theta}\right) \text{ et } g > -d\right\}.$$

   (d) Déduire de ce qui précède une expression de $G(\theta, x)$ à l'aide de N et de la fonction de répartition N_2 de la loi normale bi-dimensionnelle, définie par

$$N_2(y, y_1, \rho) = \mathbb{P}(g < y, g + \rho g_1 < y_1), \quad \text{pour } y, y_1, \rho \in \mathbb{R}.$$

4. Montrer que l'on peut couvrir parfaitement l'option sur option étudiée à l'aide d'un portefeuille ne contenant que des actifs sans risque et des calls sur l'actif risqué sous-jacent.

Problème 8 : Comportement du prix critique près de l'échéance

On considère un put américain d'échéance T et de prix d'exercice K sur une unité d'actif risqué de prix S_t à l'instant t. Dans le modèle de Black-Scholes, le prix à un instant $t < T$ de cette option est égal à $P(t, S_t)$, la fonction P étant définie par

$$P(t, x) = \sup_{\tau\in\mathcal{T}_{0,T-t}} \mathbb{E}^*\left(Ke^{-r\tau} - xe^{\sigma W_\tau - \frac{\sigma^2}{2}\tau}\right)_+,$$

où $\mathcal{T}_{0,T-t}$ est l'ensemble des temps d'arrêt à valeurs dans $[0, T-t]$ et $(W_t)_{0 \leq t \leq T}$ est, sous $\mathbb{P}^*$, un mouvement brownien standard. On suppose aussi $r > 0$. Pour $t \in [0, T[$, on note $s(t)$ le prix critique à l'instant t, défini par

$$s(t) = \inf\{x > 0 \mid P(t, x) > K - x\}.$$

On peut montrer que $\lim_{t \to T} s(t) = K$.

Le but de ce problème est de préciser ce résultat et de prouver que $\lim_{t \to T} \frac{K - s(t)}{\sqrt{T - t}} = +\infty$.

1. Soit P_e la fonction donnant le prix du put *européen* d'échéance T et de prix d'exercice K :

$$P_e(t, x) = \mathbb{E}\left(e^{-r(T-t)}K - xe^{\sigma\sqrt{T-t}g - \frac{\sigma^2}{2}(T-t)}\right)_+,$$

   où g est une gaussienne centrée réduite. Montrer que, si $t \in [0, T[$, l'équation $P_e(t, x) = K - x$ a une unique solution dans $]0, K[$. On note $s_e(t)$ cette solution.

2. Montrer que $s(t) \leq s_e(t)$, pour tout $t \in [0, T]$.
3. Montrer que :

$$\liminf_{t \to T} \frac{K - s_e(t)}{\sqrt{T - t}} \geq \mathbb{E}\left(\liminf_{t \to T} \frac{K - s_e(t)}{\sqrt{T - t}} - \sigma K g\right)_+.$$

   On utilisera le lemme de Fatou : pour toute suite $(X_n)_{n \in \mathbb{N}}$ de variables aléatoires positives, $\mathbb{E}(\liminf_{n \to \infty} X_n) \leq \liminf_{n \to \infty} \mathbb{E}(X_n)$.

4. (a) Montrer que, pour tout nombre réel η,

$$\mathbb{E}(\eta - K\sigma g)_+ > \eta.$$

   (b) En déduire que

$$\lim_{t \to T} \frac{K - s_e(t)}{\sqrt{T - t}} = \lim_{t \to T} \frac{K - s(t)}{\sqrt{T - t}} = +\infty.$$

Problème 9 : Option sur moyenne

On considère un marché financier dans lequel il y a un actif sans risque, de prix $S_t^0 = e^{rt}$ à l'instant t (avec $r \geq 0$) et un actif risqué, de prix S_t à l'instant t. Le modèle est étudié sur l'intervalle de temps $[0, T]$ $(0 \leq T < \infty)$. Le processus stochastique $(S_t)_{0 \leq t \leq T}$ est défini sur un espace de probabilité $(\Omega, \mathcal{F}, \mathbb{P})$, muni d'une filtration $(\mathcal{F}_t)_{0 \leq t \leq T}$. On suppose que $(\mathcal{F}_t)_{0 \leq t \leq T}$ est la filtration naturelle d'un mouvement brownien standard $(B_t)_{0 \leq t \leq T}$ et que l'évolution du processus $(S_t)_{0 \leq t \leq T}$ est régie par le modèle de Black-Scholes

$$dS_t = S_t(\mu dt + \sigma dB_t),$$

avec $\mu \in \mathbb{R}$ et $\sigma > 0$. On notera $\mathbb{P}^*$ la probabilité de densité $e^{-\theta B_T - \frac{\theta^2 T}{2}}$ par rapport à $\mathbb{P}$, avec $\theta = (\mu - r)/\sigma$. Sous $\mathbb{P}^*$, le processus $(W_t)_{0 \leq t \leq T}$, défini par $W_t = \frac{\mu - r}{\sigma} t + B_t$, est un mouvement brownien standard.

Nous allons étudier une option dont la valeur à la date d'échéance T est donnée par

$$h = \left(\frac{1}{T} \int_0^T S_t dt - K \right)_+ ,$$

où K est une constante positive. Une telle option est appelée option asiatique.

I

1. Rappeler brièvement pourquoi la valeur à un instant t ($t \leq T$) de l'option asiatique ci-dessus est donnée par :

$$V_t = \mathbb{E}^* \left[e^{-r(T-t)} \left(\frac{1}{T} \int_0^T S_u du - K \right)_+ \middle| \mathcal{F}_t \right].$$

2. Montrer que sur l'événement $\left\{ \frac{1}{T} \int_0^t S_u du \geq K \right\}$, on a :

$$V_t = \frac{e^{-r(T-t)}}{T} \int_0^t S_u du + \frac{1 - e^{-r(T-t)}}{rT} S_t - K e^{-r(T-t)}.$$

3. On pose $\tilde{S}_t = e^{-rt} S_t$, pour $t \in [0, T]$.

   (a) Démontrer l'inégalité

   $$\mathbb{E}^* (\tilde{S}_t - K e^{-rT})_+ \leq \mathbb{E}^* [e^{-rT} (S_T - K)_+].$$

   (Indication : conditionner par $\mathcal{F}_t$).

   (b) En déduire que

   $$V_0 \leq \mathbb{E}^* [e^{-rT} (S_T - K)_+],$$

   i.e. la valeur de l'option asiatique est plus petite que celle d'un call européen d'échéance T et de prix d'exercice K.

   (c) Pour $t \leq u$, on note $C_{t,u}$ la valeur à l'instant t d'un call européen d'échéance u et de prix d'exercice K. Montrer l'inégalité :

   $$V_t \leq \frac{e^{-r(T-t)} t}{T} \left(\frac{1}{t} \int_0^t S_u du - K \right)_+ + \frac{1}{T} \int_t^T e^{-r(T-u)} C_{t,u} du.$$

II

On note $(\xi_t)_{0 \leq t \leq T}$ le processus défini par

$$\xi_t = \frac{1}{S_t} \left(\frac{1}{T} \int_0^t S_u du - K \right).$$

1. Montrer que $(\xi_t)_{0\leq t\leq T}$ est solution de l'équation différentielle stochastique

$$d\xi_t = \left(\frac{1}{T} + (\sigma^2 - r)\xi_t\right) dt - \sigma\xi_t dW_t.$$

2. (a) Montrer que

$$V_t = e^{-r(T-t)} S_t \mathbb{E}^* \left[\left(\xi_t + \frac{1}{T}\int_t^T S_u^t du \right)_+ |\mathcal{F}_t \right],$$

avec $S_u^t = \exp\left((r - \sigma^2/2)(u-t) + \sigma(W_u - W_t)\right)$.

(b) En déduire que $V_t = e^{-r(T-t)} S_t F(t, \xi_t)$, avec

$$F(t,\xi) = \mathbb{E}^* \left(\xi + \frac{1}{T}\int_t^T S_u^t du \right)_+ .$$

3. Déterminer une stratégie de couverture parfaite de l'option étudiée. On admettra que la fonction F introduite précédemment est de classe C^2 sur $[0, T[\times\mathbb{R}$ et on utilisera la formule d'Itô.

III

L'objet de cette partie est de proposer une approximation par défaut de V_0 consistant à remplacer la moyenne arithmétique par la moyenne géométrique. On pose ainsi :

$$\hat{V}_0 = e^{-rT} \mathbb{E}^* \left(\exp\left(\frac{1}{T}\int_0^T \ln(S_t) dt \right) - K \right)_+ .$$

1. Montrer que $V_0 \geq \hat{V}_0$.
2. (a) Montrer que, sous $\mathbb{P}^*$, la variable aléatoire $\int_0^T W_t dt$ est une gaussienne centrée de variance $\frac{T^3}{3}$.

(b) En déduire que

$$\hat{V}_0 = e^{-rT} \mathbb{E} \left(S_0 \exp\left((r - \sigma^2/2)(T/2) + \sigma\sqrt{T/3}g \right) - K \right)_+ ,$$

où g est une gaussienne centrée réduite. Donner un formule explicite pour $\hat{V}_0$ à l'aide de la fonction de répartition de la loi normale centrée réduite.

3. Démontrer l'inégalité

$$V_0 - \hat{V}_0 \leq S_0 e^{-rT} \left(\frac{e^{rT} - 1}{rT} - \exp((rT/2) - \sigma^2 T/12) \right).$$

Chapitre 5

Évaluation des options et équations aux dérivées partielles

Nous avons vu, au chapitre précédent, que l'on pouvait obtenir une formule explicite du prix d'une option européenne "vanille" (i.e. un "call" ou un "put"), dans le cadre du modèle de Black et Scholes. Lorsque l'on s'intéresse à des modèles plus complexes il est, le plus souvent, impossible de trouver des formules explicites pour les prix d'options. C'est aussi le cas, lorsque l'on cherche à calculer des prix d'options américaines, y compris dans le modèle de Black et Scholes. On a alors recours à des méthodes numériques. L'objectif de ce chapitre est d'introduire le lien entre diffusions et équations aux dérivées partielles et de présenter des méthodes numériques utilisant ce lien.

On commence par établir le lien entre le problème du calcul du prix des options européennes et une équation aux dérivées partielles de type parabolique . Ce lien est fondé sur la notion de générateur infinitésimal d'une diffusion. On montre comment résoudre numériquement le problème parabolique ainsi obtenu.

Le problème du calcul des prix d'options américaines est plus délicat, nous ne l'abordons pas dans sa généralité, mais uniquement dans le cadre du modèle de Black et Scholes. On montre en particulier le lien naturel entre la notion d'enveloppe de Snell et un système d'*inéquations* aux dérivées partielles de type parabolique, et l'on indique comment traiter numériquement ce type d'inéquation.

Les méthodes d'analyse numérique employées dans ce chapitre étant classiques, nous n'avons fait que rappeler les résultats qui nous sont utiles sans chercher à les justifier en détail. On trouvera une introduction à la résolution numérique des équations aux dérivées partielles dans Ciarlet et Lions (1990) ou Raviart et Thomas (1983).

5.1 Calculs de prix d'options européennes pour les modèles de diffusion

Dans le modèle de Black et Scholes, la valeur d'une option européenne est donnée par

$$V_t = \mathbb{E}(e^{-r(T-t)} f(S_T) | \mathcal{F}_t),$$

où $f(x) = (x - K)_+$ (pour un "call"), $(K - x)_+$ (pour un "put"), avec

$$S_T = S_0 e^{(r-\sigma^2/2)T + \sigma W_T}.$$

Le calcul du prix d'une option européenne est un cas particulier du problème suivant. Soit $(X_t)_{t \geq 0}$ une diffusion à valeurs dans $\mathbb{R}$, solution de

$$dX_t = b(t, X_t)dt + \sigma(t, X_t)dW_t, \tag{5.1}$$

où b et σ sont des fonctions à valeurs réelles vérifiant les hypothèses du théorème 3.5.3 du chapitre 3 et $r(t, x)$ une fonction continue bornée modélisant le taux d'intérêt sans risque. On cherche à calculer

$$V_t = \mathbb{E}\left(e^{-\int_t^T r(s, X_s)ds} f(X_T) | \mathcal{F}_t\right).$$

Comme dans le cas du modèle de Black et Scholes, V_t s'écrit

$$V_t = F(t, X_t),$$

où

$$F(t, x) = \mathbb{E}\left(e^{-\int_t^T r\left(s, X_s^{t,x}\right)ds} f\left(X_T^{t,x}\right)\right),$$

avec $X_s^{t,x}$ qui est la solution de (5.1) issue de x à l'instant t. Intuitivement on a :

$$F(t, x) = \mathbb{E}\left(e^{-\int_t^T r(s, X_s)ds} f(X_T) | X_t = x\right).$$

Mathématiquement, ce résultat est conséquence du théorème 3.5.9 du chapitre 3. Le calcul de V_t se ramène ainsi au calcul de la fonction $F(t, x)$. Cette fonction $F(t, x)$ peut (sous certaines hypothèses de régularité que nous allons préciser) s'exprimer comme la solution unique de l'équation aux dérivées partielles

$$\begin{cases} \forall x \in \mathbb{R}, \quad u(T, x) = f(x) \\ (\partial u/\partial t + A_t u - ru)(t, x) = 0, \quad \forall (t, x) \in [0, t) \times \mathbb{R}, \end{cases} \tag{5.2}$$

où

$$A_t u(t, x) = \frac{\sigma^2(t, x)}{2} \frac{\partial^2 u}{\partial x^2}(t, x) + b(t, x) \frac{\partial u}{\partial x}(t, x).$$

Avant de prouver ce résultat, nous commençons par indiquer pourquoi l'opérateur A_t intervient de façon naturelle lorsque l'on étudie des solutions d'*équations différentielles stochastiques*.

5.1.1 Générateur infinitésimal d'une diffusion

Nous supposons que b et σ ne dépendent pas du temps. On note $(X_t)_{t\geq 0}$ une solution de

$$dX_t = b(X_t)dt + \sigma(X_t)dW_t. \tag{5.3}$$

Proposition 5.1.1 *Soient f une fonction de classe C^2 à dérivées bornées et A l'opérateur différentiel qui à une fonction f de classe C^2 associe*

$$(Af)(x) = \frac{\sigma^2(x)}{2} f''(x) + b(x)f'(x).$$

Alors, le processus $M_t = f(X_t) - \int_0^t Af(X_s)ds$ est une $(\mathcal{F}_t)$-martingale.

Démonstration. La formule d'Itô conduit à

$$f(X_t) = f(X_0) + \int_0^t f'(X_s)dX_s + \frac{1}{2}\int_0^t f''(X_s)\sigma^2(X_s)ds.$$

D'où

$$\begin{aligned} f(X_t) &= f(X_0) + \int_0^t f'(X_s)\sigma(X_s)dW_s \\ &\quad + \int_0^t \left[\frac{1}{2}\sigma^2(X_s)f''(X_s) + b(X_s)f'(X_s)\right] ds \end{aligned}$$

et la proposition résulte du fait que l'intégrale stochastique $\int_0^t f'(X_s)\sigma(X_s)dW_s$ est une martingale. En effet, si l'on tient compte du théorème 3.5.3 du chapitre 3 et du fait que $|\sigma(x)|$ est majoré par $K(1+|x|)$, on obtient

$$\begin{aligned} &\mathbb{E}\left(\int_0^t |f'(X_s)|^2|\sigma(X_s)|^2 ds\right) \\ &\quad \leq Kt\sup_{x\in\mathbb{R}}|f'(x)|^2\left(1+\mathbb{E}\left(\sup_{s\leq t}|X_s|^2\right)\right) < +\infty. \end{aligned}$$

□

Remarque 5.1.1 Si on note X_t^x la solution de l'équation différentielle stochastique (5.3) telle que $X_0^x = x$, on déduit de la proposition 5.1.1 que

$$\mathbb{E}(f(X_t^x)) = f(x) + \mathbb{E}\left(\int_0^t Af(X_s^x)ds\right).$$

De plus, comme les dérivées de f sont bornées par une constante K_f et que $|b(x)| + |\sigma(x)| \leq K(1+|x|)$ on a

$$\mathbb{E}\left(\sup_{s\leq T}|Af(X_s^x)|\right) \leq K_f'\left(1+\mathbb{E}\left(\sup_{s\leq T}|X_s^x|^2\right)\right) < +\infty.$$

On peut donc appliquer le théorème de Lebesgue ($x \mapsto Af(x)$ et $s \mapsto X_s^x$ sont des fonctions continues) pour en déduire que :

$$\frac{d}{dt}\mathbb{E}\left(f\left(X_t^x\right)\right)|_{t=0} = \lim_{t\to 0}\mathbb{E}\left(\frac{1}{t}\int_0^t Af\left(X_s^x\right)ds\right) = Af(x).$$

L'opérateur différentiel A est appelé *le générateur infinitésimal* de la diffusion. Pour des compléments sur le générateur infinitésimal d'une diffusion on pourra consulter Bouleau (1988) chapitre 8.

La proposition 5.1.1 se généralise au cas dépendant du temps. On suppose que b et σ vérifient les hypothèses du théorème 3.5.3 du chapitre 3 assurant l'existence et l'unicité des solutions de l'équation différentielle stochastique (5.1).

Proposition 5.1.3 *Si $u(t,x)$ est une fonction de classe $C^{1,2}$ en (t,x) à dérivée en x bornée et X_t est une solution de (5.1), le processus :*

$$M_t = u(t,X_t) - \int_0^t \left(\frac{\partial u}{\partial t} + A_s u\right)(s,X_s)ds$$

est une martingale, A_s étant l'opérateur différentiel (agissant sur la variable x) défini par

$$(A_s u)(x) = \frac{\sigma^2(s,x)}{2}\frac{\partial^2 u}{\partial x^2}(s,s) + b(s,x)\frac{\partial u}{\partial x}(s,x).$$

La démonstration est analogue à celle de la proposition 5.1.1 : on utilise, cette fois, la formule d'Itô pour une fonction du temps et d'un processus d'Itô (voir le théorème 3.4.10 du chapitre 3).

Pour étudier des quantités actualisées, on étend légèrement le résultat précédent.

Proposition 5.1.4 *Sous les hypothèses de la proposition 5.1.3, si $r(t,x)$ est une fonction continue, bornée sur $\mathbb{R}^+ \times \mathbb{R}$, le processus*

$$M_t = e^{-\int_0^t r(s,X_s)ds}u(t,X_t) - \int_0^t e^{-\int_0^s r(v,X_v)dv}\left(\frac{\partial u}{\partial t} + A_s u - ru\right)(s,X_s)ds$$

est une martingale.

Démonstration. Cette proposition se démontre en différenciant le produit

$$e^{-\int_0^t r(s,X_s)ds}u(t,X_t),$$

grâce à la formule d'intégration par parties (voir la proposition 3.4.12 du chapitre 3), puis en appliquant, comme précédemment, la formule d'Itô au processus $u(t,X_t)$. □

Ce résultat se généralise aux cas des diffusions à valeurs vectorielles. Soit l'équation différentielle stochastique

$$\begin{cases} dX_t^1 &= b^1(t,X_t)dt + \sum_{j=1}^p \sigma_{1_j}(t,X_t)dW_t^j \\ \vdots & \qquad \vdots \\ dX_t^n &= b^n(t,X_t)dt + \sum_{j=1}^p \sigma_{nj}(t,X_t)dW_t^j. \end{cases} \tag{5.4}$$

On suppose que les hypothèses du théorème 3.5.5 du chapitre 3 sont vérifiées. On introduit, pour chaque t, l'opérateur différentiel A_t qui à une fonction f de classe C^2 de $\mathbb{R}^n$ dans $\mathbb{R}$ associe la fonction :

$$(A_t f)(x) = \frac{1}{2} \sum_{i,j=1}^{n} a_{i,j}(t,x) \frac{\partial^2 f}{\partial x_i \partial x_j}(x) + \sum_{j=1}^{n} b_j(t,x) \frac{\partial f}{\partial x_j}(x),$$

où $a_{ij}(t,x)$ est la matrice définie par :

$$a_{ij}(t,x) = \sum_{k=1}^{p} \sigma_{ik}(t,x)\sigma_{jk}(t,x).$$

Avec des notations matricielles $a(t,x) = \sigma(t,x)\sigma^*(t,x)$, où σ^* est la transposée de la matrice $\sigma(t,x) = (\sigma_{ij}(t,x))_{i,j}$.

Proposition 5.1.5 *Si (X_t) est une solution du système (5.4), si $u(t,x)$ est une fonction à valeur réelle de classe $C^{1,2}$ en (t,x) à dérivée en x bornée sur $\mathbb{R}^+ \times \mathbb{R}^n$ et si $r(t,x)$ est une fonction continue bornée sur $\mathbb{R}^+ \times \mathbb{R}$, le processus*

$$M_t = e^{-\int_0^t r(s,X_s)ds} u(t,X_t) - \int_0^t e^{-\int_0^s r(v,X_v)dv} \left(\frac{\partial u}{\partial t} + A_s u - ru \right)(s,X_s)ds$$

est une martingale.

La démonstration de cette proposition repose sur la formule d'Itô multidimensionnelle énoncée dans la proposition 3.4.18.

Remarque 5.1.2 L'opérateur différentiel $\partial/\partial t + A_t$ est parfois appelé *opérateur de Dynkin de la diffusion.*

5.1.2 Calculs d'espérances et équations aux dérivées partielles

Nous allons, maintenant, établir le lien existant entre le calcul du prix d'une option européenne et une équation aux dérivées partielles de type parabolique. On se donne $(X_t)_{t\geq 0}$ une diffusion à valeurs dans $\mathbb{R}^n$, solution du système (5.4), $f(x)$ une fonction de $\mathbb{R}^n$ dans $\mathbb{R}$, $r(t,x)$ une fonction continue et bornée. On cherche à évaluer :

$$V_t = \mathbb{E}\left(e^{-\int_t^T r(s,X_s)ds} f(X_T) | \mathcal{F}_t \right).$$

On peut prouver de façon analogue à ce que nous avons vu au début de ce chapitre, lorsque $n = 1$, que

$$V_t = F(t,X_t),$$

avec, si l'on note $X^{t,x}$ la solution unique de (5.4) issue de x à l'instant t,

$$F(t,x) = \mathbb{E}\left(e^{-\int_t^T r(s,X_s^{t,x})ds} f\left(X_T^{t,x}\right)\right).$$

Le résultat suivant permet de relier la fonction F à une équation aux dérivées partielles parabolique.

Théorème 5.1.7 *Soit u une fonction de classe $C^{1,2}$ en (t,x) à dérivée en x bornée sur $[0,T]\times\mathbb{R}^n$, vérifiant*

$$\forall x\in\mathbb{R}^n,\qquad u(T,x)=f(x)$$

et

$$\left(\frac{\partial u}{\partial t}+A_t u-ru\right)(t,x)=0\quad\forall(t,x)\in[0,T)\times\mathbb{R}^n,$$

alors :

$$\forall(t,x)\in[0,T)\times\mathbb{R}^n,\quad u(t,x)=F(t,x)=\mathbb{E}\left(e^{-\int_t^T r(s,X_s^{t,x})ds}f\left(X_T^{t,x}\right)\right).$$

Démonstration. Prouvons l'égalité $u(t,x)=F(t,x)$ pour $t=0$. Par la proposition 5.1.5, on sait que le processus

$$M_t=e^{-\int_0^t r(s,X_s^{0,x})ds}u(t,X_t^{0,x})$$

est une martingale. En écrivant $\mathbb{E}(M_0)=\mathbb{E}(M_T)$ on obtient :

$$\begin{aligned}u(0,x)&=\mathbb{E}\left(e^{-\int_0^T r(s,X_s^{0,x})ds}u\left(T,X_T^{0,x}\right)\right)\\&=\mathbb{E}\left(e^{-\int_0^T r(s,X_s^{0,x})ds}f\left(X_T^{0,x}\right)\right),\end{aligned}$$

puisque $u(T,x)=f(x)$. La démonstration est similaire lorsque $t>0$. □

Remarque 5.1.3 Le théorème 5.1.7 suggère la méthode suivante pour calculer

$$F(t,x)=\mathbb{E}\left(e^{-\int_t^T r(s,X_s^{t,x})ds}f\left(X_t^{t,x}\right)\right).$$

f étant donnée, il suffit de résoudre le problème

$$\begin{cases}\dfrac{\partial u}{\partial t}+A_t u-ru=0 & \text{dans }[0,T)\times\mathbb{R}^n\\ u(T,x)=f(x), & x\in\mathbb{R}^n.\end{cases}\tag{5.5}$$

Le problème (5.5) est une équation de type parabolique avec condition *terminale* (la fonction $u(T,.)$ étant donnée).

Pour que ce problème soit bien posé, il faut se placer dans un espace fonctionnel adéquat (voir Raviart et Thomas (1983)). Une fois ce cadre défini, il existe des théorèmes d'existence et d'unicité et on pourra affirmer que la solution u de (5.5) est égale à F si on peut prouver que cette solution est suffisamment régulière pour que l'on puisse appliquer la proposition 5.1.4. Ce genre de résultats s'obtient généralement sous une hypothèse d'ellipticité pour l'opérateur A_t, de la forme, pour tout $(t,x)\in[0,T]\times\mathbb{R}^n$,

$$\forall(\xi_1,\ldots,\xi_n)\in\mathbb{R}^n,\quad\sum_{ij}a_{ij}(t,x)\xi_i\xi_j\geq C\left(\sum_{i=1}^n\xi_i^2\right).\tag{5.6}$$

et sous des hypothèses de régularité sur b et σ.

En l'absence d'hypothèse d'ellipticité et pour des fonctions de “payoff” f irrégulière, une notion de solution faible peut être utilisée pour caractériser F (voir Fleming et Soner (2006)).

5.1.3 Application au modèle de Black et Scholes

On se place sous la probabilité $\mathbb{P}^*$ pour laquelle le processus $(W_t)_{t\geq 0}$ est un mouvement brownien standard et telle que le prix S_t de l'actif risqué vérifie

$$dS_t = S_t(rdt + \sigma dW_t).$$

L'opérateur A_t est alors indépendant du temps et vaut

$$A_t = A^{\text{bs}} = \frac{\sigma^2}{2}x^2\frac{\partial^2}{\partial x^2} + rx\frac{\partial}{\partial x}.$$

On peut vérifier (par un calcul direct) que le prix du "call" donné par la formule $F(t,x) = xN(d_1) - Ke^{-r(T-t)}N(d_1 - \sigma\sqrt{T-t})$ avec

$$\begin{aligned} d_1 &= \frac{\log(x/K) + (r+\sigma^2/2)(T-t)}{\sigma\sqrt{T-t}}, \\ N(d) &= \frac{1}{\sqrt{2\pi}}\int_{-\infty}^{d} e^{-\frac{x^2}{2}}dx, \end{aligned}$$

est solution de l'équation

$$\begin{cases} \dfrac{\partial u}{\partial t} + A_u^{\text{bs}} - ru = 0 & \text{in } [0,T)\times[0,+\infty) \\ u(T,x) = (x-K)_+, & \forall x \in [0,+\infty). \end{cases}$$

On a un résultat analogue pour le put.

L'opérateur A^{bs} ne vérifie pas la condition d'ellipticité (5.6). On peut, cependant, se ramener à un opérateur elliptique en introduisant le processus $X_t = \log(S_t)$, qui est solution de

$$dX_t = \left(r - \frac{\sigma^2}{2}\right)dt + \sigma dW_t,$$

puisque

$$S_t = S_0 e^{(r-\sigma^2/2)t+\sigma W_t}.$$

Le générateur infinitésimal du processus X_t, s'écrit :

$$A^{\text{bs-log}} = \frac{\sigma^2}{2}\frac{\partial^2}{\partial x^2} + \left(r - \frac{\sigma^2}{2}\right)\frac{\partial}{\partial x}.$$

Il est manifestement elliptique ($\sigma^2 > 0$) et, de plus, à coefficients constants. On note :

$$\tilde{A}^{\text{bs-log}} = \frac{\sigma^2}{2}\frac{\partial^2}{\partial x^2} + \left(r - \frac{\sigma^2}{2}\right)\frac{\partial}{\partial x} - r. \tag{5.7}$$

Le lien entre le problème parabolique associé à $\tilde{A}^{\text{bs-log}}$ et le calcul du prix d'une option dans le modèle de Black et Scholes s'exprime de la façon suivante. Si l'on cherche à calculer le prix $F(t,x)$ d'une option sur $f(S_T)$ à l'instant t et pour un cours x et si v est une solution régulière de

$$\begin{cases} \frac{\partial v}{\partial t}(t,x) + \tilde{A}^{\text{bs-log}} v(t,x) = 0 \quad \text{in } [0,t] \times \mathbb{R} \\ v(T,x) = f(e^x), \quad x \in \mathbb{R}, \end{cases} \tag{5.8}$$

alors $F(t,x) = v(t, \log(x))$.

5.1.4 Équation aux dérivées partielles sur un ouvert borné et calcul d'espérance

Nous allons supposer, dans tout ce qui suit, que l'actif évolue dans $\mathbb{R}$ et que $b(x)$, $\sigma(x)$ et $r(x)$ ne dépendent pas du temps. Le nombre $r(x)$ représente le taux d'intérêt sans risque et A est l'opérateur différentiel

$$(Af)(x) = \frac{1}{2}\sigma(x)^2 \frac{\partial^2 f(x)}{\partial x^2} + b(x)\frac{\partial f(x)}{\partial x}.$$

On note $\tilde{A}f(x) = Af(x) - r(x)f(x)$ l'opérateur *actualisé*. L'équation (5.5) s'écrit

$$\begin{cases} \frac{\partial u}{\partial t}(t,x) + \tilde{A}u(t,x) = 0 \quad \text{sur } [0,T) \times \mathbb{R} \\ u(T,x) = f(x), \quad \forall x \in \mathbb{R}. \end{cases} \tag{5.9}$$

Lorsque l'on se pose le problème (5.9) non plus sur $\mathbb{R}$ tout entier mais sur $\mathcal{O} =]a,b[$, il faut alors imposer des conditions aux limites aux extrémités a et b. Nous allons nous intéresser plus particulièrement au cas où l'on impose des conditions aux limites nulles (on appelle ce type de condition aux limites condition de Dirichlet). On cherche, alors, à résoudre :

$$\begin{cases} \frac{\partial u}{\partial t}(t,x) + \tilde{A}u(t,x) = 0 \quad \text{sur } (0,T) \times \mathcal{O} \\ u(t,a) = u(t,b) = 0, \quad \forall t \in (0,T) \\ u(T,x) = f(x), \quad \forall x \in \mathcal{O}. \end{cases} \tag{5.10}$$

Une solution régulière de (5.10) peut aussi s'interpréter en terme de diffusion. On note $X^{t,x}$ la solution de (5.3) issue de x à l'instant t.

Théorème 5.1.9 *Soit u une fonction de classe $C^{1,2}$ en (t,x) à dérivée en x bornée de l'équation (5.10), alors :*

$$\forall (t,x) \in [0,T] \times \mathcal{O}, \quad u(t,x) = \mathbb{E}\left(\mathbf{1}_{\{\forall s \in [t,T], X_s^{t,x} \in \mathcal{O}\}} e^{-\int_t^T r(X_s^{t,x})ds} f\left(X_T^{t,x}\right)\right).$$

Démonstration. Nous démontrons le résultat lorsque $t = 0$, la démonstration est similaire dans les autres cas. Pour éviter les complications techniques, nous supposons que l'on peut prolonger u de $[0,T] \times \mathcal{O}$ à $[0,T] \times \mathbb{R}$, en conservant le caractère

$C^{1,2}$ de u. On continue à noter u un tel prolongement. Par la proposition 5.1.4, on sait que le processus :

$$\begin{aligned} M_t &= e^{-\int_0^t r(X_s^{0,x})ds} u(t, X_t^{0,x}) \\ &\quad - \int_0^t e^{-\int_0^s r(X_v^{0,x})dv} \left(\frac{\partial u}{\partial t} + Au - ru \right) (s, X_s^{0,x})\, ds \end{aligned}$$

est une martingale. De plus, le temps

$$\tau^x = \inf\{0 \leq s \leq T, X_s^{0,x} \notin \mathcal{O}\} \wedge T \text{ avec la convention, } \inf \emptyset = +\infty,$$

est un temps d'arrêt borné, car $\tau^x = T_a^x \wedge T_b^x \wedge T$ où

$$T_l^x = \inf\{0 \leq s \leq T, X_s^{t,x} = l\}$$

et les T_l^x sont des temps d'arrêt (la démonstration est identique à celle de la proposition 3.3.6 du chapitre 3). En écrivant, le théorème d'arrêt entre 0 et τ^x, on obtient $\mathbb{E}(M_0) = \mathbb{E}(M_{\tau^x})$, soit en tenant compte du fait que si $s \in [0, \tau^x]$, $Af(X_s^{0,x}) = 0$:

$$\begin{aligned} u(0,x) &= \mathbb{E}\left(e^{-\int_0^{\tau^x} r(s, X_s^{0,x})ds} u\left(\tau^x, X_{\tau^x}^{0,x}\right)\right) \\ &= \mathbb{E}\left(\mathbf{1}_{\{\forall s \in [t,T], X_s^{t,x} \in \mathcal{O}\}} e^{-\int_0^T r(s, X_s^{0,x})ds} u\left(T, X_T^{0,x}\right)\right) \\ &\quad + \mathbb{E}\left(\mathbf{1}_{\{\exists s \in [t,T], X_s^{t,x} \notin \mathcal{O}\}} e^{-\int_0^{\tau^x} r(s, X_s^{0,x})ds} u\left(\tau^x, X_{\tau^x}^{0,x}\right)\right). \end{aligned}$$

Mais, d'une part $f(x) = u(T, x)$ et d'autre part, sur l'événement

$$\left\{\exists s \in [t,T], X_s^{t,x} \notin \mathcal{O}\right\},$$

$u(\tau^x, X_{\tau^x}^{0,x}) = 0$, donc

$$u(0,x) = \mathbb{E}\left(\mathbf{1}_{\{\forall_s \in [t,T], X_s^{t,x} \in \mathcal{O}\}} e^{-\int_0^T r(s, X_s^{0,x})ds} f\left(X_T^{0,x}\right)\right),$$

Ceci prouve le résultat pour $t = 0$. □

Remarque 5.1.4 Une option de payoff donné par la variable aléatoire $\mathcal{F}_T$-mesurable

$$\mathbf{1}_{\{\forall_s \in [t,T], X_s^{t,x} \in \mathcal{O}\}} e^{-\int_t^T r(X_s^{t,x})ds} f\left(X_T^{t,x}\right),$$

a un valeur nulle dès que le cours sort de l'ouvert $\mathcal{O}$. Lorsque l'actif suit le modèle de Black et Scholes et que $\mathcal{O}$ est de la forme $]0, l[$ ou $]l, +\infty[$, on connait des formules explicites pour ces options (voir l'exercice 30 du chapitre 4 pour le calcul du prix d'une option "down and out" et Cox et Rubinstein (1985) ou Shreve (2004) pour des complément sur les options barrières, voir aussi l'exercice 30 du chapitre 4).

5.2 Résolution numérique des équations paraboliques

Nous avons vu que l'on peut interpréter le prix d'une option européenne comme la solution de l'équation aux dérivées partielles (5.9). Nous allons maintenant introduire une méthode de calcul numérique qui permet d'approcher une solution de (5.9) : la *méthode des différences finies*. Cette méthode n'est évidemment pas utile dans le cas du modèle de Black et Scholes (puisque il y a une formule explicite) mais elle est indispensable pour des modèles de diffusion plus généraux. Nous ne ferons qu'énoncer les résultats importants. Pour une étude détaillée on consultera Glowinsky *et al.* (1976) et Raviart et Thomas (1983).

5.2.1 Localisation

Le problème (5.9) se pose sur $\mathbb{R}$. Pour le discrétiser, on va devoir se restreindre tout d'abord à un ouvert borné du type $\mathcal{O}_l =]-l, l[$, l étant une constante à choisir soigneusement si l'on veut que l'algorithme soit efficace. Il faut de plus imposer des conditions aux limites au bord (i.e. en l et $-l$). On utilise soit des conditions de type Dirichlet (i.e. on impose $u(l) = u(-l) = 0$ ou une autre valeur plus pertinente) soit des conditions de type Neumann (i.e. on impose $(\partial u/\partial x)(l) = (\partial u/\partial x)(-l) = 0$ ou, là aussi, toute autre valeur non nulle pertinente). On obtient, par exemple, dans le cas où l'on impose des conditions de type Dirichlet, l'équation aux dérivées partielles

$$\begin{cases} \dfrac{\partial u(t,x)}{\partial t} + \tilde{A}u(t,x) = 0 \text{ sur } (0,T) \times \mathcal{O}_l \\ u(t,l) = u(t,-l) = 0 \text{ si } t \in (0,T) \\ u(T,x) = f(x) \text{ si } x \in \mathcal{O}_l. \end{cases}$$

Nous allons montrer comment on peut estimer l'erreur commise lorsque l'on se restreint à $\mathcal{O}_l$. Nous nous intéresserons uniquement au modèle de Black et Scholes (après changement de variable logarithmique), l'actif X_t est donc solution de l'équation

$$dX_t = (r - \sigma^2/2)dt + \sigma dW_t.$$

On cherche à calculer le prix d'une option sur une variable aléatoire de la forme $f(S_T) = f(S_0 e^{X_T})$. On note $\bar{f}(x) = f(e^x)$. On impose, pour simplifier, des conditions de type Dirichlet. On peut prouver que, dans ce cas, la solution u de (5.9) et les solutions u_l de (5.10) sont suffisamment régulières pour que l'on puisse affirmer que :

$$u(t,x) = \mathbb{E}\left(e^{-r(T-t)} \bar{f}\left(X_T^{t,x}\right)\right)$$

et :

$$u_l(t,x) = \mathbb{E}\left(\mathbf{1}_{\{\forall s \in [t,T], |X_s^{t,x}| < l\}} e^{-r(T-t)} \bar{f}\left(X_T^{t,x}\right)\right),$$

où $X_s^{t,x} = x \exp((r - \sigma^2/2)(s-t) + \sigma(W_s - W_t))$. Nous supposons, enfin, que la fonction f (et donc $\bar{f}$) est bornée par une constante M et que $r \geq 0$. Il est alors facile de se convaincre que :

$$|u(t,x) - u_l(t,x)| \leq M \mathbb{P}\left(\exists s \in [t,T], |X_s^{t,x}| \geq l\right).$$

Mais, si $r' = r - \sigma^2/2$,

$$\begin{aligned}\left\{\exists s \in [t,T], |X_s^{t,x}| \geq l\right\} &\subset \left\{\sup_{t\leq s\leq T} |x + r'(s-t) + \sigma(W_s - W_t)| \geq l\right\}\\ &\subset \left\{\sup_{t\leq s\leq T} |x + \sigma(W_s - W_t)| \geq l - |r'T|\right\}.\end{aligned}$$

D'où :

$$\begin{aligned}|u(t,x) - u_l(t,x)| &\leq M\mathbb{P}\left(\sup_{t\leq s\leq T} |x + \sigma(W_s - W_t)| \geq l - |r'T|\right)\\ &= M\mathbb{P}\left(\sup_{0\leq s\leq T-t} |x + \sigma W_s| \geq l - |r'T|\right)\\ &\leq M\mathbb{P}\left(\sup_{0\leq s\leq T} |x + \sigma W_s| \geq l - |r'T|\right).\end{aligned}$$

Or on a établi à la proposition 3.3.6 que si $T_a = \inf\{s > 0,\ W_s = a\}$, alors $\mathbb{E}(\exp(-\lambda T_a)) = \exp(-\sqrt{2\lambda}|a|)$. On en déduit que si $a > 0$, pour tout $\lambda > 0$,

$$\mathbb{P}\left(\sup_{s\leq T} W_s \geq a\right) = \mathbb{P}(T_a \leq T) \leq e^{\lambda T}\mathbb{E}(e^{-\lambda T_a}) \leq e^{\lambda T} e^{-a\sqrt{2\lambda}}.$$

En minimisant en λ, cela donne

$$\mathbb{P}\left(\sup_{s\leq T} W_s \geq a\right) \leq \exp\left(-\frac{a^2}{T}\right).$$

On en déduit facilement que

$$\mathbb{P}\left(\sup_{s\leq T}(x + \sigma W_s) \geq a\right) \leq \exp\left(-\frac{|a-x|^2}{\sigma^2 T}\right),$$

puis que, comme $(-W_s)_{s\geq 0}$ est encore un mouvement brownien,

$$\mathbb{P}\left(\inf_{s\leq T}(x + \sigma W_s) \leq -a\right) = \mathbb{P}\left(\sup_{s\leq T}(-x - \sigma W_s) \geq a\right) \leq \exp\left(-\frac{|a+x|^2}{\sigma^2 T}\right).$$

Ces deux résultats donnent

$$\mathbb{P}\left(\sup_{s\leq T} |x + \sigma W_s| \geq a\right) \leq \exp\left(-\frac{|a-x|^2}{\sigma^2 T}\right) + \exp\left(-\frac{|a+x|^2}{\sigma^2 T}\right).$$

On peut donc affirmer que :

$$\begin{aligned}|u(t,x) - u_l(t,x)| \leq \quad & M\left(\exp\left(-\frac{|l - |r'T| - x|^2}{\sigma^2 T}\right)\right.\\ &\left. + \exp\left(-\frac{|l - |r'T| + x|^2}{\sigma^2 T}\right)\right).\end{aligned}$$

Ceci prouve que pour t et x fixés $\lim_{l\to+\infty} u_l(t,x) = u(t,x)$. La convergence est même uniforme en t et en x si x reste dans une partie compacte de $\mathbb{R}$.

Remarque 5.2.1 1. On peut montrer que $\mathbb{P}(\sup_{s\leq T} W_s \geq a) = 2\mathbb{P}(W_T \geq a)$ (voir exercice 21 du chapitre 3), ceci permet d'obtenir une estimation légèrement meilleure que celle calculée plus haut.

2. L'intérêt de cette méthode de localisation est qu'elle peut se généraliser au cas américain et que, dans ce cas, le recours à une méthode numérique est incontournable. L'estimation précédente donne, alors, une indication sur la façon de choisir le domaine dans lequel on résoudra numériquement l'équation. Ce choix est crucial dans l'efficacité de l'algorithme de calcul.

5.2.2 La méthode des différences finies

Une fois le problème localisé on obtient, par exemple, dans le cas où l'on impose des conditions de type Dirichlet le système différentiel suivant :

$$(\mathrm{E})\begin{cases} \frac{\partial u(t,x)}{\partial t} + \tilde{A}u(t,x) = 0 \text{ sur } [0,T) \times \mathcal{O}_l \\ u(t,l) = u(t,-l) = 0 \text{ si } t \in [0,T] \\ u(T,x) = f(x) \text{ si } x \in \mathcal{O}_l. \end{cases}$$

La méthode des différences finies consiste en une discrétisation en temps et en espace de l'équation (E) .

On commence par discrétiser l'opérateur différentiel $\tilde{A}$ sur $\mathcal{O}_l$. Pour cela on remplace une fonction $(f(x))_{x\in\mathcal{O}_l}$ appartenant à un espace de dimension infinie, par un vecteur $(f_i)_{1\leq i\leq N}$ de dimension finie. On procède de la façon suivante, on pose $x_i = -l + 2il/(N+1)$, pour $0 \leq i \leq N+1$, chaque f_i est censé approximer $f(x_i)$. On approxime les conditions aux limites par $f_0 = 0$, $f_{N+1} = 0$ dans le cas de conditions de Dirichlet et $f_0 = f_1$, $f_N = f_{N+1}$ dans le cas de conditions de Neumann.

On note $h = 2l/(N+1)$. La version discrétisée de l'opérateur $\tilde{A}$ sera donnée par l'opérateur $\tilde{A}_h$ défini sur $\mathbb{R}^N$ de la façon suivante. Il faut interpréter le vecteur $u_h = (u_h^i)_{1\leq i\leq N}$ de $\mathbb{R}^N$ comme l'approximation discrète de la fonction u, i.e. $u_h^i \approx u(x_i)$ et la dérivée partielle $\frac{\partial u(x_i)}{\partial x}$ est remplacée par

$$\partial_h u_h^i = \frac{u_h^{i+1} - u_h^{i-1}}{2h}.$$

De façon analogue, la dérivée seconde $\frac{\partial^2 u(x_i)}{\partial x^2}$ est remplacée par

$$\partial_h^2 u_h^i = \frac{\frac{u_h^{i+1} - u_h^i}{h} - \frac{u_h^i - u_h^{i-1}}{h}}{h} = \frac{u_h^{i+1} - 2u_h^i + u_h^{i-1}}{h^2}.$$

Le vecteur $\tilde{A}_h u_h$ est, alors, défini par

$$(\tilde{A}_h u_h)_i = \frac{\sigma^2(x_i)}{2}\partial_h^2 u_h^i + b(x_i)\partial_h u_h^i - ru_h^i, \quad i = 1,\ldots,N.$$

Remarque 5.2.2 Pour le modèle de Black et Scholes, après le changement de variable logarithmique usuel,

$$\tilde{A}^{bs-\log}u(x) = \frac{\sigma^2}{2}\frac{\partial^2 u(x)}{\partial x^2} + \left(r - \frac{\sigma^2}{2}\right)\frac{\partial u(x)}{\partial x} - ru(x),$$

on obtient

$$(\tilde{A}_h u_h)_i = \frac{\sigma^2}{2h^2}\left(u_h^{i+1} - 2u_h^i + u_h^{i-1}\right) + \left(r - \frac{\sigma^2}{2}\right)\frac{1}{2h}\left(u_h^{i+1} - u_h^{i-1}\right) - ru_h^i.$$

L'opérateur $\tilde{A}_h$ est représenté par la matrice tridiagonale suivante, en tenant compte des conditions aux limites nulles de type Dirichlet,

$$((\tilde{A}_h)_{ij})_{1\leq i,j\leq N} = \begin{pmatrix} \beta & \gamma & 0 & \cdots & 0 & 0 \\ \alpha & \beta & \gamma & 0 & \cdots & 0 \\ 0 & \alpha & \beta & \gamma & \cdots & 0 \\ 0 & \vdots & \ddots & \ddots & \ddots & \vdots \\ 0 & 0 & \cdots & \alpha & \beta & \gamma \\ 0 & 0 & 0 & \cdots & \alpha & \beta \end{pmatrix},$$

où

$$\begin{cases} \alpha &= \frac{\sigma^2}{2h^2} - \frac{1}{2h}\left(r - \frac{\sigma^2}{2}\right) \\ \beta &= -\frac{\sigma^2}{h^2} - r \\ \gamma &= \frac{\sigma^2}{2h^2} + \frac{1}{2h}\left(r - \frac{\sigma^2}{2}\right). \end{cases}$$

Si on impose des conditions aux limites nulles de type Neumann, $\tilde{A}_h$ prend la forme

$$\begin{pmatrix} \beta+\alpha & \gamma & 0 & \cdots & 0 & 0 \\ \alpha & \beta & \gamma & 0 & \cdots & 0 \\ 0 & \alpha & \beta & \gamma & \cdots & 0 \\ 0 & \vdots & \ddots & \ddots & \ddots & \vdots \\ 0 & 0 & \cdots & \alpha & \beta & \gamma \\ 0 & 0 & 0 & \cdots & \alpha & \beta+\gamma \end{pmatrix}. \tag{5.11}$$

Cette discrétisation en espace permet de ramener (E) à une équation différentielle ordinaire (E_h) :

$$(\mathrm{E}_h)\begin{cases} \frac{du_h(t)}{dt} + \tilde{A}_h u_h(t) = 0 & \text{si } 0 \leq t \leq T, \\ u_h(T) = f_h \end{cases}$$

où $f_h = \left(f_j^i\right)_{1\leq i\leq N}$ désigne le vecteur $f_h^i = f(x_i)$.

On discrétise alors cette équation en temps grâce à ce que l'on appelle des θ-schémas. Cela signifie que l'on se donne $\theta \in [0,1]$, k un pas de temps tel que $T =$

Mk et que l'on approxime la solution u_h de (E_h) à l'instant nk par $u^n_{h,k}$, solution de

$$(E_{h,k})\begin{cases} u^M_{h,k} = f_h \\ n \text{ décroissant, on résout pour chaque } n : \\ \dfrac{u^{n+1}_{h,k} - u^n_{h,k}}{k} + \theta \tilde{A}_h u^n_{h,k} + (1-\theta)\tilde{A}_h u^{n+1}_{h,k} = 0, \quad \text{si } 0 \leq n \leq M-1. \end{cases}$$

Remarque 5.2.3 1. Lorsque $\theta = 0$, le schéma précédent porte le nom de schéma explicite, car $u^n_{h,k}$ se calcule en fonction de $u^{n+1}_{h,k}$. Lorsque $\theta > 0$, par contre, on doit résoudre à chaque étape un système du type $Ru^n_{h,k} = v$, avec :

$$\begin{cases} R = (I - \theta k \tilde{A}_h) \\ v = (I + (1-\theta)k\tilde{A}_h)u^{n+1}_{h,k}, \end{cases}$$

où R est une matrice tridiagonale. Ceci est évidemment plus complexe (et donc plus long informatiquement). Cependant ces schémas sont les plus utilisés dans la pratique, car ils ont de bonnes propriétés de convergence comme on le verra plus tard.

2. Lorsque $\theta = 1/2$, on parle de schéma de *Crank et Nicholson*. Ce schéma est souvent utilisé pour la résolution de systèmes de type (E) lorsque $b = 0$ et σ est constante.
3. Lorsque $\theta = 1$, on parle de schéma totalement implicite.

Donnons maintenant des résultats de convergence de la solution $u_{h,k}$ de $(\mathrm{E}_{h,k})$ vers $u(t,x)$ solution de (E) sous hypothèse d'ellipticité. Nous renvoyons à Raviart et Thomas (1983) et à Glowinsky *et al.* (1976) pour une démonstration. On notera $u^k_h(t,x)$ la fonction

$$u^k_h(t,x) = \left(u^n_{h,k}\right)_i \quad \text{pour } nk - k \leq t < nk,\ x_i - h/2 \leq x < x_i + h/2.$$

Nous noterons aussi $\delta\phi$ l'opérateur de dérivation approchée d'une fonction ϕ, défini par

$$(\delta\phi)(x) = \frac{1}{h}(\phi(x+h/2) - \phi(x-h/2)), \quad x \in \mathcal{O}_l.$$

Dans ce qui suit, le produit scalaire hilbertien sur l'espace $L^2(\mathcal{O}_l)$ est noté $(.,.)_{L^2(\mathcal{O}_l)}$, et la norme associée $|.|_{L^2(\mathcal{O}_l)}$.

Théorème 5.2.4 *On suppose que b et σ sont lipschitziennes et que r est une fonction continue et positive. Rappelons que $\tilde{A}f(x)$ vaut dans ce cas*

$$\frac{1}{2}\sigma(x)^2\frac{\partial^2 f}{\partial x^2}(x) + b(x)\frac{\partial f(x)}{\partial x} - r(x)f(x).$$

On suppose que l'opérateur $\tilde{A}$ est elliptique, i.e. il existe une constante $\varepsilon > 0$ telle que pour toute fonction u de classe C^2 à support compact dans $\mathcal{O}_l$,

$$(-\tilde{A}u, u)_{L^2(\mathcal{O}_l)} \geq \varepsilon(|u|_{L^2(\mathcal{O}_l)} + |u'|_{L^2(\mathcal{O}_l)}),$$

Alors

1. *lorsque* $1/2 \leq \theta \leq 1$ *si* h, k *tendent vers* 0 *on a*

$$\begin{array}{ll} \lim u_h^k = u & \textit{dans l'espace } L^2\left([0,T] \times \mathcal{O}_l\right) \\ \lim \delta u_h^k = \frac{\partial u}{\partial x} & \textit{dans l'espace } L^2\left([0,T] \times \mathcal{O}_l\right) \end{array}$$

2. *lorsque* $0 \leq \theta < 1/2$, *si* h, k *tendent vers* 0 et si de plus $\lim k/h^2 = 0$ *on a*

$$\begin{array}{ll} \lim u_h^k = u & \textit{dans l'espace } L^2\left([0,T] \times \mathcal{O}_l\right) \\ \lim \delta u_h^k = \frac{\partial u}{\partial x} & \textit{dans l'espace } L^2\left([0,T] \times \mathcal{O}_l\right) \end{array}$$

Remarque 5.2.4

1. Dans le cas $0 \leq \theta < 1/2$ on parle de schéma *conditionnellement convergent*, la convergence n'ayant lieu que si l'on fait tendre h et k et k/h^2 vers 0. Ces schémas sont numériquement délicats à exploiter. Ils sont peu utilisés dans la pratique, sauf lorsque $\theta = 0$.
2. Dans le cas $1/2 \leq \theta \leq 1$ on parle de schéma *inconditionnellement convergent*, la convergence ayant lieu sans restriction, si l'on fait tendre h et k vers 0.

Nous allons maintenant voir comment on résout algorithmiquement l'équation $(\mathrm{E}_{h,k})$. A chaque pas de temps n on cherche une solution de $RX = G$, où

$$\begin{cases} X &= u_{h,k}^n \\ G &= (I + (1-\theta)k\tilde{A}_h)u_{h,k}^{n+1} \\ R &= I - k\theta\tilde{A}_h. \end{cases}$$

R est une matrice tridiagonale. L'algorithme suivant (il s'agit en fait de la méthode de Gauss) permet de résoudre ce système en utilisant un nombre de multiplications proportionnel à N. Posons $X = (x_i)_{1\leq i\leq N}$, $G = (g_i)_{1\leq i\leq N}$ et

$$R = \begin{pmatrix} b_1 & c_1 & 0 & \cdots & 0 & 0 \\ a_2 & b_2 & c_2 & 0 & \cdots & 0 \\ 0 & a_3 & b_3 & c_3 & \cdots & 0 \\ 0 & \ddots & \ddots & \ddots & \ddots & \vdots \\ 0 & 0 & \cdots & a_{N-1} & b_{N-1} & c_{N-1} \\ 0 & 0 & 0 & \cdots & a_N & b_N \end{pmatrix}.$$

On procède alors de la façon suivante : on rend la matrice R triangulaire inférieure par la méthode du pivot en partant du bas de la matrice.

Remontée :
$b'_N = b_N$
$g'_N = g_N$
Pour $1 \leq i \leq N-1$, i décroissant,

$$\begin{array}{l} b'_i = b_i - c_i a_{i+1}/b'_{i+1} \\ g'_i = g_i - c_i g'_{i+1}/b'_{i+1} \end{array}$$

Après cette transformation, on obtient un système équivalent de la forme $R'X = G'$, avec

$$R' = \begin{pmatrix} b'_1 & 0 & 0 & \cdots & 0 & 0 \\ a_2 & b'_2 & 0 & 0 & \cdots & 0 \\ 0 & a_3 & b'_3 & 0 & \cdots & 0 \\ 0 & \vdots & \ddots & \ddots & \ddots & \vdots \\ 0 & 0 & \cdots & a_{N-1} & b'_{N-1} & 0 \\ 0 & 0 & 0 & \cdots & a_N & b'_N \end{pmatrix}.$$

Il suffit, alors, de calculer X en partant du haut de la matrice.

Descente :
$x_1 = g'_1/b'_1$
Pour $2 \leq i \leq N$, $\quad i$ croissant
$\qquad x_i = (g'_i - a_i x_{i-1})/b'_i.$

Remarque 5.2.5 Lorsque R n'est pas inversible, l'algorithme précédent peut conduire à des résultats erronés.

La matrice R n'est pas forcément inversible. Cependant on peut prouver qu'elle l'est, si pour tout i, $|a_i| + |c_i| \leq |b_i|$.

Il est facile de vérifier que la condition précédente d'inversibilité est remplie, dans le cas du modèle de Black et Scholes, si $|r - \sigma^2/2| \leq \sigma^2/h$, en particulier si h est suffisamment petit.

5.3 Les options américaines

5.3.1 Formulation du problème

La théorie des options américaines pour les modèles à temps continu est délicate. Pour le modèle de Black et Scholes, on a obtenu la formule suivante pour la valeur d'un "call" ($f(x) = (x - K)_+$) ou d'un put ($f(x) = (K - x)_+$) américain :

$$V_t = \Phi(t, S_t),$$

avec

$$\Phi(t, x) = \sup_{\tau \in \mathcal{T}_{t,T}} \mathbb{E}^* \left(e^{-r(\tau - t)} f \left(x e^{(r - \sigma^2/2)(\tau - t) + \sigma(W_\tau - W_t)} \right) \right),$$

où, sous $\mathbb{P}^*$, $(W_t)_{t \geq 0}$ est un mouvement brownien standard et $\mathcal{T}_{t,T}$ l'ensemble des temps d'arrêt à valeurs dans $[t, T]$. Dans le cas du "call" américain (sur une action sans dividende), on obtient la même expression que pour le "call" européen, mais, pour le put américain, il n'y a pas de formule explicite et les méthodes numériques sont inévitables.

Le problème à résoudre est un cas particulier du problème suivant : étant donnée une "bonne" fonction f et une diffusion $(X_t)_{t \geq 0}$ à valeurs dans $\mathbb{R}^n$, solution du système (5.4), calculer la fonction

$$\Phi(t,x) = \sup_{\tau \in \mathcal{T}_{t,T}} \mathbb{E}\left(e^{-\int_t^T r\left(s,X_s^{t,x}\right)ds} f\left(X_\tau^{t,x}\right)\right).$$

Notons, en utilisant le temps d'arrêt $\tau = t$, que l'on a $\Phi(t,x) \geq f(x)$ et (en prenant $t = T$) $\Phi(T,x) = f(x)$.

Remarque 5.3.1 On peut alors démontrer (voir le chapitre 2 pour l'analogie avec les modèles discrets et le chapitre 4 dans le cas du modèle de Black et Scholes) que le processus

$$e^{-\int_0^t r(s,X_s)ds}\Phi(t,X_t)$$

est la plus petite sur-martingale majorant à tout instant le processus $f(X_t)$.

On a vu que le calcul du prix d'une option européenne est relié à une équation aux dérivées partielles de type parabolique. Dans le cas d'une option américaine, on a un résultat similaire, mais qui fait intervenir un *système d'inéquations aux dérivées partielles parabolique*. Le théorème suivant précise ce lien. Ce théorème est énoncé de façon volontairement informelle (voir la remarque 5.3.2 à ce sujet).

Théorème 5.3.2 *Supposons que u soit une "solution régulière" du système d'inéquations aux dérivées partielles suivant :*

$$\begin{cases} \dfrac{\partial u}{\partial t} + A_t u - ru \leq 0, \quad u \geq f & \textit{dans} \quad [0,T) \times \mathbb{R}^n \\ \left(\dfrac{\partial u}{\partial t} + A_t u - ru\right)(f-u) = 0 & \textit{dans} \quad [0,T) \times \mathbb{R}^n \\ u(T,x) = f(x) & \textit{dans} \quad \mathbb{R}^n. \end{cases} \tag{5.13}$$

Alors :

$$u(t,x) = \Phi(t,x) = \sup_{\tau \in \mathcal{T}_{t,T}} \mathbb{E}\left(e^{-\int_t^T r\left(s,X_s^{t,x}\right)ds} f\left(X_\tau^{t,x}\right)\right).$$

Démonstration. Nous n'allons pas donner une démonstration précise de ce résultat, mais simplement ses grandes lignes. Pour une démonstration détaillée, on consultera Bensoussan et Lions (1978) (chapitre 3 section 2) et Jaillet *et al.* (1990) (section 3). On se ramène au cas où $t = 0$ (la démonstration étant pratiquement identique lorsque $t > 0$). On note X_t^x la solution de (5.4) issue de x en 0. La proposition 5.1.3 permet d'affirmer que le processus :

$$\begin{aligned} M_t &= e^{-\int_0^t r(s,X_s^x)ds} u\left(t,X_t^x\right) \\ &\quad - \int_0^t e^{-\int_0^s r(v,X_v^x)dv} \left(\frac{\partial u}{\partial t} + A_s u - ru\right)(s,X_s^x)\,ds \end{aligned}$$

est une martingale. En appliquant le théorème d'arrêt (théorème 3.3.4 du chapitre 3) à cette martingale entre 0 et τ, un temps d'arrêt plus petit que T on obtient $\mathbb{E}(M_\tau) = \mathbb{E}(M_0)$, et, comme $\partial u/\partial t + A_s u - ru \leq 0$,

$$u(0,x) \geq \mathbb{E}\left(e^{-\int_0^\tau r(s,X_s^x)ds} u\left(\tau, X_\tau^x\right)\right).$$

Mais $u(t,x) \geq f(x)$, donc

$$u(0,x) \geq \mathbb{E}\left(e^{-\int_0^\tau r(s,X_s^x)ds} f\left(X_\tau^x\right)\right).$$

Ce qui prouve que

$$u(0,x) \geq \sup_{\tau \in \mathcal{T}_{0,T}} \mathbb{E}\left(e^{-\int_0^\tau r(s,X_s^x)ds} f\left(X_\tau^x\right)\right) = \Phi(0,x).$$

Maintenant, si on pose $\tau_{\text{opt}} = \inf\{0 \leq s \leq T,\ u\left(s, X_s^x\right) = f\left(X_s^x\right)\}$, on peut montrer que τ_{opt} est un temps d'arrêt. D'autre part, pour s entre 0 et τ_{opt}, on a $\left(\partial u/\partial t + A_s u - ru\right)\left(s, X_s^x\right) = 0$. On en déduit, grâce au théorème d'arrêt, que

$$u(0,x) = \mathbb{E}\left(e^{-\int_0^{\tau_{\text{opt}}} r(s,X_s^x)ds} u\left(\tau_{\text{opt}}, X_{\tau_{\text{opt}}}^x\right)\right).$$

Mais à l'instant τ_{opt}, $u(\tau_{\text{opt}}, X_{\tau_{\text{opt}}}^x) = f(X_{\tau_{\text{opt}}}^x)$, d'où

$$u(0,x) = \mathbb{E}\left(e^{-\int_0^{\tau_{\text{opt}}} r(s,X_s^x)ds} f\left(X_{\tau_{\text{opt}}}^x\right)\right).$$

Ce qui prouve que $u(0,x) \leq F(0,x)$, puis que $u(0,x) = F(0,x)$. On a même “démontré” que τ_{opt} est un temps d'arrêt optimal (i.e. qui réalise le supremum parmi tous les temps d'arrêt). □

Remarque 5.3.2 La formulation précise du système (5.13) est délicate, car même pour f régulière, la solution u n'est pas de classe C^2 en général. La bonne méthode consiste à introduire une formulation variationnelle du problème (voir Bensoussan et Lions (1978)). La démonstration qui est esquissée plus haut est rendue difficile par le fait que l'on ne peut pas appliquer directement la formule d'Itô à une solution de l'inéquation précédente.

5.3.2 Le put américain dans le modèle de Black et Scholes

Nous quittons le cas général pour nous occuper du *calcul du put américain dans le cas du modèle de Black et Scholes.*

On se place sous la probabilité $\mathbb{P}^*$ pour laquelle le processus $(W_t)_{t\geq 0}$ est un mouvement brownien standard, et telle que le prix de l'actif S_t vérifie :

$$dS_t = S_t(rdt + \sigma dW_t).$$

On a vu au paragraphe 5.1.3 que l'on peut se ramener à à une diffusion ayant pour générateur infinitésimal un opérateur elliptique en introduisant le processus

$$X_t = \log(S_t) = \log(S_0) + \left(r - \frac{\sigma^2}{2}\right)t + \sigma W_t.$$

Le générateur infinitésimal de X_t, A est alors indépendant du temps et

$$\tilde{A}^{bs-\log} = A^{bs-\log} - r = \frac{\sigma^2}{2}\frac{\partial^2}{\partial x^2} + \left(r - \frac{\sigma^2}{2}\right)\frac{\partial}{\partial x} - r.$$

Si l'on note $\phi(x) = (K - e^x)_+$, l'inéquation aux dérivées partielles associée au calcul du prix de put américain s'écrit

$$\begin{cases} \frac{\partial v}{\partial t}(t,x) + \tilde{A}^{bs-\log}v(t,x) \leq 0 & \text{p.p. dans} \quad [0,T) \times \mathbb{R} \\ v(t,x) \geq \phi(x) & \text{p.p. dans} \quad [0,T] \times \mathbb{R} \\ (v(t,x) - \phi(x))\left(\frac{\partial v}{\partial t}(t,x) + \tilde{A}^{bs-\log}v(t,x)\right) = 0 & \text{p.p. dans} \quad [0,T) \times \mathbb{R} \\ v(T,x) = \phi(x). \end{cases} \tag{5.14}$$

Le théorème suivant donne un résultat d'existence et d'unicité pour l'inéquation aux dérivées partielles (5.14) et établit le lien avec le prix du put américain $\Phi(t,x)$.

Théorème 5.3.4 *L'inéquation (5.14) admet une solution unique $v(t,x)$ continue et bornée telle que les dérivées au sens des distributions $\frac{\partial v}{\partial x}, \frac{\partial v}{\partial t}, \frac{\partial^2 v}{\partial x^2}$ soient localement bornées. De plus cette solution vérifie :*

$$v(t,\log(x)) = \Phi(t,x) = \sup_{\tau \in \mathcal{T}_{t,T}} \mathbb{E}^*\left(e^{-r(\tau-t)}f\left(xe^{(r-\sigma^2/2)(\tau-t+\sigma(W_\tau-W_t)}\right)\right).$$

Pour une démonstration de ce résultat on consultera Jaillet, Lamberton, et Lapeyre (1990).

Résolution numérique de l'inéquation

Nous allons voir comment on peut résoudre l'inéquation (5.14) par une méthode numérique. On procède essentiellement de la même façon que dans le cas européen. On commence par localiser le problème pour se ramener à une inéquation dans $\mathcal{O}_l =]-l,l[$. On doit alors imposer des conditions aux limites en $\pm l$. Par souci de simplicité, nous écrivons, ici, l'inéquation avec des conditions de type Neumann en annulant les dérivées en x en $\pm l$[1] :

$$(A) \begin{cases} \dfrac{\partial v}{\partial t}(t,x) + \tilde{A}^{\text{bs-log}}v(t,x) \leq 0 \quad \text{p.p. dans} \quad [0,T] \times \mathcal{O}_l \\ v(t,x) \geq \phi(x) \quad \text{p.p. dans} \quad [0,T] \times \mathcal{O}_l \\ (v-\phi)\left(\frac{\partial v}{\partial t}(t,x) + \tilde{A}^{bs-\log}v(t,x)\right) = 0 \quad \text{p.p. dans} \quad [0,T] \times \mathcal{O}_l \\ v(T,x) = \phi(x) \\ \dfrac{\partial v}{\partial x}(t,\pm l) = 0. \end{cases}$$

Nous allons maintenant discrétiser l'inéquation (*A*) à l'aide de la méthode des différences finies. On reprend les notations du paragraphe 5.2.2. En particulier, M est un nombre entier tel que $Mk = T$, f_h est le vecteur donné par $f_h^i = \phi(x_i)$, où

[1] En pratique, on impose plutôt les conditions aux limites suivantes, plus naturelles, $\dfrac{\partial v}{\partial x}(t,l) = 0$ et $v(t,-l) = \phi(-l)$.

$x_i = -l + 2il/(N+1)$ et $\tilde{A}_h$ est donné par (5.11). On note, si u et v sont deux vecteurs de $\mathbb{R}^n$, $u \leq v$ pour : $\forall 1 \leq i \leq n,\ u_i \leq v_i$. La démarche est alors formellement similaire à celle du cas européen : par discrétisation en espace et en temps, on se ramène à l'inéquation en dimension finie

$$(A_{h,k}) \begin{cases} u_{h,k}^M = f_h \\ \text{et si } 0 \leq n \leq M-1, \\ u_{h,k}^n \geq f_h \\ u_{h,k}^{n+1} - u_{h,k}^n + k\left(\theta \tilde{A}_h u_{h,k}^n + (1-\theta)\tilde{A}_h u_{h,k}^{n+1}\right) \leq 0 \\ \left(u_{h,k}^{n+1} - u_{h,k}^n + k\left(\theta \tilde{A}_h u_{h,k}^n + (1-\theta)\tilde{A}_h u_{h,k}^{n+1}\right), u_{h,k}^n - f_h\right) = 0, \end{cases}$$

où (x, y) est le produit scalaire des vecteurs x et y de $\mathbb{R}^N$ et $\tilde{A}_h$ est donnée par (5.11). Si on note

$$\begin{cases} R &= I - k\theta \tilde{A}_h \\ X &= u_{h,k}^n \\ G &= \left(I + k(1-\theta)\tilde{A}_h\right) u_{h,k}^{n+1} \\ F &= f_h, \end{cases}$$

on a à résoudre, à chaque pas de temps n, le système d'inéquations

$$(AD) \begin{cases} RX \geq G \\ X \geq F \\ (RX - G, X - F) = 0, \end{cases}$$

où R est la matrice tridiagonale :

$$R = \begin{pmatrix} a+b & c & 0 & \cdots & 0 & 0 \\ a & b & c & 0 & \cdots & 0 \\ 0 & a & b & c & \cdots & 0 \\ 0 & \vdots & \ddots & \ddots & \ddots & \vdots \\ 0 & 0 & \cdots & a & b & c \\ 0 & 0 & 0 & \cdots & a & b+c \end{pmatrix}$$

avec

$$\begin{cases} a &= \theta k\left(-\frac{\sigma^2}{2h^2} + \frac{1}{2h}\left(r - \frac{\sigma^2}{2}\right)\right) \\ b &= 1 + \theta k\left(\frac{\sigma^2}{h^2} + r\right) \\ c &= -\theta k\left(\frac{\sigma^2}{2h^2} + \frac{1}{2h}\left(r - \frac{\sigma^2}{2}\right)\right). \end{cases}$$

(AD) est une inéquation en dimension finie. On sait résoudre de tels systèmes d'inéquations à la fois théoriquement et algorithmiquement, si la matrice R est coercive (c'est à dire si $X.RX \geq \alpha X.X$, avec $\alpha > 0$). On peut d'autre part vérifier que, dans notre cas, R vérifie cette hypothèse si $\left|r - \frac{\sigma^2}{2}\right| \leq \frac{\sigma^2}{h}$ et si $\frac{k}{2h}\left|r - \frac{\sigma^2}{2}\right| < 1$. En effet, cette condition implique que a et c sont négatifs, et donc, en utilisant l'inégalité $2|xy| \leq x^2 + y^2$,

$$\begin{aligned}
x.Rx &= \sum_{i=2}^{n} a x_{i-1} x_i + \sum_{i=1}^{n} b x_i^2 + \sum_{i=1}^{n-1} c x_i x_{i+1} + a x_1^2 + c x_n^2 \\
&\geq (a/2) \sum_{i=2}^{n} (x_{i-1}^2 + x_i^2) \\
&\quad + \sum_{i=1}^{n} b x_i^2 + (c/2) \sum_{i=1}^{n-1} (x_i^2 + x_{i+1}^2) + a x_1^2 + c x_n^2 \\
&= \frac{a-c}{2}(x_1^2 - x_n^2) + (a+b+c) \sum_{i=1}^{n} x_i^2 \\
&\geq \left(a+b+c-\frac{1}{2}|a-c|\right) \sum_{i=1}^{n} x_i^2 \geq \left(1 - \frac{k}{2h}\left|r - \frac{\sigma^2}{2}\right|\right) \sum_{i=1}^{n} x_i^2 .
\end{aligned}$$

Sous cette hypothèse de coercivité, on peut prouver qu'il existe une solution unique pour le problème $(A_{h,k})$ (voir exercice 31).

Le théorème suivant précise la nature de la convergence d'une solution de $(A_{h,k})$ vers la solution de (A). On note

$$u_h^k(t,x) = \sum_{n=1}^{M} \sum_{i=1}^{N} \left(u_{h,k}^n\right)_i \mathbf{1}_{(x_i - h/2, x_i + i/2]}(x) \times \mathbf{1}_{((n-1)k, nk]}(t).$$

Théorème 5.3.5 *Si u est une solution de (A),*

1. *si $\theta < 1$ la convergence est conditionnelle : si h et k tendent vers 0 et si k/h^2 tend vers 0, alors*

$$\begin{array}{ll} \lim u_h^k = u & \textit{dans l'espace } L^2\left([0,T] \times \mathcal{O}_l\right) \\ \lim \delta u_h^k = \frac{\partial u}{\partial x} & \textit{dans l'espace } L^2\left([0,T] \times \mathcal{O}_l\right) \end{array}$$

2. *si $\theta = 1$ la convergence est* inconditionnelle *: la convergence précédente a lieu si h et k tendent vers 0 sans restriction.*

On trouvera la démonstration de ce résultat dans Glowinsky *et al.* (1976) et Zhang (1997).

Remarque 5.3.3 Dans la pratique, on utilise surtout l'algorithme correspondant à $\theta = 1$, à cause de ses propriétés de convergence inconditionnelle.

Résolution algorithmique de l'inéquation en dimension finie

Dans le cas du *put américain*, et lorsque *le pas h est suffisamment petit*, on sait résoudre le système (AD) très efficacement en modifiant l'algorithme de résolution des systèmes d'équations tridiagonaux. On procède comme suit (on note b la diagonale $(b_1, \ldots, b_N)$ de la matrice R :

Remontée :
$b'_N = b_N$
$g'_N = g_N$
Pour $1 \leq i \leq N-1$, i décroissant,
$b'_i = b_i - ca/b'_{i+1}$
$g'_i = g_i - cg'_{i+1}/b'_{i+1}$

Descente 'Américaine' :
$x_1 = g'_1/b'_1$
Pour $2 \leq i \leq N$, i croissant,
$\tilde{x}_i = (g'_i - ax_{k-1})/b'_i$
$x_i = \sup(\tilde{x}_i, f_i)$.

On trouvera la preuve que, sous les hypothèses précédentes, cet algorithme calcule bien une solution de l'inéquation (AD) dans Jaillet, Lamberton, et Lapeyre (1990).

Remarque 5.3.4 L'algorithme est exactement le même que dans le cas européen en dehors de l'étape $x_i = \sup(\tilde{x}_i, f_i)$. Ceci le rend très efficace.

Il existe d'autres algorithmes permettant de résoudre les inéquations en dimension finie, on trouvera une description de certaines de ces méthodes dans Jaillet, Lamberton, et Lapeyre (1990) (pour des méthodes exactes) et Glowinsky *et al.* (1976) (pour des méthodes itératives).

Remarque 5.3.5 Lorsque l'on fait $\theta = 1$ dans $(A_{h,k})$, que l'on impose des conditions aux limites du type Neumann et que l'on applique l'algorithme de résolution précédent, la méthode de résolution porte le nom d' "algorithme de Brennan et Schwartz" (voir Brennan et Schwartz (1977)).

Il faut bien noter que l'algorithme précédent ne calcule la solution correcte du système d'inéquations (AD) que sous les hypothèses soulignées plus haut, en particulier, il est spécifique au cas du put américain. Il existe des cas où le résultat calculé par cet algorithme n'est pas la solution de (AD), comme on s'en convainc aisément sur l'exemple suivant :

$$R = \begin{pmatrix} 1 & -1 & 0 \\ -\varepsilon & 1 & 0 \\ 0 & 0 & 1 \end{pmatrix}, \quad F = \begin{pmatrix} 1 \\ 2 \\ 0 \end{pmatrix}, \quad G = \begin{pmatrix} 0 \\ 0 \\ 1 \end{pmatrix}.$$

L'algorithme donne

$$X = \begin{pmatrix} 1 \\ 2 \\ 0 \end{pmatrix},$$

qui n'est pas une solution de (AD).

5.3.3 La méthode binomiale pour le calcul du put américain

Nous allons présenter une autre méthode d'approximation du prix du put américain pour le modèle de Black et Scholes. Soient r, a, b des nombres réels, tels que $0 < 1 + a < 1 + r < 1 + b$. Soit $(S_n)_{n\geq 0}$ le modèle binomial défini par, $S_0 = x$ et $S_{n+1} = S_n T_n$, où $(T_n)_{n\geq 0}$ est une suite de variables aléatoires indépendantes et équidistribuées, telles que $\mathbb{P}(T_n = 1 + a) = p = (b - r)/(b - a)$ et $\mathbb{P}(T_n = 1 + b) = 1 - p = (r - a)/(b - a)$. On a vu au chapitre 2, exercice 7 que le prix du put américain, dans le modèle de Cox-Ross-Rubinstein, s'écrivait sous la forme :

$$\mathcal{P}_n = P_{am}(n, S_n),$$

et que la fonction $P_{am}(n, x)$ pouvait se calculer à l'aide de la relation de récurrence :

$$P_{am}(n, x) = \max\Bigg((K - x)^+, \qquad (5.15)$$
$$\frac{pP_{am}(n + 1, x(1 + a)) + (1 - p)P_{am}(n + 1, x(1 + b))}{1 + r}\Bigg)$$

et de la valeur finale, $P_{am}(N, x) = (K - x)^+$. D'autre part, le problème corrigé du chapitre 1 paragraphe 1.4 prouve que si les paramètres sont choisis de la façon suivante :

$$\begin{cases} r &= RT/N \\ 1 + a &= \exp(-\sigma\sqrt{T/N}) \\ 1 + b &= \exp(+\sigma\sqrt{T/N}) \\ p &= (b - r)/(b - a), \end{cases} \qquad (5.16)$$

le prix d'une option européenne dans ce modèle binomial approxime le prix pour le modèle de Black et Scholes, pour un taux d'intérêt R et une volatilité σ. Cela suggère la méthode de calcul suivante pour le calcul du put américain.

On se donne une valeur de N, on fixe les valeurs de r, a, b, p à l'aide de (5.16) et on utilise la relation de récurrence (5.15) pour calculer le prix associé à cette discrétisation $P^N_{am}(n, .)$ aux points $x(1 + a)^{n-i}(1 + b)^i$, $0 \leq i \leq n$. Il semble naturel de penser que $P^N_{am}(0, x)$ est une approximation du prix américain dans le modèle de Black et Scholes $P(0, x)$.

On peut, effectivement, démontrer que $\lim_{N\to+\infty} P_{am}(0, x) = P(0, x)$. Le résultat précédent est délicat à justifier. Nous renvoyons à Kushner (1977), Lamberton et Pagès (1990) ou Amin et Khanna (1994) pour sa preuve.

La méthode que nous venons de décrire porte le nom de méthode de Cox-Ross-Rubinstein. Elle est décrite dans Cox et Rubinstein (1985).

5.4 Exercices

Exercice 31 On note (X, Y) le produit scalaire de deux vecteurs $X = (x_i)_{1\leq i\leq n}$ et $Y = (y_i)_{1\leq i\leq n}$ de $\mathbb{R}^n$. La notation $X \geq Y$ signifie que pour tout i entre 1 et n,

$x_i \geq y_i$. On suppose que R vérifie, pour tout X de $\mathbb{R}^n$ $(X, RX) \geq \alpha(X, X)$ avec $\alpha > 0$. Nous allons étudier le système :

$$\begin{cases} RX \geq G \\ X \geq F \\ (RX - G, X - F) = 0. \end{cases}$$

1. Démontrer que ce problème est équivalent à trouver $X \geq F$ tel que
$$\forall V \geq F, \quad (RX - G, V - X) \geq 0. \tag{5.17}$$
2. Démontrer l'unicité d'une solution de (5.17).
3. Démontrer que si M est la matrice identité, alors il existe une solution unique à (5.17).
4. Soit ρ un nombre positif, on note $S_\rho(X)$ l'unique $Y \geq F$ tel que :
$$\forall V \geq F, \quad (Y - X + \rho(RX - G), V - Y) \geq 0.$$
Montrer que, si ρ est assez petit, S_ρ est une application contractante.
5. En déduire l'existence d'une solution de (5.17).

Exercice 32 On cherche à approximer le prix $u(t, x)$ du put américain dans le modèle de Black et Scholes. On rappelle que u est solution de l'inéquation aux dérivées partielles :

$$\begin{cases} \dfrac{\partial u}{\partial t}(t, x) + \tilde{A}^{\text{bs}} u(t, x) \leq 0 \quad \text{p.p. dans} \quad [0, T] \times [0, +\infty) \\ u(t, x) \geq (K - x)_+ \quad \text{p.p. dans} \quad [0, T] \times [0, +\infty) \\ (u - (K - x)_+) \left(\dfrac{\partial u}{\partial t}(t, x) + \tilde{A}^{\text{bs}} u(t, x) \right) = 0 \quad \text{p.p. dans} \quad [0, T] \times [0, +\infty[\\ u(T, x) = (K - x)_+, \end{cases}$$

avec
$$\tilde{A}^{\text{bs}} = \frac{\sigma^2 x^2}{2} \frac{\partial^2}{\partial x^2} + rx \frac{\partial}{\partial x} - r.$$

1. On note $u_e(t, x)$ la valeur du put européen pour le modèle de Black-Scholes. Écrire le système d'inéquations vérifié par $v = u - u_e$.
2. On va approximer la solution $v = u - u_e$ de cette inéquation en la discrétisant uniquement en temps et *en utilisant un seul pas de temps*. Lorsqu'on utilise une méthode totalement implicite, montrer que l'approximation $\tilde{v}(x)$ de $v(0, x)$ vérifie :
$$\begin{cases} -\tilde{v}(x) + T\tilde{A}^{\text{bs}} \tilde{v}(x) \leq 0 \quad \text{p.p. dans} \quad [0, +\infty[\\ \tilde{v}(t, x) \geq \tilde{\psi}(x) = (K - x)_+ - u_e(0, x) \quad \text{p.p. dans} \quad [0, +\infty[\\ (\tilde{v}(x) - \tilde{\psi}(x))(-\tilde{v}(x) + T\tilde{A}^{\text{bs}} \tilde{v}(x)) = 0 \quad \text{p.p. dans} \quad [0, +\infty[, \end{cases} \tag{5.18}$$
où $\tilde{\psi}(x) = (K - x)_+ - u_e(0, x)$.

3. Trouver l'unique valeur négative de α telle que $v(x) = x^\alpha$ soit solution de $-v(x) + T\tilde{A}^{\rm bs}v(x) = 0$.

4. On va chercher une solution continue à dérivée continue de (5.18) sous la forme

$$\tilde{v}(x) = \begin{cases} \lambda x^\alpha \text{ si } x \geq x^* \\ \tilde{\psi}(x) \text{ sinon.} \end{cases} \tag{5.19}$$

Écrire les équations que doivent vérifier λ et α pour que $\tilde{v}$ soit continue et à dérivée continue en x^*. En déduire, que si $\tilde{v}$ est continue et à dérivée continue, alors x^* est solution de $f(x) = x$ où

$$f(x) = |\alpha| \frac{K - u_e(0,x)}{u_e'(0,x) + 1 + |\alpha|}$$

et $u_e'(t,x) = (\partial u_e(t,x)/\partial x)$.

5. En utilisant la formule explicite de $u_e(0,x)$ (voir chapitre 4, équation (4.9)), démontrer que $f(0) > 0$, que $f(K) < K$ (on pourra utiliser la convexité de la fonction u_e) et que $f(x) - x$ est décroissante. En déduire qu'il existe une solution unique à $f(x) = x$.

6. Démontrer que $\tilde{v}(x)$, définie par (5.19), où x^*, est la solution unique de $f(x) = x$ est une solution de (5.18).

7. Proposer un algorithme itératif (utilisant une méthode de dichotomie) permettant de calculer x^*, avec une précision arbitraire.

8. Écrire un algorithme informatique implémentant une approximation du put américain à partir de ce qui précède.

L'algorithme que nous venons de décrire est une version (légèrement différente) de l'algorithme de Mac Millan (voir MacMillan (1986) ainsi que Barone-Adesi et Whaley (1987)) et Chevance (1990)).

Chapitre 6

Modèles de taux d'intérêt

Les modèles de taux d'intérêt sont utilisés principalement pour "pricer" et couvrir des obligations et des actions sur obligations. Jusqu'à présent, aucun modèle n'a pu s'imposer comme modèle de référence au même titre que le modèle de Black-Scholes pour les options sur actions. Dans les quinze dernières années, la recherche sur ce sujet a été très active et une présentation exhaustive des modèles et des techniques dépasserait le cadre de ce livre. Dans ce chapitre, nous allons tenter de préciser les principes de base de la modélisation (en suivant essentiellement Artzner et Delbaen (1989)), présenter les notions de *mesure forward* et de *changement de numéraire*, puis nous illustrerons la théorie par l'étude de quelques modèles particuliers.

6.1 Principes de la modélisation

6.1.1 Notion de courbe des taux

Dans la plupart des modèles que nous avons étudiés, le taux d'intérêt est supposé constant. Dans la réalité, on observe que le taux d'intérêt d'un prêt dépend à la fois de la date t d'émission du prêt et de la date T d'échéance ou de *maturité* du prêt.

Une personne empruntant un euro à la date t, jusqu'à une maturité T, devra rembourser une somme $F(t,T)$ à la date T, ce qui équivaut à un taux d'intérêt (instantané) moyen $R(t,T)$ donné par l'égalité

$$F(t,T) = e^{(T-t)R(t,T)}.$$

Si on se place en environnement certain, c'est-à-dire si on suppose que tous les taux d'intérêt $(R(t,T))_{t\leq T}$ sont connus, alors, en l'absence d'opportunité d'arbitrage, la fonction F doit vérifier

$$\forall t < u < s, \quad F(t,s) = F(t,u)F(u,s).$$

Il est facile en effet de construire des arbitrages lorsque cette égalité n'est pas vérifiée (exercice !). De cette relation et de l'égalité $F(t,t) = 1$, on déduit que, si F est régulière, il existe une fonction $r(t)$ telle que

$$F(t,T) = \exp\left(\int_t^T r(s)ds\right), \quad \text{pour } 0 \leq t < T,$$

et par conséquent

$$R(t,T) = \frac{1}{T-t}\int_t^T r(s)ds.$$

La fonction $r(s)$ s'interprète comme le taux d'intérêt instantané.

En environnement incertain, ce raisonnement n'est plus possible. A la date t, les taux d'intérêt futurs $R(u,T)$, pour $T > u > t$, ne sont pas connus. Néanmoins, on conçoit qu'il y ait des liaisons entre les différents taux, le but de la modélisation étant de les préciser.

Le problème se pose concrètement en termes de *pricing* des obligations. Nous appellerons *obligation zéro-coupon* un titre donnant droit à 1 euro à une date d'échéance T et nous noterons $P(t,T)$ la valeur de ce titre à l'instant t. On a évidemment $P(T,T) = 1$ et, en environnement certain,

$$P(t,T) = e^{-\int_t^T r(s)ds}. \tag{6.1}$$

6.1.2 Courbe des taux en avenir incertain

En avenir incertain, il faut penser le taux instantané comme un processus aléatoire : entre les instants t et $t + dt$, il est possible d'emprunter au taux $r(t)$ (dans la pratique, c'est un taux à court terme, par exemple le taux au jour le jour). Pour préciser la modélisation, nous nous plaçons sur un espace de probabilité filtré $(\Omega, \mathcal{F}, \mathbb{P}, (\mathcal{F}_t)_{0\leq t\leq \bar{T}})$. Notons qu'ici, l'horizon est noté $\bar{T}$ car nous aurons à considérer toutes les échéances T telles que $0 \leq T \leq \bar{T}$. Nous supposons que la filtration $(\mathcal{F}_t)_{0\leq t\leq \bar{T}}$ est la filtration naturelle du mouvement brownien standard $(W_t)_{0\leq t\leq \bar{T}}$ et que $\mathcal{F}_{\bar{T}} = \mathcal{F}$. Comme dans les modèles étudiés précédemment, nous introduisons un actif dit *sans risque*, dont le prix à la date t est donné par

$$S_t^0 = e^{\int_0^t r(s)ds},$$

où $(r(t))_{0\leq t\leq \bar{T}}$ est un processus adapté vérifiant $\int_0^{\bar{T}} |r(t)|dt < \infty$, presque sûrement. L'appellation d'actif sans risque peut sembler étrange pour un actif dont le prix dépend du hasard. Nous verrons plus loin en quoi cet actif est moins "risqué" que les autres. Les actifs risqués sont ici les obligations zéro-coupon d'échéance inférieure ou égale à l'horizon $\bar{T}$. Pour une échéance $T \in [0, \bar{T}]$, nous notons $P(t,T)$ le prix à l'instant t ($0 \leq t \leq T$) de l'obligation zéro-coupon d'échéance T. Notons que $P(T,T) = 1$. On suppose que le processus de prix $(P(t,T))_{0\leq t\leq T}$, est adapté.

Dans le Chapitre 1, nous avons caractérisé, dans le cadre des modèles discrets, l'absence d'opportunités d'arbitrage par l'existence d'une probabilité équivalente sous laquelle les prix actualisés des actifs sont des martingales. L'extension de ce type de résultat à des modèles à temps continu est délicate (cf. Harrison et Kreps

(1979), Harrison et Pliska (1981), Stricker (1990), Delbaen et Schachermayer (1994, 2006), Artzner et Delbaen (1989)), mais nous avons pu constater, dans le Chapitre 4, qu'une telle probabilité existe dans le modèle de Black-Scholes. Ces considérations nous conduisent à prendre comme point de départ de la modélisation l'hypothèse suivante.

(H) Il existe une probabilité $\mathbb{P}^*$ équivalente à $\mathbb{P}$, sous laquelle, pour tout $T \in [0, \bar{T}]$, le processus $(\tilde{P}(t,T))_{0 \leq t \leq T}$ défini par

$$\tilde{P}(t,T) = e^{-\int_0^t r(s)ds} P(t,T)$$

est une martingale.

Cette hypothèse entraîne un certain nombre de conséquences intéressantes. En effet, la propriété de martingale sous $\mathbb{P}^*$ donne, en utilisant l'égalité $P(T,T) = 1$,

$$\tilde{P}(t,T) = \mathbb{E}^*(\tilde{P}(T,T)|\mathcal{F}_t) = \mathbb{E}^*\left(e^{-\int_0^T r(s)ds}\middle|\mathcal{F}_t\right)$$

et, en supprimant l'actualisation,

$$P(t,T) = \mathbb{E}^*\left(e^{-\int_t^T r(s)ds}\middle|\mathcal{F}_t\right). \tag{6.2}$$

Cette égalité, qu'il est intéressant de comparer à la formule (6.1), montre que les prix $P(t,T)$ ne dépendent que du comportement du processus $(r(s))_{0 \leq s \leq \bar{T}}$ sous la probabilité $\mathbb{P}^*$. L'hypothèse que nous avons faite sur la filtration $(\mathcal{F}_t)_{0 \leq t \leq \bar{T}}$ permet de préciser la densité de la probabilité $\mathbb{P}^*$ par rapport à $\mathbb{P}$. Notons $L_{\bar{T}}$ cette densité. Pour toute variable aléatoire positive X, on a $\mathbb{E}^*(X) = \mathbb{E}(XL_T)$, et, si X est $\mathcal{F}_t$-mesurable, $\mathbb{E}^*(X) = \mathbb{E}(XL_t)$, en posant $L_t = \mathbb{E}(L_T|\mathcal{F}_t)$. La variable aléatoire L_t est donc la densité de la restriction de $\mathbb{P}^*$ à $\mathcal{F}_t$ par rapport à $\mathbb{P}$.

Proposition 6.1.1 *Il existe un processus adapté $(q(t))_{0 \leq t \leq \bar{T}}$ tel que, pour tout $t \in [0, \bar{T}]$,*

$$L_t = \exp\left(\int_0^t q(s)dW_s - \frac{1}{2}\int_0^t q(s)^2 ds\right) \quad p.s. \tag{6.3}$$

Démonstration. Le processus $(L_t)_{0 \leq t \leq \bar{T}}$ est une martingale par rapport à $(\mathcal{F}_t)$, qui est la filtration naturelle du mouvement brownien standard (W_t). Il en résulte (cf. Chapitre 4, Section 4.2.3) qu'il existe un processus adapté $(H_t)_{0 \leq t \leq \bar{T}}$ vérifiant $\int_0^{\bar{T}} H_t^2 dt < \infty$ p.s. et, pour tout $t \in [0, \bar{T}]$,

$$L_t = L_0 + \int_0^t H_s dW_s \quad \text{p.s.}$$

Puisque $L_{\bar{T}}$ est une densité de probabilité, on a $\mathbb{E}(L_{\bar{T}}) = 1 = L_0$ et, puisque $\mathbb{P}^*$ est équivalente à $\mathbb{P}$, on a $L_{\bar{T}} > 0$ p.s. et plus généralement $\mathbb{P}(L_t > 0) = 1$ quel que soit t. Pour obtenir la formule (6.3), on est conduit à appliquer la formule d'Itô formula avec la fonction logarithme. Pour cela, on a besoin de vérifier que $\mathbb{P}\left(\forall t \in [0, \bar{T}], L_0 + \int_0^t H_s dW_s > 0\right) = 1$. Cette vérification, qui utilise de manière cruciale la propriété de martingale fait l'objet de l'exercice 33. Ce point étant acquis, la formule d'Itô donne

$$\log(L_t) = \int_0^t \frac{1}{L_s} H_s dW_s - \frac{1}{2} \int_0^t \frac{1}{L_s^2} H_s^2 ds \quad \text{p.s.},$$

ce qui entraîne l'égalité (6.3) avec $q(t) = H_t / L_t$. □

Corollaire 6.1.2 *Le prix à l'instant t de l'obligation zéro-coupon d'échéance $T \geq t$ peut s'écrire*

$$P(t,T) = \mathbb{E}\left(\exp\left(-\int_t^T r(s)ds + \int_t^T q(s)dW_s - \frac{1}{2}\int_t^T q(s)^2 ds\right) | \mathcal{F}_t\right). \tag{6.4}$$

Démonstration. Cela résulte immédiatement de la Proposition 6.1.1 et de la formule suivante, facile à vérifier pour toute variable aléatoire positive X (voir Chapitre 4, Exercice 22, formule de Bayes pour les espérances conditionnelles) :

$$\mathbb{E}^*(X|\mathcal{F}_t) = \frac{\mathbb{E}(X L_{\bar{T}} | \mathcal{F}_t)}{L_t}. \tag{6.5}$$

□

La proposition suivante permet de donner une interprétation du processus $(q(t))$ (cf. Remarque 6.1.1 ci-dessous).

Proposition 6.1.3 *Pour chaque échéance T, il existe un processus adapté $(\sigma_t^T)_{0 \leq t \leq T}$ tel que*

$$\frac{dP(t,T)}{P(t,T)} = (r(t) - \sigma_t^T q(t))dt + \sigma_t^T dW_t, \quad \textit{pour}\ 0 \leq t \leq T. \tag{6.6}$$

Démonstration. Puisque le processus $(\tilde{P}(t,T))_{0 \leq t \leq T}$ est une martingale sous $\mathbb{P}^*$, le processus $(\tilde{P}(t,T)L_t)_{0 \leq t \leq T}$ est une martingale sous $\mathbb{P}$ (cf. Exercice 34). De plus, on a $\tilde{P}(t,T)L_t > 0$ p.s., pour tout $t \in [0,T]$. Alors, par le même raisonnement que dans la Proposition 6.1.1, on voit qu'il existe un processus adapté $(\theta_t^T)_{0 \leq t \leq T}$ tel que $\int_0^T (\theta_t^T)^2 dt < \infty$ et

$$\tilde{P}(t,T)L_t = \tilde{P}(0,T) e^{\int_0^t \theta_s^T dW_s - \frac{1}{2}\int_0^t (\theta_s^T)^2 ds}.$$

D'où, en explicitant L_t et en supprimant l'actualisation,

$$\begin{aligned} P(t,T) &= P(0,T)\exp\left(\int_0^t r(s)ds + \int_0^t \left(\theta_s^T - q(s)\right) dW_s \right. \\ &\quad \left. -\frac{1}{2}\int_0^t \left(\left(\theta_s^T\right)^2 - q(s)^2\right) ds\right). \end{aligned}$$

En appliquant la formule d'Itô avec la fonction exponentielle, on obtient

$$\begin{aligned}\frac{dP(t,T)}{P(t,T)} &= r(t)dt + \left(\theta_t^T - q(t)\right)dW_t - \frac{1}{2}\left(\left(\theta_t^T\right)^2 - q(t)^2\right)dt \\ &\quad +\frac{1}{2}\left(\theta_t^T - q(t)\right)^2 dt \\ &= \left(r(t) + q(t)^2 - \theta_t^T q(t)\right)dt + \left(\theta_t^T - q(t)\right)dW_t,\end{aligned}$$

ce qui donne (6.6) en posant $\sigma_t^T = \theta_t^T - q(t)$. □

Remarque 6.1.1 La formule (6.6) est à rapprocher de l'égalité $dS_t^0 = r(t)S_t^0 dt$, vérifiée par l'actif dit *sans risque*. C'est la présence du terme en dW_t qui rend les obligations plus risquées. De plus, pour l'intuition, l'expression $r(t) - \sigma_t^T q(t)$ apparaît comme le rendement moyen (i.e. en espérance) de l'obligation à l'instant t (car les accroissements du brownien sont centrés) et l'expression $-\sigma_t^T q(t)$ apparaît comme la différence entre le rendement moyen de l'obligation et le taux sans risque. D'où l'interprétation de $-q(t)$ comme une *prime de risque*. Sous la probabilité $\mathbb{P}^*$, le processus $(\tilde{W}_t)$ défini par $\tilde{W}_t = W_t - \int_0^t q(s)ds$ est un mouvement brownien standard (Théorème de Girsanov), et on a

$$\frac{dP(t,T)}{P(t,T)} = r(t)dt + \sigma_t^T d\tilde{W}_t. \tag{6.7}$$

Ainsi, sous $\mathbb{P}^*$, le rendement moyen instantané des obligations est égal au taux d'intérêt. Pour cette raison, la probabilité $\mathbb{P}^*$ est appelée probabilité *risque-neutre*. Notons que, en résolvant l'équation (6.7), on obtient

$$P(t,T) = P(0,T)e^{\int_0^t r(s)ds} \exp\left(\int_0^t \sigma_s^T d\tilde{W}_s - \frac{1}{2}\int_0^t (\sigma_s^T)^2 ds\right). \tag{6.8}$$

6.1.3 Options sur obligations

Pour fixer les idées, considérons d'abord une option européenne d'échéance θ sur l'obligation zéro-coupon d'échéance T, avec $0 \le \theta \le T \le \bar{T}$. S'il s'agit d'un call de prix d'exercice K, la valeur de l'option à l'instant θ est évidemment $(P(\theta,T)-K)_+$ et il semble raisonnable de couvrir ce call avec un portefeuille constitué de certaines quantités d'actif sans risques et d'obligations zéro-coupon d'échéance T. Une stratégie (sur l'intervalle de temps $[0,\theta]$) est alors définie par un processus adapté $(H_t^0, H_t)_{0\le t\le\theta}$ à valeurs dans $\mathbb{R}^2$, H_t^0 représentant la quantité d'actif sans risque et H_t le nombre d'obligations zéro-coupon d'échéance T détenues en portefeuille à l'instant t. La valeur du portefeuille à l'instant t est donnée par

$$V_t = H_t^0 S_t^0 + H_t P(t,T) = H_t^0 e^{\int_0^t r(s)ds} + H_t P(t,T)$$

et la condition d'auto-financement s'écrit, comme dans le Chapitre 4, sous la forme

$$dV_t = H_t^0 dS_t^0 + H_t dP(t,T).$$

Pour que cette égalité ait un sens, on impose, compte-tenu de la Proposition 6.1.3, les conditions d'intégrabilité $\int_0^\theta |H_t^0 r(t)|dt < \infty$ et $\int_0^\theta (H_t\sigma_t^T)^2 dt < \infty$ p.s. Comme dans le Chapitre 4, on définit les stratégies admissibles de la façon suivante.

Définition 6.1.5 Une stratégie $\phi = ((H_t^0, H_t))_{0\leq t\leq T}$ est admissible si elle est auto-financée et si la valeur actualisée $\tilde{V}_t(\phi) = H_t^0 + H_t\tilde{P}(t,T)$ du portefeuille correspondant est, pour tout t, positive et telle que $\sup_{t\in[0,\theta]} \tilde{V}_t$ est de carré intégrable sous $\mathbb{P}^*$.

La proposition suivante montre que, sous des hypothèses convenables, on peut couvrir toutes les options européennes d'échéance $\theta < T$.

Proposition 6.1.6 *On suppose* $\sup_{0\leq t\leq T} |r(t)| < \infty$ *p.s. et* $\sigma_t^T \neq 0$ *p.s. pour tout* $t \in [0,\theta]$. *Soit* $\theta < T$ *et soit* h *une variable aléatoire* $\mathcal{F}_\theta$*-mesurable telle que* $he^{-\int_0^\theta r(s)ds}$ *soit de carré intégrable sous* $\mathbb{P}^*$. *Alors, il existe une stratégie admissible dont la valeur à l'instant* θ *est égale à* h. *La valeur à un instant* $t \leq \theta$ *d'une telle stratégie est donnée par*

$$V_t = \mathbb{E}^*\left(e^{-\int_t^\theta r(s)ds} h \middle| \mathcal{F}_t\right).$$

Démonstration. La méthode est la même que dans le Chapitre 4. On observe d'abord que si $\tilde{V}_t$ est la valeur actualisée à l'instant t d'une stratégie admissible $(H_t^0, H_t)_{0\leq t\leq T}$, on a, en utilisant la condition d'auto-financement, la formule de différentiation d'un produit et la Remarque 6.1.1 (cf. équation (6.7)),

$$\begin{aligned} d\tilde{V}_t &= H_t d\tilde{P}(t,T) \\ &= H_t\tilde{P}(t,T)\sigma_t^T d\tilde{W}_t. \end{aligned}$$

On en déduit, compte-tenu du fait que $\sup_{t\in[0,T]} \tilde{V}_t$ est de carré intégrable sous $\mathbb{P}^*$, que $(\tilde{V}_t)$ est une martingale sous $\mathbb{P}^*$. On a donc, pour $t \in [0,\theta]$,

$$\tilde{V}_t = \mathbb{E}^*(\tilde{V}_\theta | \mathcal{F}_t),$$

et, si on impose la condition $V_\theta = h$, on obtient

$$V_t = e^{\int_0^t r(s)ds}\mathbb{E}^*\left(e^{-\int_0^\theta ds} h | \mathcal{F}_t\right).$$

Pour achever la démonstration, il suffit de trouver une stratégie admissible ayant à chaque instant cette valeur. Pour cela, on montre qu'il existe un processus $(J_t)_{0\leq t\leq \theta}$ tel que $\int_0^\theta J_t^2 dt < \infty$ p.s. et

$$he^{-\int_0^\theta r(s)ds} = \mathbb{E}^*\left(he^{-\int_0^\theta r(s)ds}\right) + \int_0^\theta J_s d\tilde{W}_s.$$

Noter que cette propriété ne résulte pas directement du Théorème de Représentation des Martingales car on ne sait pas si la martingale $\mathbb{E}^*\left(he^{-\int_0^\theta r(s)ds} \mid \mathcal{F}_t\right)$ est adaptée à la filtration naturelle de $\tilde{W}$ (voir à ce sujet l'exercice 35). Ce point étant acquis, il suffit de poser

$$H_t = \frac{J_t}{\tilde{P}(t,T)\sigma_t^T} \quad \text{et} \quad H_t^0 = \mathbb{E}^* \left(h e^{-\int_0^\theta r(s)ds} \middle| \mathcal{F}_t \right) - \frac{J_t}{\sigma_t^T}$$

pour $t \leq \theta$. On vérifie facilement que $(H_t^0, H_t)_{0 \leq t \leq \theta}$ définit une stratégie admissible (l'hypothèse $\sup_{0 \leq t \leq \bar{T}} |r(t)| < \infty$ p.s. permet d'assurer la condition $\int_0^\theta |r(s) H_s^0| ds < \infty$) dont la valeur à l'instant θ est bien égale à h. □

Au vu de la Proposition 6.1.6, il est naturel de définir le *juste prix* de l'option h à l'instant t comme la quantité

$$\mathbb{E}^* \left(e^{-\int_t^\theta r(s)ds} h \mid \mathcal{F}_t \right), \quad \text{pour } 0 \leq t \leq \theta.$$

Remarque 6.1.2 Nous ne nous sommes pas posés la question de l'unicité de la probabilité $\mathbb{P}^*$ et il n'est pas clair que le processus $(q(t))$ soit défini sans ambiguïté. En fait, on peut montrer (cf. Artzner et Delbaen (1989)) que $\mathbb{P}^*$ est l'unique probabilité équivalente $\mathbb{P}$ sous laquelle $(\tilde{P}(t,T))_{0 \leq t \leq T}$ soit une martingale si et seulement si le processus (σ_t^T) vérifie $\sigma_t^T \neq 0, dtd\mathbb{P}$ presque partout. Cette condition, légèrement plus faible que l'hypothèse de la Proposition 6.1.6, est exactement ce qu'il faut pour pouvoir couvrir les options avec des obligations zéro-coupon d'échéance T, ce qui n'est pas étonnant si l'on songe à la caractérisation des marchés complets que nous avons donnée dans le Chapitre 1.

Remarque 6.1.3 La mise en œuvre des stratégies admissibles au sens de la Définition 6.1.5 n'est pas tout à fait claire car les transactions dans l'actif sans risque peuvent être impossibles ou inadaptées. Dans la pratique, la couverture d'une option d'échéance θ sur une obligation zéro-coupon d'échéance T fera plutôt intervenir des obligations zéro-coupon des deux échéances θ et T. Voir la Remarque 6.1.6 et l'exercice 36.

Remarque 6.1.4 Pour l'évaluation des options sur des obligations avec coupons, on pourra consulter Jamshidian (1989) et El Karoui et Rochet (1989).

6.1.4 Mesures de probabilité forward et changement de numéraire

Définition 6.1.6 *Étant donné une date d'échéance* $T \in [0, \bar{T}]$, *on appelle* probabilité T-forward *la mesure de probabilité* $\mathbb{P}^T$ *équivalente à* $\mathbb{P}^*$, *définie par*

$$\frac{d\mathbb{P}^T}{d\mathbb{P}^*} = \frac{e^{-\int_0^T r(s)ds}}{P(0,T)}.$$

Noter que $\mathbb{P}^T$ est une mesure de probabilité parce que

$$P(0,T) = \mathbb{E}^* \left(e^{-\int_0^T r(s)ds} \right).$$

Comme la densité $d\mathbb{P}^T/d\mathbb{P}^*$ est strictement positive, la probabilité $\mathbb{P}^T$ est bien équivalente à $\mathbb{P}^*$ (et à $\mathbb{P}$). On peut aussi récrire (6.2) sous la forme

$$\mathbb{E}^*\left(\frac{d\mathbb{P}^T}{d\mathbb{P}^*} \mid \mathcal{F}_t\right) = \frac{\tilde{P}(t,T)}{P(0,T)}, \quad 0 \leq t \leq T.$$

La proposition suivante peut être utilisée pour calculer la valeur d'une option d'échéance θ en passant par la probabilité θ-forward (cf. Remarque 6.1.5 ci-dessous pour plus de commentaires).

Proposition 6.1.7 *Soit θ une date d'échéance ($0 \leq \theta \leq \bar{T}$).*

1. *Si h est une variable aléatoire positive, on a, pour $t \in [0, \theta]$,*

$$\mathbb{E}^*\left(e^{-\int_t^\theta r(s)ds} h \mid \mathcal{F}_t\right) = P(t,\theta)\mathbb{E}^\theta\left(h \mid \mathcal{F}_t\right).$$

2. *Si $(X_t)_{0\leq t\leq\theta}$ est un processus stochastique adapté, le processus $(X_t/S_t^0)_{0\leq t\leq\theta}$ est une $\mathbb{P}^*$-martingale si et seulement si $(X_t/P(t,\theta))_{0\leq t\leq\theta}$ est une $\mathbb{P}^\theta$-martingale.*

Démonstration. La première assertion résulte de la formule de Bayes pour les espérances conditionnelles :

$$\mathbb{E}^\theta\left(h \mid \mathcal{F}_t\right) = \frac{\mathbb{E}^*\left(hL_\theta^\theta \mid \mathcal{F}_t\right)}{L_t^\theta} \quad \text{avec} \quad L_t^\theta = \tilde{P}(t,\theta)/P(0,\theta).$$

Pour la seconde assertion, on remarque que $(M_t)_{0\leq t\leq\theta}$ est une $\mathbb{P}^\theta$-martingale si et seulement si $(M_tL_t^\theta)_{0\leq t\leq\theta}$ est une $\mathbb{P}^*$-martingale (cf. Exercice 34). □

Remarque 6.1.5 La Proposition 6.1.7 a une interprétation intéressante en termes de *changement de numéraire*. Un *numéraire* est un actif financier utilisé comme unité de prix. Si (S_t) est le processus de prix d'un actif, le prix actualisé (S_t/S_t^0) peut être vu comme le prix de l'actif quand on prend l'actif sans risque comme numéraire. Si on choisit pour numéraire l'obligation zéro-coupon d'échéance θ, le prix de l'actif à l'instant t ($t \leq \theta$) devient $F_S(t,\theta) = S_t/P(t,\theta)$. C'est ce qu'on appelle le prix θ-*forward* de l'actif. On sait que le prix actualisé d'un actif risqué est une martingale sous la probabilité risque-neutre. Il résulte de la seconde assertion de la Proposition 6.1.7 que le prix θ-forward est une martingale sous la probabilité θ-forward. La première assertion signifie que la valeur θ-forward d'une option européenne d'échéance θ est l'espérance conditionnelle sous la probabilité θ-forward du profit permis par l'exercice de l'option. Notons que le prix forward $F_S(t,\theta)$ est la valeur à l'instant t d'une option d'échéance θ et de valeur S_θ à l'échéance, ce qui correspond à une option offrant une unité de l'actif considéré à la date θ.

Considérons un call d'échéance θ et de prix d'exercice K sur une obligation zéro-coupon d'échéance T. On a alors $h = (P(\theta,T) - K)_+$. Pour calculer le prix θ-forward de cette option à l'instant t, on a besoin de la loi conditionnelle de $P(\theta,T)$

sachant $\mathcal{F}_t$ sous la probabilité θ-forward. Notons $P^\theta(t,T)$ le prix θ-forward de l'obligation zéro-coupon d'échéance T. Remarquons que $P(\theta,T) = P^\theta(\theta,T)$. Le résultat suivant précise la dynamique du processus $(P^\theta(t,T))$ sous la probabilité θ-forward.

Proposition 6.1.8 *Étant donné deux échéances θ et T, le prix θ-forward $P^\theta(t,T) = P(t,T)/P(t,\theta)$ de l'obligation zéro-coupon d'échéance T vérifie*

$$\frac{dP^\theta(t,T)}{P^\theta(t,T)} = \left(\sigma_t^T - \sigma_t^\theta\right) dW_t^\theta, \quad \textit{pour } 0 \le t \le \theta \wedge T, \tag{6.9}$$

où $W_t^\theta = \tilde{W}_t - \int_0^t \sigma_s^\theta ds$, et le processus $(W_t^\theta)_{0\le t\le\theta}$ est un $(\mathcal{F}_t)$-mouvement brownien standard sous la probabilité θ-forward $\mathbb{P}^\theta$.

Démonstration. On déduit de (6.8) que

$$\begin{aligned} P^\theta(t,T) &= \frac{P(0,T)}{P(0,\theta)} \exp\left(\int_0^t \left(\sigma_s^T - \sigma_s^\theta\right) d\tilde{W}_s - \frac{1}{2}\int_0^t \left((\sigma_s^T)^2 - (\sigma_s^\theta)^2\right) ds\right) \\ &= P^\theta(0,T) \exp\left(\int_0^t \left(\sigma_s^T - \sigma_s^\theta\right) dW_s^\theta - \frac{1}{2}\int_0^t \left(\sigma_s^T - \sigma_s^\theta\right)^2 ds\right), \end{aligned}$$

où $W_t^\theta = \tilde{W}_t - \int_0^t \sigma_s^\theta ds$. On obtient aisément (6.9) en appliquant la formule d'Itô. Il reste à montrer que, sous $\mathbb{P}^\theta$, $(W_t^\theta)_{0\le t\le\theta}$ est un $(\mathcal{F}_t)$-mouvement brownien standard. Notons $L_t^\theta = \exp\left(\int_0^t \sigma_s^\theta d\tilde{W}_s - \frac{1}{2}\int_0^t (\sigma_s^\theta)^2 ds\right) = \tilde{P}(t,\theta)/P(0,\theta)$. On a, en utilisant l'égalité $P(\theta,\theta) = 1$, $d\mathbb{P}^\theta/d\mathbb{P}^* = L_\theta^\theta$, et on sait, d'après (H), que $(L_t^\theta)_{0\le t\le\theta}$ est une martingale. Il suffit alors d'appliquer le Théorème de Girsanov. □

Remarque 6.1.6 Il résulte de la Proposition 6.1.8 que, si les volatilités des obligations zéro-coupon, σ_t^T σ_t^θ, sont *déterministes*, le prix θ-forward d'un call européen d'échéance θ et de prix d'exercice K sur l'obligation zéro-coupon d'échéance T, est donné par

$$\begin{aligned} C_t^\theta &= \mathbb{E}^\theta\left((P^\theta(\theta,T) - K)_+ \mid \mathcal{F}_t\right) \\ &= \mathbb{E}^\theta\left((P^\theta(t,T)e^{Z(t,\theta)} - K)_+ \mid \mathcal{F}_t\right), \quad 0 \le t \le \theta, \end{aligned}$$

où

$$Z(t,\theta) = \int_t^\theta \left(\sigma_s^T - \sigma_s^\theta\right) dW_s^\theta - \frac{1}{2}\int_t^\theta \left(\sigma_s^T - \sigma_s^\theta\right)^2 ds.$$

Notons que, sous $\mathbb{P}^\theta$, la variable aléatoire $Z(t,\theta)$ est indépendante de $\mathcal{F}_t$ et suit la loi normale de moyenne $-\frac{1}{2}\Sigma^2(t,\theta)$ et de variance $\Sigma^2(t,\theta)$, où

$$\Sigma^2(t,\theta) = \int_t^\theta \left(\sigma_s^T - \sigma_s^\theta\right)^2 ds.$$

On a donc, en utilisant la Proposition A.2.5 de l'Appendice,

$$C_t^\theta = B(t, P^\theta(t,T)), \tag{6.10}$$

avec

$$\begin{aligned} B(t,x) &= \mathbb{E}^*(xe^{Z(t,\theta)} - K)_+ \\ &= xN(d_1(t,x)) - KN(d_2(t,x)), \end{aligned}$$

où N est la fonction de répartition de la loi normale centrée réduite,

$$d_1(t,x) = \frac{\log(x/K) + (\Sigma^2(t,\theta)/2)}{\Sigma(t,\theta)} \quad \text{et} \quad d_2(t,x) = d_1(t,x) - \Sigma(t,\theta).$$

La formule ci-dessus (qui correspond à la formule de Black-Scholes avec taux d'intérêt nul) est connue sous le nom de formule de Black. En revenant à (6.10), on peut écrire la valeur du call à l'instant t sous la forme

$$\begin{aligned} C_t &= P(t,\theta)C_t^\theta \\ &= P(t,\theta)B(t, P^\theta(t,T)) \\ &= P(t,T)H_t^T + P(t,\theta)H_t^\theta, \end{aligned}$$

où $H_t^T = N(d_1(t, P^\theta(t,T))$ et $H_t^\theta = -KN(d_2(t, P^\theta(t,T))$. Dans ce cadre, on peut couvrir l'option en détenant H_t^T obligations zéro-coupon d'échéance T et H_t^θ obligations zéro-coupon d'échéance θ à l'instant t (cf. Exercice 36).

6.2 Quelques modèles classiques

Les équations (6.2) et (6.4) montrent que pour calculer le prix des obligations, on a besoin de connaître soit l'évolution de $(r(t))$ sous $\mathbb{P}^*$, soit l'évolution du couple $(r(t), q(t))$ sous $\mathbb{P}$. Les premiers modèles que nous allons examiner décrivent l'évolution de $r(t)$ sous $\mathbb{P}$ par une équation de diffusion et choisissent la forme de $q(t)$ de façon à conserver le même type d'équation sous $\mathbb{P}^*$. Les prix des obligations et des options dépendent alors explicitement de *paramètres de risque* difficiles à estimer. Une des vertus du modèle de Heath-Jarrow-Morton, que nous présentons brièvement dans la Section 6.2.3, est de fournir des formules de prix dépendant uniquement de paramètres régissant l'évolution des taux sous $\mathbb{P}$.

6.2.1 Modèle de Vasicek

Dans ce modèle, on suppose que le processus $r(t)$ vérifie

$$dr(t) = a(b - r(t))dt + \sigma dW_t, \tag{6.8}$$

où a, b, σ sont des constantes positives. On suppose aussi que le processus $q(t)$ est constant : $q(t) = -\lambda$, avec $\lambda \in \mathbb{R}$. On a alors

$$dr(t) = a(b^* - r(t))dt + \sigma d\tilde{W}_t, \tag{6.9}$$

où $b^* = b - \lambda\sigma/a$ et $\tilde{W}_t = W_t + \lambda t$. Avant de calculer le prix des obligations selon ce modèle, donnons quelques conséquences de l'équation (6.8). Si on pose

$$X_t = r(t) - b,$$

on voit que (X_t) est solution de l'équation différentielle stochastique

$$dX_t = -aX_t dt + \sigma dW_t,$$

ce qui signifie que (X_t) est un processus d'Ornstein-Uhlenbeck (cf. Chapitre 3, Section 3.5.2). On en déduit que $r(t)$ peut s'écrire

$$r(t) = r(0)e^{-at} + b(1 - e^{-at}) + \sigma e^{-at} \int_0^t e^{as} dW_s \tag{6.10}$$

et que, pour chaque t, la variable aléatoire $r(t)$ est une gaussienne de moyenne et variance données par

$$\mathbb{E}(r(t)) = r(0)e^{-at} + b(1 - e^{-at}), \quad \text{Var}(r(t)) = \sigma^2(1 - e^{-2at})/2a.$$

Il en résulte que $r(t)$ peut être négatif avec une probabilité strictement positive, ce qui n'est pas très satisfaisant (sauf si cette probabilité reste très faible). Noter que, quand t tend vers l'infini, $r(t)$ converge en loi vers une gaussienne de moyenne b et de variance $\sigma^2/(2a)$.

Pour calculer le prix des zéro-coupons, on se place sous la probabilité $\mathbb{P}^*$ et on utilise l'équation (6.9). D'après l'égalité (6.2), on a

$$\begin{aligned} P(t,T) &= \mathbb{E}^* \left(e^{-\int_t^T r(s)ds} \middle| \mathcal{F}_t \right) \\ &= e^{-b^*(T-t)} \mathbb{E}^* \left(e^{-\int_t^T X_s^* ds} \middle| \mathcal{F}_t \right), \end{aligned} \tag{6.11}$$

en posant $X_t^* = r(t) - b^*$. Comme (X_t^*) est solution de l'équation de diffusion à coefficients indépendants du temps

$$dX_t = -aX_t dt + \sigma d\tilde{W}_t, \tag{6.12}$$

on peut écrire

$$\mathbb{E}^* \left(e^{-\int_t^T X_s^* ds} \middle| \mathcal{F}_t \right) = F(T - t, X_t^*) = F(T - t, r(t) - b^*), \tag{6.13}$$

où F est la fonction définie par $F(\theta, x) = \mathbb{E}^* \left(e^{-\int_0^\theta X_s^x ds} \right)$, (X_t^x) étant l'unique solution de l'équation (6.12) qui vérifie $X_0^x = x$ (cf. Chapitre 3, Remarque 3.5.4).

Le calcul de $F(\theta, x)$ peut être complètement explicité. On sait (cf. Chapitre 3) que le processus (X_t^x) est gaussien, à trajectoires continues. Il en résulte que $\int_0^\theta X_s^x ds$ est une gaussienne, puisque l'intégrale est limite de sommes de Riemann qui sont gaussiennes. On a donc, d'après l'expression de la transformée de Laplace d'une gaussienne,

$$\mathbb{E}^*\left(e^{-\int_0^\theta X_s^x ds}\right) = \exp\left(-\mathbb{E}^*\left(\int_0^\theta X_s^x ds\right) + \frac{1}{2}\mathrm{Var}\left(\int_0^\theta X_s^x ds\right)\right).$$

De l'égalité $\mathbb{E}^*(X_s^x) = xe^{-as}$, on déduit

$$\mathbb{E}^*\left(\int_0^\theta X_s^x ds\right) = x\frac{1-e^{-a\theta}}{a}.$$

Pour le calcul de la variance, on écrit

$$\begin{aligned}\mathrm{Var}\left(\int_0^\theta X_s^x ds\right) &= \mathrm{Cov}\left(\int_0^\theta X_s^x ds, \int_0^\theta X_s^x ds\right)\\ &= \int_0^\theta\int_0^\theta \mathrm{Cov}\left(X_t^x, X_u^x\right) dudt. \qquad (6.14)\end{aligned}$$

Puisque $X_t^x = xe^{-at} + \sigma e^{-at}\int_0^t e^{as}d\tilde{W}_s$, on a

$$\begin{aligned}\mathrm{Cov}\left(X_t^x, X_u^x\right) &= \sigma^2 e^{-a(t+u)}\mathbb{E}^*\left(\int_0^t e^{as}d\tilde{W}_s \int_0^u e^{as}d\tilde{W}_s\right)\\ &= \sigma^2 e^{-a(t+u)}\int_0^{t\wedge u} e^{2as}ds\\ &= \sigma^2 e^{-a(t+u)}\frac{(e^{2a(t\wedge u)}-1)}{2a},\end{aligned}$$

et, en reportant dans (6.14),

$$\mathrm{Var}\left(\int_0^\theta X_s^x ds\right) = \frac{\sigma^2\theta}{a^2} - \frac{\sigma^2}{a^3}(1-e^{-a\theta}) - \frac{\sigma^2}{2a^3}(1-e^{-a\theta})^2.$$

En revenant à (6.11) et (6.13), on obtient la formule

$$P(t,T) = \exp[-(T-t)R(T-t, r(t))],$$

où $R(T-t, r(t))$, qui s'interprète comme le taux d'intérêt moyen sur la période $[t,T]$, est donné par

$$R(\theta, r) = R_\infty - \frac{1}{a\theta}\left[(R_\infty - r)(1-e^{-a\theta}) - \frac{\sigma^2}{4a^2}(1-e^{-a\theta})^2\right],$$

avec $R_\infty = \lim_{\theta\to\infty} R(\theta, r) = b^* - \sigma^2/(2a^2)$. Le taux R_∞ s'interprète comme un taux à long terme. Notons qu'il ne dépend pas du *taux instantané spot* r. Cette dernière propriété est considérée comme un défaut du modèle par les praticiens.

Dans le modèle de Vasicek , les volatilités des obligations zéro-coupon sont déterministes, ce qui permet d'obtenir des formules explicites pour l'évaluation et la couverture des options sur obligations (cf. Exercice 36).

Remarque 6.2.1 Dans la pratique, se pose le problème de l'estimation des paramètres et du choix de la valeur de r. Pour r, on peut choisit un taux court (par exemple, le taux au jour le jour ou *jj*). On peut ensuite, en principe, caler les paramètres b, a, σ par des méthodes statistiques sur les données historiques du taux instantané, puis déterminer λ à partir des données de marché en inversant la formule de Vasicek. En fait, les praticiens déterminent souvent les paramètres, y compris r, en ajustant au mieux la formule de Vasicek aux données de marché.

6.2.2 Modèle de Cox-Ingersoll-Ross

Cox, Ingersoll et Ross (1985) proposent de modéliser l'évolution du taux d'intérêt instantané par l'équation

$$dr(t) = (a - br(t))dt + \sigma\sqrt{r(t)}dW_t, \tag{6.15}$$

avec σ et a positifs, $b \in \mathbb{R}$, le processus $(q(t))$ étant pris de la forme $q(t) = -\alpha\sqrt{r(t)}$, avec $\alpha \in \mathbb{R}$. Notons qu'on ne peut pas appliquer à cette équation le théorème d'existence et d'unicité que nous avons donné au Chapitre 3, puisque la fonction racine carrée n'est définie que sur $\mathbb{R}^+$ et n'est pas lipschitzienne. Cependant, grâce au caractère hölderien de la fonction racine carrée, on peut montrer le résultat suivant.

Théorème 6.2.3 *Soit (W_t) un mouvement brownien standard défini sur $[0, \infty)$. Pour tout réel $x \geq 0$, il existe un unique processus continu adapté (X_t), à valeurs dans $\mathbb{R}^+$, vérifiant $X_0 = x$ et*

$$dX_t = (a - bX_t)dt + \sigma\sqrt{X_t}dW_t \quad \textit{sur} \ [0, \infty). \tag{6.16}$$

Pour une démonstration de ce résultat, nous renvoyons à Ikeda et Watanabe (1981), p. 221. Avant d'étudier le modèle de Cox-Ingersol-Ross, nous allons donner quelques propriétés de cette équation. Nous noterons (X_t^x) la solution de (6.16) issue de x et τ_0^x le temps d'arrêt défini par

$$\tau_0^x = \inf\{t \geq 0 \,|\, X_t^x = 0\},$$

avec, comme d'habitude, $\inf \emptyset = \infty$.

Proposition 6.2.4
1. *Si $a \geq \sigma^2/2$, on a $\mathbb{P}(\tau_0^x = \infty) = 1$, pour tout $x > 0$.*
2. *Si $0 \leq a < \sigma^2/2$ et $b \geq 0$, on a $\mathbb{P}(\tau_0^x < \infty) = 1$, pour tout $x > 0$.*
3. *Si $0 \leq a < \sigma^2/2$ et $b < 0$, on a $0 < \mathbb{P}(\tau_0^x < \infty) < 1$, pour tout $x > 0$.*

La démonstration de cette proposition fait l'objet de l'exercice 37.

La proposition suivante, qui permet de caractériser la loi du couple $\left(X_t^x, \int_0^t X_s^x ds\right)$, est la clé de tous les calculs de prix dans le modèle de Cox-Ingersoll-Ross .

Proposition 6.2.5 *Pour tous réels positifs λ et μ, on a*

$$\mathbb{E}\left(e^{-\lambda X_t^x} e^{-\mu \int_0^t X_s^x ds}\right) = \exp(-a\phi_{\lambda,\mu}(t)) \exp(-x\psi_{\lambda,\mu}(t)),$$

où les fonctions $\phi_{\lambda,\mu}$ et $\psi_{\lambda,\mu}$ sont données par

$$\phi_{\lambda,\mu}(t) = -\frac{2}{\sigma^2} \log\left(\frac{2\gamma e^{\frac{t(\gamma+b)}{2}}}{\sigma^2\lambda(e^{\gamma t}-1)+\gamma-b+e^{\gamma t}(\gamma+b)}\right)$$

et

$$\psi_{\gamma,\mu}(t) = \frac{\lambda(\gamma+b+e^{\gamma t}(\gamma-b))+2\mu(e^{\gamma t}-1)}{\sigma^2\lambda(e^{\gamma t}-1)+\gamma-b+e^{\gamma t}(\gamma+b)},$$

avec $\gamma = \sqrt{b^2+2\sigma^2\mu}$.

Démonstration. Le fait que l'espérance à calculer puisse se mettre sous la forme $e^{-a\phi(t)-x\psi(t)}$ résulte d'une propriété d'additivité du processus (X_t^x) par rapport au paramètre a et à la condition initiale x (cf. Ikeda et Watanabe (1981), p. 225, ou Revuz et Yor (1990), Chapitre XI). Si, fixant λ et μ, on considère la fonction $F(t,x)$ définie par

$$F(t,x) = \mathbb{E}\left(e^{-\lambda X_t^x} e^{-\mu \int_0^t X_s^x ds}\right), \tag{6.17}$$

il est naturel de chercher F comme solution du problème

$$\begin{cases} \dfrac{\partial F}{\partial t} = \dfrac{\sigma^2}{2} x \dfrac{\partial^2 F}{\partial x^2} + (a-bx)\dfrac{\partial F}{\partial x} - \mu x F \\ F(0,x) = e^{-\lambda x}. \end{cases}$$

En effet, si F vérifie ces équations et a des dérivées bornées, la formule d'Itô permet de montrer que, pour tout $T>0$, le processus $(M_t)_{0\leq t\leq T}$, défini par

$$M_t = e^{-\mu \int_0^t X_s^x ds} F(T-t, X_t^x),$$

est une martingale et l'égalité $\mathbb{E}(M_T) = M_0$ donne (6.17). Si F est de la forme $F(t,x) = e^{-a\phi(t)-x\psi(t)}$, les équations ci-dessus se traduisent par $\phi(0)=0$, $\psi(0) = \lambda$ et

$$\begin{cases} -\psi'(t) &= \frac{\sigma^2}{2}\psi^2(t) + b\psi(t) - \mu \\ \phi'(t) &= \psi(t). \end{cases}$$

La résolution de ces deux équations différentielles donne les expressions de ϕ et ψ. □

Quand on applique la Proposition 6.2.5 avec $\mu = 0$, on obtient la transformée de Laplace de X_t^x sous la forme

$$\begin{aligned}\mathbb{E}(e^{-\lambda X_t^x}) &= \left(\frac{b}{(\sigma^2/2)\lambda(1-e^{-bt})+b}\right)^{2a/\sigma^2} \exp\left(-x\frac{\lambda b e^{-bt}}{(\sigma^2/2)\lambda(1-e^{-bt})+b}\right) \\ &= \frac{1}{(2\lambda L+1)^{2a/\sigma^2}} \exp\left(-\frac{\lambda L\zeta}{2\lambda L+1}\right),\end{aligned}$$

en posant $L = (\sigma^2/4b)(1 - e^{-bt})$ et $\zeta = 4xb/(\sigma^2(e^{bt} - 1))$. Avec ces notations, la transformée de Laplace de X_t^x/L est donnée par $g_{4a/\sigma^2,\zeta}$, où la fonction $g_{\delta,\zeta}$ est définie par

$$g_{\delta,\zeta}(\lambda) = \frac{1}{(2\lambda+1)^{\delta/2}} \exp\left(-\frac{\lambda\zeta}{2\lambda+1}\right).$$

Cette fonction est la transformée de Laplace d'une loi connue sous le nom de *loi du chi-deux décentrée* à δ degrés de liberté, de paramètre de décentrage ζ (voir à ce sujet l'exercice 38). La *densité* de cette loi est la fonction $f_{\delta,\zeta}$, définie par

$$f_{\delta,\zeta}(x) = \frac{e^{-\zeta/2}}{2\zeta^{\delta/4-1/2}} e^{-x/2} x^{\delta/4-1/2} I_{\delta/2-1}(\sqrt{x\zeta}) \quad \text{pour } x > 0,$$

où I_ν est la fonction de Bessel modifiée d'ordre ν, définie par

$$I_\nu(x) = \left(\frac{x}{2}\right)^\nu \sum_{n=0}^{\infty} \frac{(x/2)^{2n}}{n!\Gamma(\nu+n+1)}.$$

On trouvera de nombreuses propriétés des fonctions de Bessel et des formules d'approximation des fonctions de répartition de lois du chi-deux décentrées dans Abramowitz et Stegun (1992), Chapitres 9 et 26.

Revenons maintenant au modèle de Cox-Ingersoll-Ross. Avec les hypothèses faites sur les processus $(r(t))$ et $(q(t))$, on a

$$dr(t) = (a - (b + \sigma\alpha)r(t))dt + \sigma\sqrt{r(t)}d\tilde{W}_t,$$

où, sous la probabilité $\mathbb{P}^*$, le processus $(\tilde{W}_t)_{0\leq t\leq T}$ est un mouvement brownien standard. Le prix d'une obligation zéro-coupon d'échéance T est alors donné, à l'instant 0, par

$$\begin{aligned} P(0,T) &= \mathbb{E}^*\left(e^{-\int_0^T r(s)ds}\right) \\ &= e^{-a\phi(T) - r(0)\psi(T)}, \end{aligned} \tag{6.18}$$

où les fonctions ϕ et ψ sont données par les formules

$$\phi(t) = -\frac{2}{\sigma^2}\log\left(\frac{2\gamma^* e^{\frac{t(\gamma^*+b^*)}{2}}}{\gamma^* - b^* + e^{\gamma^* t}(\gamma^* + b^*)}\right)$$

et

$$\psi(t) = \frac{2(e^{\gamma^* t} - 1)}{\gamma^* - b^* + e^{\gamma^* t}(\gamma^* + b^*)},$$

avec $b^* = b + \sigma\alpha$ et $\gamma^* = \sqrt{(b^*)^2 + 2\sigma^2}$. Le prix à l'instant t est donné par

$$P(t,T) = \exp(-a\phi(T-t) - r(t)\psi(T-t)).$$

Calculons maintenant le prix d'un call européen d'échéance θ et de prix d'exercice K, sur une obligation zéro-coupon d'échéance T. Le prix du call à l'instant 0 est donné par

$$C_0 = P(0,\theta)\mathbb{E}^\theta\left[(P(\theta,T) - K)_+\right],$$

où $\mathbb{P}^\theta$ est la probabilité θ-forward (cf. Proposition 6.1.7). Notons que

$$\{P(\theta,T) > K\} = \left\{e^{-a\phi(T-\theta)-r(\theta)\psi(T-\theta)} > K\right\} = \{r(\theta) < r^*\},$$

où r^* est défini par

$$r^* = -\frac{a\phi(T-\theta) + \log(K)}{\psi(T-\theta)}.$$

D'où

$$\begin{aligned} C_0 &= P(0,\theta)\mathbb{E}^\theta\left(P(\theta,T)\mathbf{1}_{\{r(\theta)<r^*\}}\right) - KP(0,\theta)\mathbb{P}^\theta\left(r(\theta) < r^*\right) \\ &= P(0,\theta)\mathbb{E}^\theta\left(P(\theta,T)\right)\mathbb{P}^{\theta,T}(r(\theta) < r^*) - KP(0,\theta)\mathbb{P}^\theta\left(r(\theta) < r^*\right), \end{aligned}$$

où nous avons introduit la probabilité $\mathbb{P}^{\theta,T}$, définie par

$$\frac{d\mathbb{P}^{\theta,T}}{d\mathbb{P}^\theta} = \frac{P(\theta,T)}{\mathbb{E}^\theta\left(P(\theta,T)\right)}.$$

Remarquons que le processus $(P(t,T)/P(t,\theta))_{0\leq t\leq\theta}$ est une $\mathbb{P}^\theta$-martingale, car $(\tilde{P}(t,T))_{0\leq t\leq\theta}$ est une $\mathbb{P}^*$-martingale (cf. Proposition 6.1.7). Donc

$$\mathbb{E}^\theta\left(P(\theta,T)\right) = \frac{P(0,T)}{P(0,\theta)}.$$

On peut maintenant écrire le prix de l'option sous la forme

$$C_0 = P(0,T)\mathbb{P}^{\theta,T}(r(\theta) < r^*) - KP(0,\theta)\mathbb{P}^\theta(r(\theta) < r^*).$$

On peut montrer (cf. Exercice 39) que, si on pose

$$L^\theta = \frac{\sigma^2}{2}\frac{(e^{\gamma^*\theta}-1)}{\gamma^*(e^{\gamma^*\theta}+1) + b^*(e^{\gamma^*\theta}-1)}$$

et

$$L^{\theta,T} = \frac{\sigma^2}{2}\frac{(e^{\gamma^*\theta}-1)}{\gamma^*(e^{\gamma^*\theta}+1) + (\sigma^2\psi(T-\theta)+b^*)(e^{\gamma^*\theta}-1)},$$

la loi de $r(\theta)/L^\theta$ sous $\mathbb{P}^\theta$ (resp. $r(\theta)/L^{\theta,T}$ sous $\mathbb{P}^{\theta,T}$) est une loi du chi-deux décentrée à $4a/\sigma^2$ degrés de liberté et de paramètre égal à ζ_θ (resp. $\zeta_{\theta,T}$), où

$$\zeta_\theta = \frac{8r(0)\gamma^{*2}e^{\gamma^*\theta}}{\sigma^2(e^{\gamma^*\theta}-1)(\gamma^*(e^{\gamma^*\theta}+1) + b^*)(e^{\gamma^*\theta}-1))}$$

et

$$\zeta_{\theta,T} = \frac{8r(0)\gamma^{*2}e^{\gamma^*\theta}}{\sigma^2(e^{\gamma^*\theta}-1)(\gamma^*(e^{\gamma^*\theta}+1) + (\sigma^2\psi(T-\theta)+b^*)(e^{\gamma^*\theta}-1))}.$$

Avec ces notations, en introduisant la fonction de répartition $F_{\delta,\zeta}$ de la loi du chi-deux décentrée à δ degrés de liberté, de paramètre de décentrage ζ, on a

$$C_0 = P(0,T)F_{4a/\sigma^2,\zeta_{\theta,T}}\left(\frac{r^*}{L^{\theta,T}}\right) - KP(0,\theta)F_{4a/\sigma^2,\zeta_\theta}\left(\frac{r^*}{L_\theta}\right).$$

Remarque 6.2.2 Dans le modèle de Cox-Ingersoll-Ross, le prix d'une obligation zéro-coupon est l'exponentielle d'une fonction affine du taux d'intérêt (cf. équation (6.18)). Cette propriété est également vérifiée par le modèle de Vasicek, et est liée au fait que les coefficients du générateur infinitésimal des diffusions (6.9) et (6.16) sont des fonctions affines du taux d'intérêt (voir, plus généralement, la notion de modèle affine dans Duffie, Filipović, et Schachermayer (2003)).

6.2.3 L'approche de Heath-Jarrow-Morton

Les modèles de Vasicek et Cox-Ingersoll-Ross ont pour principal défaut de donner des prix qui sont des fonctions explicites du taux d'intérêt instantané *spot* et ne permettent donc pas d'intégrer, dans la structure des prix, l'observation de toute la courbe des taux.

Certains auteurs ont introduit des modèles bi-dimensionnels pour mieux rendre compte des disparités entre taux court et taux long (cf.Brennan et Schwartz (1979), Schaefer et Schwartz (1984) et Courtadon (1982)). Ces modèles plus complexes ne débouchent pas sur des formules explicites et nécessitent la résolution d'équations aux dérivées partielles. Plus récemment, Ho et Lee (1986) ont proposé un modèle à temps discret décrivant l'évolution de l'ensemble de la courbe des taux. Le modèle à temps continu que nous allons présenter maintenant est basé sur la même idée et a été introduit par Heath, Jarrow, et Morton (1992) (voir aussi Morton (1989)).

On définit tout d'abord les taux d'intérêt instantanés *forward* $f(t, s)$, pour $t \geq s$, caractérisés par l'égalité

$$P(t,T) = \exp\left(- \int_t^T f(t,s)ds \right), \quad 0 \leq t \leq T, \tag{6.19}$$

pour toute échéance T. Le nombre $f(t, s)$ représente donc le taux d'intérêt instantané à la date s, tel que le marché le voit à la date t. Pour chaque T, le processus $(f(t,T))_{0 \leq t \leq T}$ doit donc être un processus adapté et il est naturel de poser $f(t,t) = r(t)$. On impose également à l'application $(t, s) \mapsto f(t, s)$, définie pour $t \leq s$, d'être continue. La modélisation consiste ensuite à supposer que, pour chaque échéance T, le processus $(f(t,T))_{0 \leq t \leq T}$ vérifie une équation de la forme

$$f(t,T) = f(0,T) + \int_0^t \alpha(v,T)dv + \int_0^t \beta(v,T)dW_v, \tag{6.20}$$

où $(\alpha(t,T))_{0 \leq t \leq T}$ et $(\beta(t,T))_{0 \leq t \leq T}$ sont des processus continus adaptés. Nous supposerons en fait qu'il y a continuité par rapport au couple (t, T).

Il faut alors s'assurer que ce modèle est compatible avec l'hypothèse (H). Cela impose des conditions sur les processus α et β. Pour les faire apparaître, on calcule la différentielle $dP(t,T)/P(t,T)$ et on la compare à l'équation (6.6). Posons $X_t =$

$-\int_t^T f(t,s)ds$. On a $P(t,T) = e^{X_t}$ et, d'après (6.20),

$$\begin{aligned}
X_t &= \int_t^T (-f(s,s) + f(s,s) - f(t,s))ds \\
&= -\int_t^T f(s,s)ds + \int_t^T \left(\int_t^s \alpha(v,s)dv\right) ds \\
&\quad + \int_t^T \left(\int_t^s \beta(v,s)dW_v\right) ds \\
&= -\int_t^T f(s,s)ds + \int_t^T \left(\int_v^T \alpha(v,s)ds\right) dv \\
&\quad + \int_t^T \left(\int_v^T \beta(v,s)ds\right) dW_v \qquad (6.21) \\
&= X_0 + \int_0^t f(s,s)ds - \int_0^t \left(\int_v^T \alpha(v,s)ds\right) dv \\
&\quad - \int_0^t \left(\int_v^T \beta(v,s)ds\right) dW_v.
\end{aligned}$$

Noter que l'interversion des intégrales dans (6.21) est justifiée par l'exercice 40. On a donc

$$dX_t = \left(f(t,t) - \int_t^T \alpha(t,s)ds\right) dt - \left(\int_t^T \beta(t,s)ds\right) dW_t$$

et, par la formule d'Itô,

$$\begin{aligned}
\frac{dP(t,T)}{P(t,T)} &= dX_t + \frac{1}{2} d\langle X, X\rangle_t \\
&= \left(f(t,t) - \left(\int_t^T \alpha(t,s)ds\right) + \frac{1}{2}\left(\int_t^T \beta(t,s)ds\right)^2\right) dt \\
&\quad - \left(\int_t^T \beta(t,s)ds\right) dW_t.
\end{aligned}$$

Si l'hypothèse (H) est vérifiée, on doit avoir, d'après la Proposition 6.1.3 et l'égalité $f(t,t) = r(t)$,

$$\sigma_t^T = -\int_t^T \beta(t,s)ds \quad \text{et} \quad \sigma_t^T q(t) = \left(\int_t^T \alpha(t,s)ds\right) - \frac{1}{2}\left(\int_t^T \beta(t,s)ds\right)^2.$$

D'où

$$\int_t^T \alpha(t,s)ds = \frac{1}{2}\left(\int_t^T \beta(t,s)ds\right)^2 - q(t)\int_t^T \beta(t,s)ds$$

et, en dérivant par rapport à T,

$$\alpha(t,T) = \beta(t,T)\left(\int_t^T \beta(t,s)ds - q(t)\right).$$

L'équation (6.20) s'écrit alors, sous forme différentielle,

$$df(t,T) = \beta(t,T)\left(\int_t^T \beta(t,s)ds\right)dt + \beta(t,T)d\tilde{W}_t.$$

Un point important est que la dynamique des taux d'intérêt instantanés forward sous $\mathbb{P}^*$ ne dépend pas du processus α. Le modèle peut être précisé en imposant la forme suivante pour β :

$$\beta(t,T) = \sigma(f(t,T)),$$

où $\sigma : \mathbb{R} \to \mathbb{R}$ est une fonction continue (qui pourrait aussi dépendre du temps, cf. Morton (1989)). Dans ce cas, le processus à deux paramètres $(f(t,T))_{0\leq t\leq T}$ doit vérifier l'équation différentielle stochastique

$$df(t,T) = \sigma(f(t,T))\left(\int_t^T \sigma(f(t,s))ds\right)dt + \sigma(f(t,T))d\tilde{W}_t. \qquad (6.22)$$

Le théorème suivant, dû à Heath, Jarrow, et Morton (1992), donne des conditions suffisantes sous lesquelles l'équation (6.22) a une solution unique.

Théorème 6.2.6 *Si la fonction σ est lipschitzienne et bornée, pour toute fonction continue ϕ de $[0,\bar{T}]$ dans $\mathbb{R}^+$, il existe un unique processus continu à deux paramètres $(f(t,T))_{0\leq t\leq T\leq \bar{T}}$ tel que, pour tout T, le processus $(f(t,T))_{0\leq t\leq T}$ soit adapté et vérifie (6.22), avec $f(0,T) = \phi(T)$.*

On voit que, pour tout processus continu adapté $(q(t))$, on peut construire un modèle de la forme (6.20). Il suffit de prendre une solution de (6.22) et de poser ensuite

$$\alpha(t,T) = \sigma(f(t,T))\left(\int_t^T \sigma(f(t,s))ds - q(t)\right).$$

Ce qui est remarquable dans ce modèle, c'est que la loi des taux d'intérêt forward sous $\mathbb{P}^*$ ne dépend que de la fonction σ. C'est une conséquence de l'équation (6.22), qui ne fait apparaître que σ et $(\tilde{W}_t)$. Il en résulte que les prix des options ne dépendent que de la fonction σ. On est ainsi dans une situation analogue à celle du modèle de Black-Scholes. Notons que si σ est une constante, les volatilités des zéro-coupons $(\sigma_t^T), 0 \leq t \leq T)$ sont déterministes, de sorte que la Remarque 6.1.6 s'applique (voir l'exercice 41). Signalons que la condition de bornitude sur σ est essentielle puisque, pour $\sigma(x) = x$, il n'y a pas de solution (cf. Heath, Jarrow, et Morton (1992); Morton (1989)).

6.2.4 Modèle Forward Libor ou BGM

L'approche de Heath-Jarrow-Morton est centrée sur la dynamique des taux forward *instantanés*. Dans la pratique, ces taux ne sont pas directement observables. En réalité, les produits dérivés de taux d'intérêt font intervenir des taux forward sur des périodes de temps finies. Dans cette section, nous présentons le *forward LIBOR* (London Inter Bank Offered Rate) et le modèle forward LIBOR, également appelé modèle BGM, car il a été introduit par Brace, Gatarek, et Musiela (1997).

Le LIBOR forward d'échéance T peut être vu comme un taux d'intérêt sur la période $[T, T+\delta]$, où δ est appelé *tenor*. Sa valeur $L(t,T)$ à l'instant t ($0 \leq t \leq T$) est reliée aux taux forward *instantanés* ou aux prix des zéro-coupons par les relations

$$1 + \delta L(t,T) = \exp\left(\int_T^{T+\delta} f(t,s)ds\right) = \frac{P(t,T)}{P(t,T+\delta)},$$

ou encore

$$L(t,T) = \frac{P(t,T) - P(t,T+\delta)}{\delta P(t,T+\delta)}.$$

Un exemple typique d'option sur taux d'intérêt est le *caplet*, qui paye à la date $T+\delta$ la différence entre le LIBOR et un taux fixe K. Plus précisément, la richesse fournie à l'instant $T+\delta$ est donnée par

$$\delta\left(L(T,T) - K\right)_+.$$

Un agent qui emprunte un euro à la date T devra payer $1 + \delta L(T,T)$ à l'instant $T+\delta$. S'il détient un caplet de prix d'exercice K, il paiera à l'instant $T+\delta$ une somme nette donnée par

$$1 + \delta L(T,T) - \delta\left(L(T,T) - K\right)_+ = 1 + \delta \min(L(T,T), K).$$

En d'autres termes, le taux d'intérêt est réduit à $\min(L(T,T), K)$. Dans le cas de plusieurs dates de paiement, $T_1 = T_0 + \delta, \ldots, T_n = T_0 + n\delta$, le taux d'intérêt peut être maintenu au niveau K, grâce à un *cap*, c'est-à-dire une collection de caplets. Le détenteur d'un cap reçoit $\delta\left(L(T_{i-1}, T_{i-1}) - K\right)_+$ aux instants T_i, $i = 1, \ldots, n$.

Notons C_t le prix à l'instant t d'un caplet qui paye $\delta\left(L(T,T) - K\right)_+$ à l'instant $T+\delta$. On a, en utilisant la Proposition 6.1.7,

$$C_t = P(t, T+\delta)\mathbb{E}^{T+\delta}\left(\delta\left(L(T,T) - K\right)_+ \mid \mathcal{F}_t\right), \quad \text{pour } 0 \leq t \leq T+\delta.$$

Notons que le processus $(L(t,T))_{0 \leq t \leq T}$ est une martingale sous la probabilité $(T+\delta)$-forward car $1 + \delta L(t,T)$ est le prix $(T+\delta)$-forward de l'obligation zéro-coupon d'échéance T (cf. Proposition 6.1.7 et Remarque 6.1.6).

Si on suppose que la dynamique de $(L(t,T))_{0 \leq t \leq T}$ est donnée par

$$\frac{dL(t,T)}{L(t,T)} = \gamma(t,T)dW_t^{T+\delta}, \quad 0 \leq t \leq T, \tag{6.23}$$

où $\gamma(t,T)$ est une fonction *déterministe* bornée, et $W^{T+\delta}$ un mouvement brownien standard sous $\mathbb{P}^{T+\delta}$, alors on a une formule explicite pour C_t, qui est la formule de

Black pour les caplets (voir Remarque 6.1.6 et Exercice 42). Le résultat principal de Brace, Gatarek, et Musiela (1997) (voir aussi Musiela et Rutkowski (2005)) est qu'il est possible de construire un modèle cohérent dans lequel la dynamique de chacun des processus $(L(t,T_i))_{0\leq t\leq T_i+\delta}$ $(T_i = T_0 + i\delta,\ i = 1,\ldots,n\delta)$ est de la forme (6.23), avec une volatilité déterministe $\gamma(t,T_i)$. Dans ce modèle, les prix de caps sont faciles à calculer, comme sommes de prix de caplets. Pour des options plus complexes, comme les *swaptions*, qui font intervenir la loi conjointe de LIBORs d'échéance différentes, $L(t,T_i)$, avec $T_i = i\delta$, $i = 1,\ldots n$, on peut avoir besoin de la dynamique de $L(t,T_i)$ sous une autre probabilité forward (cf. Exercice 42).

Remarques bibliographiques : Nous avons limité notre présentations à des modèles conduits par un seul mouvement brownien. Les résultats principaux de la Section 6.1 s'étendent aux modèles *multifacteurs*, où le mouvement brownien sous-jacent est multi-dimensionnel. Nous renvoyons à Brigo et Mercurio (2006) pour un exposé exhaustif des modèles de taux d'intérêt et une discussion approfondie des problèmes pratiques. Comme nous l'avons signalé, le modèle BGM ne fournit pas de formules simples pour les swaptions. Jamshidian (1997) propose un modèle dans lequel les swaptions peuvent être pricées avec la formule de Black. Ce modèle n'est pas compatible avec le modèle BGM. La première présentation systématique des techniques de changement de numéraire est due à Geman, El Karoui, et Rochet (1995). Ces techniques peuvent s'appliquer dans beaucoup de situations en dehors des modèles de taux d'intérêt. En particulier, certains problèmes du Chapitre 4 peuvent être traités par ces techniques (notamment, le problème sur le modèle de Garman-Kohlagen et celui sur les options asiatiques, voir Shreve (2004), Chapitre 9).

6.3 Exercices

Exercice 33 Soit $(M_t)_{0\leq t\leq T}$ une martingale continue telle que, pour tout $t \in [0,T]$, $\mathbb{P}(M_t > 0) = 1$. On pose

$$\tau = (\inf\{t \in [0,T] | M_t = 0\}) \wedge T.$$

1. Montrer que τ est un temps d'arrêt.
2. En utilisant le théorème d'arrêt, montrer que

$$\mathbb{E}(M_T) = \mathbb{E}(M_T 1_{\{\tau=T\}}).$$

En déduire que $\mathbb{P}(\{\forall t \in [0,T], M_t > 0\}) = 1$.

Exercice 34 Soit $(\Omega, \mathcal{F}, (\mathcal{F}_t)_{0\leq t\leq T}, \mathbb{P})$ un espace de probabilité filtré et soit $\mathbb{Q}$ une mesure de probabilité absolument continue par rapport à $\mathbb{P}$. On note L_t la densité de la restriction de $\mathbb{Q}$ à $\mathcal{F}_t$. Soit $(M_t)_{0\leq t\leq T}$ un processus adapté. Montrer que $(M_t)_{0\leq t\leq T}$ est une martingale sous $\mathbb{Q}$ si et seulement si le processus $(L_t M_t)_{0\leq t\leq T}$ est une martingale sous $\mathbb{P}$.

Exercice 35 Les notations sont celles de la Section 6.1.3. Soit $(M_t)_{0\leq t\leq T}$ un processus adapté à la filtration $(\mathcal{F}_t)$. On suppose que (M_t) est une martingale sous $\mathbb{P}^*$.

En utilisant l'exercice 34, montrer qu'il existe un processus adapté $(H_t)_{0\leq t\leq T}$ tel que $\int_0^T H_t^2 dt < \infty$ p.s. et

$$M_t = M_0 + \int_0^t H_s d\tilde{W}_s \quad \text{a.s.}, \quad 0 \leq t \leq T.$$

Exercice 36 On suppose que les volatilités des zéro-coupons $(\sigma_t^T, 0 \leq t \leq T \leq \bar{T})$ sont déterministes. On note C_t la valeur à l'instant t d'un call d'échéance θ et de prix d'exercice K sur une obligation zéro-coupon d'échéance $T > \theta$. On utilise les mêmes notations que dans la Remarque 6.1.6.

1. Montrer que

$$C_t^\theta = C_0^\theta + \int_0^t \frac{\partial B}{\partial x}(t, P^\theta(t,T))dP^\theta(t,T), \quad 0 \leq t \leq \theta.$$

   Indication : utiliser la formule d'Itô et le fait que $(C_t^\theta)_{0\leq t\leq\theta}$ est une $\mathbb{P}^\theta$-martingale.
2. Montrer que $(\partial B/\partial x)(t,x) = N(d_1(t,x))$.
3. On pose $H_t^T = N(d_1(t, P^\theta(t,T)))$ et $H_t^\theta = -KN(d_2(t, P^\theta(t,T))$. Montrer que $dC_t = H_t^T dP(t,T) + H_t^\theta dP(\theta,T)$. Expliquer pourquoi on peut couvrir l'option en détenant H_t^T (resp. H_t^θ) obligations zéro-coupon d'échéance T (resp. θ) à l'instant t.
4. Dans le cadre du modèle de Vasicek, montrer que $\sigma_t^T = -\sigma(1 - e^{-a(T-t)})/a$, où a est le paramètre de retour à la moyenne (cf. (6.8)). Calculer la valeur du call et les taux de couverture.

Exercice 37 Le but de cet exercice est de montrer la Proposition 6.2.4. Pour $x, M > 0$, on introduit le temps d'arrêt $\tau_M^x = \inf\{t \geq 0 | X_t^x = M\}$.

1. Soit s la fonction définie sur $]0,\infty[$ par

$$s(x) = \int_1^x e^{2by/\sigma^2} y^{-2a/\sigma^2} dy.$$

   Montrer que s vérifie

$$\frac{\sigma^2}{2} x \frac{d^2 s}{dx^2} + (a - bx)\frac{ds}{dx} = 0.$$

2. Pour $0 < \varepsilon < x < M$, on pose $\tau_{\varepsilon,M}^x = \tau_\varepsilon^x \wedge \tau_M^x$. Montrer que, pour tout $t > 0$, on a

$$s\left(X_{t\wedge\tau_{\varepsilon,M}^x}^x\right) = s(x) + \int_0^{t\wedge\tau_{\varepsilon,M}^x} s'\left(X_s^x\right)\sigma\sqrt{X_s^x} dW_s.$$

   En déduire, en prenant la variance et en utilisant le fait que s' est bornée inférieurement sur l'intervalle $[\varepsilon, M]$, que $\mathbb{E}\left(\tau_{\varepsilon,M}^x\right) < \infty$, ce qui implique que $\tau_{\varepsilon,M}^x$ est fini p.s.

3. Montrer que si $\varepsilon < x < M$, $s(x) = s(\varepsilon)\mathbb{P}\left(\tau_\varepsilon^x < \tau_M^x\right) + s(M)\mathbb{P}\left(\tau_\varepsilon^x > \tau_M^x\right)$.
4. On suppose $a \geq \sigma^2/2$. Montrer que $\lim_{x\to 0} s(x) = -\infty$. En déduire que

$$\mathbb{P}\left(\tau_0^x < \tau_M^x\right) = 0$$

pour tout $M > 0$, puis que $\mathbb{P}\left(\tau_0^x < \infty\right) = 0$.

5. On suppose maintenant $0 \leq a < \sigma^2/2$ et on pose $s(0) = \lim_{x\to 0} s(x)$. Montrer que, pour tout $M > x$, on a

$$s(x) = s(0)\mathbb{P}\left(\tau_0^x < \tau_M^x\right) + s(M)\mathbb{P}\left(\tau_0^x > \tau_M^x\right),$$

et achever la démonstration de la Proposition 6.2.4.

Exercice 38 Soit d un entier strictement positif et soit $X_1,\ldots,X_d$, d gaussiennes indépendantes de variance 1 et de moyennes respectives $m_1, m_2, \ldots, m_d$. Montrer que la variable aléatoire $X = \sum_{i=1}^d X_i^2$ suit une loi du chi-deux décentrée à d degrés de liberté, de paramètre de décentrage $\zeta = \sum_{i=1}^d m_i^2$.

Exercice 39 En utilisant la Proposition 6.2.5, calculer, dans le modèle de Cox-Ingersoll-Ross, la loi de $r(\theta)$ sous les probabilités $\mathbb{P}^\theta$ et $\mathbb{P}^{\theta,T}$, introduites à la fin de la Section 6.2.2.

Exercice 40 Soit $(\Omega, \mathcal{F}, (\mathcal{F}_t)_{0\leq t\leq T}, \mathbb{P})$ un espace de probabilité filtré et soit $(W_t)_{0\leq t\leq T}$ un mouvement brownien standard par rapport à $(\mathcal{F}_t)$. On considère un processus à deux indices $(H(t,s))_{0\leq t,s\leq T}$ vérifiant les propriétés suivantes : pour tout $\omega \in \Omega$, l'application $(t,s) \mapsto H(t,s)(\omega)$ est continue et, pour tout $s \in [0,T]$, le processus $(H(t,s))_{0\leq t\leq T}$ est adapté. On se propose de justifier l'égalité

$$\int_0^T \left(\int_0^T H(t,s)dW_t\right) ds = \int_0^T \left(\int_0^T H(t,s)ds\right) dW_t.$$

Pour simplifier, on suppose que $\int_0^T \mathbb{E}\left(\int_0^T H^2(t,s)dt\right) ds < \infty$ (ce qui est suffisant pour justifier (6.21)).

1. Montrer que

$$\int_0^T \mathbb{E}\left(\left|\int_0^T H(t,s)dW_t\right|\right) ds \leq \int_0^T \left[\mathbb{E}\left(\int_0^T H^2(t,s)dt\right)\right]^{1/2} ds.$$

En déduire que l'intégrale $\int_0^T \left(\int_0^T H(t,s)dW_t\right) ds$ a un sens.

2. Soit $0 = t_0 < t_1 < \cdots < t_N = T$ une subdivision de l'intervalle $[0,T]$. Montrer que

$$\int_0^T \left(\sum_{i=0}^{N-1} H(t_i,s)(W_{t_{i+1}} - W_{t_i})\right) ds =$$
$$\sum_{i=0}^{N-1} \left(\int_0^T H(t_i,s)ds\right)(W_{t_{i+1}} - W_{t_i})$$

et justifier le passage à la limite conduisant à l'égalité souhaitée.

Exercice 41 Dans le modèle de Heath-Jarrow-Morton, on prend pour fonction σ une constante strictement positive.

1. Montrer que la solution de (6.22) est donnée par $f(t,T) = f(0,T) + \sigma^2 t(T - t/2) + \sigma\tilde{W}_t$.
2. Calculer les volatilités des zéro-coupons $(\sigma_t^T, 0 \leq t \leq T)$.
3. Calculer le prix à l'instant 0 d'un call d'échéance θ et de prix d'exercice K, sur une obligation zéro-coupon d'échéance $T > \theta$.

Exercice 42

1. On se place dans le cadre du modèle BGM et on suppose qu'on a (6.23), avec γ déterministe et bornée. Montrer que le prix à l'instant t du caplet qui paye $\delta(L(T,T) - K)_+$ à la date $T + \delta$ est donné par

$$C_t = \delta P(t, T+\delta)\left[L(t,T)N(d_1(t, L(t,T))) - KN(d_2(t, L(t,T)))\right],$$

où

$$d_1(t,x) = \frac{\log(x/K) + \frac{1}{2}\int_t^T \gamma^2(s,T)ds}{\sqrt{\int_t^T \gamma^2(s,T)ds}}$$

et $d_2(t,x) = d_1(t,x) - \sqrt{\int_t^T \gamma^2(s,T)ds}$.

2. On note $(\sigma(t,T))_{0\leq t\leq T}$ le processus de volatilité de l'obligation zéro-coupon d'échéance T. Montrer que

$$\sigma_t^T - \sigma_t^{T+\delta} = \frac{\delta\gamma(t,T)L(t,T)}{1 + \delta L(t,T)}.$$

3. Soit n un entier strictement positif, et, pour $i = 0, \ldots, n$, soit $T_i = i\delta$. On suppose qu'on a (6.23) pour $T = T_i$, $i = 1, \ldots, n$, avec des fonctions $\gamma(t, T_i)$ déterministes, bornées, positives. Montrer que, pour $i = 1, \ldots, n-1$, et $0 \leq t \leq T_i$,

$$dL(t,T_i) = \gamma(t,T_i)L(t,T_i)\left[-\sum_{j=i+1}^{n} \frac{\delta\gamma(t,T_j)L(t,T_j)}{1 + \delta L(t,T_j)}dt + dW_t^{T_n+\delta}\right].$$

Chapitre 7

Modèles d'actifs avec sauts

Dans le modèle de Black-Scholes, le prix de l'actif sous-jacent est une fonction continue du temps. Or, certains événements rares (publication d'un chiffre économique, modification soudaine de la conjoncture internationale) peuvent entraîner des variation brutales des cours. Pour modéliser ce type de phénomène, on est amené à introduire des processus stochastiques à trajectoires discontinues.

Ces modèles "avec sauts" ont, pour la plupart, une caractéristique marquante qui les différencie du modèle de Black-Scholes : ce sont des modèles de marchés *incomplets*, dans lesquels il n'y a pas de couverture parfaite des options. L'évaluation des options par la construction d'un portefeuille de réplication n'y est donc plus possible, et l'ensemble des mesures de probabilité sous lesquelles le prix actualisé du sous-jacent est une martingale est infini. Dans ce contexte, l'approche usuelle de l'évaluation consiste à choisir une de ces probabilités et à la prendre comme *mesure de pricing*.

Dans ce chapitre, nous nous limitons aux modèles avec sauts les plus simples. La description de ces modèles nécessite un exposé des principales propriétés du processus de Poisson, qui fait l'objet de la première section. Nous étudions ensuite la dynamique de l'actif risqué, puis le calcul du prix des options européennes, et nous examinons ensuite les stratégies de couverture qui minimisent le risque quadratique sous la mesure de pricing.

7.1 Processus de Poisson

Définition 7.1.1 *Soit $(T_i)_{i\geq 1}$ une suite de variables aléatoires indépendantes équidistribuées, de loi exponentielle de paramètre λ ($\lambda > 0$), c'est-à-dire de densité donnée par $x \mapsto \lambda e^{-\lambda x}\mathbf{1}_{\{x\,>\,0\}}$. On pose $\tau_n = \sum_{i=1}^n T_i$. On appelle* processus de Poisson d'intensité λ *le processus N_t défini par*

$$N_t = \sum_{n\geq 1} \mathbf{1}_{\{\tau_n \leq t\}} = \sum_{n\geq 1} n\mathbf{1}_{\{\tau_n\leq t<\tau_{n+1}\}}.$$

Remarque 7.1.1 Notons que N_t représente le nombre de points de la suite $(\tau_n)_{n\geq 1}$

qui sont inférieurs ou égaux à t. On a aussi

$$\tau_n = \inf\{t \geq 0, N_t = n\}.$$

La proposition suivante explicite la loi de la variable aléatoire N_t pour $t > 0$.

Proposition 7.1.1 *Si $(N_t)_{t\geq 0}$ est un processus de Poisson d'intensité λ alors, pour tout $t > 0$, la variable aléatoire N_t suit la loi de Poisson de paramètre λt, ce qui s'écrit*

$$\mathbb{P}(N_t = n) = e^{-\lambda t}\frac{(\lambda t)^n}{n!}, \quad \textit{pour } n \in \mathbb{N}.$$

On a en particulier

$$\mathbb{E}(N_t) = \lambda t, \quad \mathrm{Var}(N_t) = \mathbb{E}\left(N_t^2\right) - (\mathbb{E}(N_t))^2 = \lambda t.$$

De plus, pour $s > 0$,

$$\mathbb{E}(s^{N_t}) = \exp[\lambda t(s-1)].$$

Démonstration. On remarque tout d'abord que la loi de τ_n est la loi Gamma de paramètres (n, λ), dont la densité est donnée par

$$\lambda e^{-\lambda x}\frac{(\lambda x)^{n-1}}{(n-1)!}, \quad \text{pour } x > 0.$$

En effet, la transformée de Laplace de T_1 est donnée par

$$\mathbb{E}(e^{-\alpha T_1}) = \frac{\lambda}{\lambda + \alpha}, \quad \text{pour } \alpha > 0,$$

de sorte que

$$\mathbb{E}(e^{-\alpha \tau_n}) = \left(\mathbb{E}(e^{-\alpha T_1})\right)^n = \left(\frac{\lambda}{\lambda+\alpha}\right)^n.$$

On reconnaît la transformée de Laplace de la loi Gamma de paramètres (n, λ) (cf. Bouleau (1986), Chapitre 6, Section 7.12). On a alors, pour $n \geq 1$,

$$\begin{aligned}
\mathbb{P}(N_t = n) &= \mathbb{P}(\tau_n \leq t) - \mathbb{P}(\tau_{n+1} \leq t) \\
&= \int_0^t \lambda e^{-\lambda x}\frac{(\lambda x)^{n-1}}{(n-1)!}dx - \int_0^t \lambda e^{-\lambda x}\frac{(\lambda x)^n}{n!}dx \\
&= \frac{(\lambda t)^n}{n!}e^{\lambda t}.
\end{aligned}$$

□

Proposition 7.1.2 *Soit $(N_t)_{t\geq 0}$ un processus de Poisson d'intensité λ et $\mathcal{F}_t = \sigma(N_s; s \leq t)$. Le processus $(N_t)_{t\geq 0}$ est un processus à accroissements indépendants et stationnaires, ce qui s'écrit :*

- indépendance : *pour tous $s, t \geq 0$, la variable aléatoire $N_{t+s} - N_t$ est indépendante de la tribu $\mathcal{F}_t$.*

- stationnarité : *pour tous* $s, t \geq 0$, *la loi de* $N_{t+s} - N_t$ *est égale à la loi de* $N_s - N_0 = N_s$.

Remarque 7.1.2 Il est facile de voir que les temps de saut τ_n sont des temps d'arrêt de la filtration naturelle du processus (N_t). On a en effet $\{\tau_n \leq t\} = \{N_t \geq n\} \in \mathcal{F}_t$. Une variable aléatoire T de loi exponentielle vérifie

$$\mathbb{P}(T \geq t + s | T \geq t) = \mathbb{P}(T \geq s), \text{ pour tous } s, t \geq 0.$$

On dit que la loi exponentielle est *sans mémoire*. L'indépendance des accroissements est une conséquence de cette propriété d'absence de mémoire de la loi exponentielle.

Remarque 7.1.3 La loi d'un processus de Poisson d'intensité λ peut être caractérisée par l'une ou l'autre des deux propriétés suivantes.

- $(N_t)_{t\geq 0}$ est un processus de Markov homogène continu à droite et limité à gauche, tel que

$$\mathbb{P}(N_t = n) = e^{-\lambda t} \frac{(\lambda t)^n}{n!}, \quad t > 0, n \in \mathbb{N}.$$

- $(N_t)_{t\geq 0}$ est un processus à accroissements indépendants et stationnaires, continu à droite, croissant, ne croissant que par sauts d'amplitude 1, vérifiant $N_0 = 0$ et $\mathbb{E}(N_1) = \lambda$.

Pour la première caractérisation, voir Bouleau (1988), Chapitre 3 ; pour la seconde, voir Dacunha-Castelle et Duflo (1986a), Section 6.3.

7.2 Évolution de l'actif risqué

Le but de cette section est de modéliser un marché financier dans lequel l'actif sans risque a pour prix $S_t^0 = e^{rt}$, à l'instant t, et un actif risqué, dont le prix présente des sauts de valeurs relatives $U_1, \ldots, U_j, \ldots$, à des instants $\tau_1, \ldots, \tau_j, \ldots$ et qui, entre deux instants de saut, suit le modèle de Black-Scholes. Nous supposerons de plus que les τ_j sont les temps de saut d'un processus de Poisson. Pour préciser cela, plaçons-nous sur un espace de probabilité $(\Omega, \mathcal{A}, \mathbb{P})$ sur lequel sont définis un mouvement brownien standard $(W_t)_{t\geq 0}$, un processus de Poisson d'intensité λ $(N_t)_{t\geq 0}$ et une suite $(U_j)_{j\geq 1}$ de variables aléatoires indépendantes équidistribuées à valeurs dans $]-1, +\infty[$. On supposera que les tribus engendrées respectivement par $(W_t)_{t\geq 0}$, $(N_t)_{t\geq 0}$, $(U_j)_{j\geq 1}$ sont indépendantes.

Pour chaque $t \geq 0$, notons $\mathcal{F}_t$ la tribu engendrée par les variables aléatoires W_s, N_s pour $s \leq t$ et $U_j \mathbf{1}_{\{j \leq N_t\}}$ pour $j \geq 1$. On vérifie que $(W_t)_{t\geq 0}$ est un mouvement brownien standard par rapport à la filtration $(\mathcal{F}_t)_{t\geq 0}$, que $(N_t)_{t\geq 0}$ est $(\mathcal{F}_t)$-adapté et que, pour tout $t > s$, la variable aléatoire $N_t - N_s$ est indépendante de la tribu $\mathcal{F}_s$. La prise en compte des variables aléatoires $U_j 1_{\{j \leq N_t\}}$ dans la définition de $\mathcal{F}_t$ signifie qu'à l'instant t, les valeurs relatives des sauts ayant eu lieu avant t sont connues. Notons aussi que les τ_j sont des temps d'arrêt de $(\mathcal{F}_t)_{t\geq 0}$, puisque $\{\tau_j \leq t\} = \{N_t \geq j\} \in \mathcal{F}_t$.

L'évolution de X_t, prix de l'actif risqué à la date t, peut maintenant être décrite de la façon suivante. Le processus $(X_t)_{t\geq 0}$ est un processus continu à droite adapté vérifiant les propriétés suivantes.

- Sur les intervalles de temps $[\tau_j, \tau_{j+1}[$,
$$dX_t = X_t(\mu dt + \sigma dW_t),$$
où σ et μ sont des constantes, avec $\sigma > 0$.
- A l'instant τ_j, le saut de X_t est donné par
$$\Delta X_{\tau_j} = X_{\tau_j} - X_{\tau_j^-} = X_{\tau_j^-} U_j,$$
ce qui implique $X_{\tau_j} = X_{\tau_j^-}(1 + U_j)$.

On a, pour $t \in [0, \tau_1[$,
$$X_t = X_0 e^{(\mu - \sigma^2/2)t + \sigma W_t}.$$
La limite à gauche de X en τ_1 est donc donnée par
$$X_{\tau_1^-} = X_0 e^{(\mu-(\sigma^2/2))\tau_1 + \sigma W_{\tau_1}},$$
et
$$X_{\tau_1} = X_0(1 + U_1) e^{(\mu-(\sigma^2/2))\tau_1 + \sigma W_{\tau_1}}.$$
Puis, pour $t \in [\tau_1, \tau_2[$,
$$\begin{aligned} X_t &= X_{\tau_1} e^{(\mu-(\sigma^2/2))(t-\tau_1)+\sigma(W_t - W_{\tau_1})}, \\ &= X_{\tau_1^-}(1 + U_1) e^{(\mu-(\sigma^2/2))(t-\tau_1)+\sigma(W_t - W_{\tau_1})} \\ &= X_0(1 + U_1) e^{(\mu-(\sigma^2/2))t+\sigma W_t}. \end{aligned}$$
On obtient ainsi de proche en proche
$$X_t = X_0 \left(\prod_{j=1}^{N_t} (1 + U_j) \right) e^{(\mu-(\sigma^2/2))t+\sigma W_t},$$
avec la convention $\prod_{j=1}^{0} = 1$.

Le processus $(X_t)_{t\geq 0}$ ainsi défini est évidemment continu à droite, adapté et a un nombre fini de discontinuités sur chaque intervalle $[0, t]$. On peut montrer qu'il vérifie, pour tout $t \geq 0$,
$$\mathbb{P} \text{ p.s.,} \quad X_t = X_0 + \int_0^t X_s(\mu ds + \sigma dW_s) + \sum_{j=1}^{N_t} X_{\tau_j^-} U_j. \tag{7.1}$$
Ce modèle est appelé modèle de *diffusion avec sauts*. Sous forme différentielle, (7.1) s'écrit
$$\frac{dX_t}{X_{t^-}} = \mu dt + \sigma dW_t + dZ_t,$$
où $Z_t = \sum_{j=1}^{N_t} U_j$. Le processus (Z_t) est appelé *processus de Poisson composé*.

7.3 Martingales dans un modèle de diffusion avec sauts

Dans cette section, nous donnons quelques résultats techniques sur les martingales dans un modèle de diffusion avec sauts. Nous commençons par une condition nécessaire et suffisante sur les paramètres pour que le processus du prix actualisé soit une martingale.

Proposition 7.3.1 *On suppose $\mathbb{E}|U_1| < \infty$. Le processus $(\tilde{X}_t = e^{-rt}X_t)_{0\leq t\leq T}$ est alors une martingale si et seulement si*

$$\mu = r - \lambda\mathbb{E}(U_1). \tag{7.2}$$

Pour calculer $\mathbb{E}(X_t|\mathcal{F}_s)$, nous aurons besoin du lemme suivant, dont la signification intuitive est que les amplitudes relatives des sauts ayant lieu après l'instant s ainsi que les accroissements de W et N après s sont indépendants de la tribu $\mathcal{F}_s$.

Lemme 7.3.1 *Pour $s \geq 0$, on note $\mathcal{G}_s$ la tribu engendrée par les variables aléatoires U_{N_s+j}, $j \geq 1$, $W_{t+s}-W_s$, $N_{t+s}-N_s$, $t \geq 0$. Les tribus $\mathcal{G}_s$ et $\mathcal{F}_s$ sont indépendantes.*

Démonstration. Notons $\mathcal{W}_s$ (resp. $\mathcal{N}_s$) la tribu engendrée par les variables aléatoires W_u (resp. N_u), pour $0 \leq u \leq s$. Nous aurons aussi besoin de la tribu $\hat{\mathcal{W}}_s$ (resp. $\hat{\mathcal{N}}_s$), engendrée par les variables aléatoires $W_{t+s} - W_s$ (resp. $N_{t+s} - N_s$), $t \geq 0$.

Pour établir l'indépendance des tribus $\mathcal{G}_s$ et $\mathcal{F}_s$, on doit montrer que $\mathbb{P}(A \cap B) = \mathbb{P}(A)\mathbb{P}(B)$, où A (resp. B) est élément d'une classe stable par intersection finie engendrant $\mathcal{G}_s$ (resp. $\mathcal{F}_s$). Posons

$$A = A_W \cap A_N \cap \{(U_{N_s+1}, \ldots, U_{N_s+k}) \in F\},$$

où $A_W \in \hat{\mathcal{W}}_s$, $A_N \in \hat{\mathcal{N}}_s$, k est un entier strictement positif, F un borélien de $\mathbb{R}^k$, et

$$B = B_W \cap B_N \cap \{(U_1, \ldots, U_d) \in G\} \cap \{d \leq N_s\},$$

où $B_W \in \mathcal{W}_s$, $B_N \in \mathcal{N}_s$, d est un entier strictement positif et G un borélien de $\mathbb{R}^d$.

On a alors, en utilisant l'indépendance des processus $(W_t)_{t\geq 0}$, $(N_t)_{t\geq 0}$ et de la suite $(U_j)_{j\geq 1}$,

$$\mathbb{P}(A \cap B) = \mathbb{P}(A_W \cap B_W)\mathbb{P}(A_N \cap B_N \cap C), \tag{7.3}$$

où

$$C = \{(U_{N_s+1}, \ldots, U_{N_s+k}) \in F\} \cap \{(U_1, \ldots, U_d) \in G\} \cap \{d \leq N_s\}.$$

On a

$$\mathbb{P}(A_N \cap B_N \cap C) = \sum_{p=d}^{+\infty} \mathbb{P}(A_N \cap B_N \cap C_p \cap \{N_s = p\}),$$

où $C_p = \{(U_{p+1}, \ldots, U_{p+k}) \in F\} \cap \{(U_1, \ldots, U_d) \in G\}$. En utilisant l'indépendance de $(N_t)_{t\geq 0}$ et de la suite $(U_j)_{j\geq 1}$, et l'inégalité $p \geq d$, on a, avec la notation $B_N^p = B_N \cap \{N_s = p\}$,

$$\begin{aligned}
&\mathbb{P}(A_N \cap B_N \cap C_p \cap \{N_s = p\}) = \\
&= \mathbb{P}(A_N \cap B_N^p)\mathbb{P}\left((U_{p+1}, \ldots, U_{p+k}) \in F, (U_1, \ldots, U_d) \in G\right) \\
&= \mathbb{P}\left(A_N \cap B_N^p\right)\mathbb{P}\left((U_{p+1}, \ldots, U_{p+k}) \in F\right)\mathbb{P}\left((U_1, \ldots, U_d) \in G\right) \\
&= \mathbb{P}\left(A_N\right)\mathbb{P}\left(B_N^p\right)\mathbb{P}\left((U_1, \ldots, U_k) \in F\right)\mathbb{P}\left((U_1, \ldots, U_d) \in G\right),
\end{aligned}$$

où on a utilisé l'indépendance des tribus $\mathcal{N}_s$ et $\hat{\mathcal{N}}_s$. D'où

$$\begin{aligned}
&\mathbb{P}(A_N \cap B_N \cap C) = \\
&= \mathbb{P}(A_N)\mathbb{P}\left((U_1,\ldots,U_k) \in F\right) \sum_{p=d}^{+\infty} \mathbb{P}\left((U_1,\ldots,U_d) \in G\right) \mathbb{P}\left(B_N \cap \{N_s = p\}\right) \\
&= \mathbb{P}(A_N)\mathbb{P}\left((U_1,\ldots,U_k) \in F\right) \mathbb{P}\left((U_1,\ldots,U_d) \in G\right) \mathbb{P}\left(B_N \cap \{N_s \geq d\}\right).
\end{aligned}$$

En revenant à (7.3) et en remarquant que A_W et B_W sont indépendants, on a

$$\begin{aligned}
\mathbb{P}(A \cap B) &= \mathbb{P}(A_W)\mathbb{P}(B_W)\mathbb{P}(A_N) \times \\
&\quad \times \mathbb{P}\left((U_1,\ldots,U_k) \in F\right) \mathbb{P}\left((U_1,\ldots,U_d) \in G\right) \mathbb{P}\left(B_N \cap \{N_s \geq d\}\right) \\
&= \mathbb{P}(A_W)\mathbb{P}(A_N)\mathbb{P}\left((U_1,\ldots,U_k) \in F\right) \times \\
&\quad \times \mathbb{P}\left((U_1,\ldots,U_d) \in G\right) \mathbb{P}\left(B_N \cap B_W \cap \{N_s \geq d\}\right).
\end{aligned}$$

Il est clair alors que $\mathbb{P}(A \cap B) = \mathbb{P}(A)\mathbb{P}(B)$. Notons qu'une conséquence de cette démonstration est le fait que la suite $\left(U_{N_s+j}\right)_{j\geq 1}$ a même loi que la suite $(U_j)_{j\geq 1}$. □

Démonstration de la Proposition 7.3.1. On a

$$\begin{aligned}
\mathbb{E}(\tilde{X}_t|\mathcal{F}_s) &= \tilde{X}_s \mathbb{E}\left(e^{(\mu-r-\sigma^2/2)(t-s)+\sigma(W_t-W_s)} \prod_{j=N_s+1}^{N_t} (1+U_j) \middle| \mathcal{F}_s \right) \\
&= \tilde{X}_s \mathbb{E}\left(e^{(\mu-r-\sigma^2/2)(t-s)+\sigma(W_t-W_s)} \prod_{j=1}^{N_t-N_s} (1+U_{N_s+j}) \middle| \mathcal{F}_s \right) \\
&= \tilde{X}_s \mathbb{E}\left(e^{(\mu-r-\sigma^2/2)(t-s)+\sigma(W_t-W_s)} \prod_{j=1}^{N_t-N_s} (1+U_{N_s+j}) \right),
\end{aligned}$$

où on a utilisé le Lemme 7.3.1. Donc, en utilisant le fait que la suite $\left(U_{N_s+j}\right)_{j\geq 1}$ a même loi que $(U_j)_{j\geq 1}$,

$$\begin{aligned}
\mathbb{E}(\tilde{X}_t|\mathcal{F}_s) &= \tilde{X}_s e^{(\mu-r)(t-s)} \mathbb{E}\left(\prod_{j=N_s+1}^{N_t} (1+U_j) \right) \\
&= \tilde{X}_s e^{(\mu-r)(t-s)} e^{\lambda(t-s)\mathbb{E}(U_1)},
\end{aligned}$$

où la dernière égalité résulte de l'exercice 43. Il est clair alors que $(\tilde{X}_t)$ est une martingale si et seulement si $\mu = r - \lambda\mathbb{E}(U_1)$. □

Pour traiter les termes dus aux sauts dans les stratégies de couverture, nous aurons besoin de deux autres lemmes, dont les démonstrations peuvent être omises en première lecture. On désigne par ν la loi commune des variables aléatoires U_j.

Lemme 7.3.2 *Soit $\Phi(y, z)$ une fonction mesurable de $\mathbb{R}^d \times \mathbb{R}$ dans $\mathbb{R}$, telle que pour tout réel z la fonction $y \mapsto \Phi(y, z)$ soit continue sur $\mathbb{R}^d$, et soit $(Y_t)_{t\leq 0}$ un processus* continu à gauche, *à valeurs dans* $\mathbb{R}^d$, *adapté à la filtration* $(\mathcal{F}_t)_{t\geq 0}$. *On suppose que, pour tout* $t > 0$,

$$\mathbb{E}\left(\int_0^t ds \int \nu(dz)\Phi^2(Y_s, z)\right) < +\infty.$$

Alors, le processus M_t *défini par*

$$M_t = \sum_{j=1}^{N_t} \Phi(Y_{\tau_j}, U_j) - \lambda \int_0^t ds \int \nu(dz)\Phi(Y_s, z),$$

est une martingale de carré intégrable et

$$M_t^2 - \lambda \int_0^t ds \int \nu(dz)\Phi^2(Y_s, z)$$

est une martingale.

Noter que par convention $\sum_{j=1}^{0} = 1$.

Démonstration. On suppose d'abord Φ bornée et on pose

$$C = \sup_{(y,z)\in\mathbb{R}^d\times\mathbb{R}} |\Phi(y, z)|.$$

On a alors $\left|\sum_{j=1}^{N_t} \Phi(Y_{\tau_j}, U_j)\right| \leq CN_t$ et $\left|\int_0^t \int \nu(dz)\Phi(Y_s, z)\right| \leq Ct$. Donc, M_t est de carré intégrable. Fixons maintenant s et t, avec $s < t$, et posons

$$Z = \sum_{j=N_s+1}^{N_t} \Phi(Y_{\tau_j}, U_j).$$

Étant donné une subdivision $\rho = (s_0 = s < s_1 < \cdots < s_m = t)$ de l'intervalle $[s, t]$, on introduit la variable aléatoire

$$Z^\rho = \sum_{i=0}^{m-1} \sum_{j=N_{s_i}+1}^{N_{s_{i+1}}} \Phi(Y_{s_i}, U_j).$$

Notons $|\rho| = \max_{1\leq i\leq m}(s_i - s_{i-1})$. La continuité à gauche de $(Y_t)_{t\geq 0}$ et la continuité de Φ par rapport à y impliquent que Z^ρ converge presque sûrement vers Z quand $|\rho| \to 0$. De plus, $|Z^\rho| \leq C(N_t - N_s)$, de sorte que, quand $|\rho| \to 0$, Z^ρ converge vers Z dans L^2.

On a

$$\mathbb{E}(Z^\rho|\mathcal{F}_s) = \mathbb{E}\left(\sum_{i=0}^{m-1} \mathbb{E}(Z_{i+1}|\mathcal{F}_{s_i})\middle|\mathcal{F}_s\right), \tag{7.4}$$

avec

$$Z_{i+1} = \sum_{j=N_{s_i}+1}^{N_{s_{i+1}}} \Phi(Y_{s_i}, U_j) = \sum_{j=1}^{N_{s_{i+1}}-N_{s_i}} \Phi(Y_{s_i}, U_{N_{s_i}+j}).$$

En utilisant le Lemme 7.3.1 et le fait que Y_{s_i} est $\mathcal{F}_{s_i}$-mesurable, on peut appliquer la Proposition A.2.5 de l'appendice pour voir que

$$\mathbb{E}(Z_{i+1}|\mathcal{F}_{s_i}) = \bar{\Phi}_i(Y_{s_i}),$$

où $\bar{\Phi}_i$ est définie par

$$\bar{\Phi}_i(y) = \mathbb{E}\left(\sum_{j=1}^{N_{s_{i+1}}-N_{s_i}} \Phi(y, U_{N_{s_i}+j})\right).$$

$\bar{\Phi}_i(y)$ est ainsi l'espérance d'une somme aléatoire de variables aléatoires et, d'après l'exercice 44,

$$\bar{\Phi}_i(y) = \lambda(s_{i+1} - s_i) \int d\nu(z)\Phi(y, z).$$

En revenant à l'équation (7.4), on en déduit que

$$\mathbb{E}(Z^\rho|\mathcal{F}_s) = \mathbb{E}\left(\sum_{i=0}^{m-1} \bar{\Phi}_i(Y_{s_i})\Big|\mathcal{F}_s\right) = \mathbb{E}\left(\sum_{i=0}^{m-1} \lambda(s_{i+1} - s_i) \int d\nu(z)\Phi(Y_{s_i}, z)\Big|\mathcal{F}_s\right).$$

Le passage à la limite quand $|\rho| \to 0$ donne

$$\mathbb{E}\left(\sum_{j=N_s+1}^{N_t} \Phi(Y_{\tau_j}, U_j)\Big|\mathcal{F}_s\right) = \mathbb{E}\left(\lambda \int_s^t du \int d\nu(z)\Phi(Y_u, z)\Big|\mathcal{F}_s\right),$$

ce qui montre que M_t est une martingale. Posons maintenant $\bar{Z}^\rho = \sum_{i=0}^{m-1} \mathbb{E}(Z_{i+1}|\mathcal{F}_{s_i})$. On peut écrire

$$\bar{Z}^\rho = \sum_{i=0}^{m-1} \bar{\Phi}_i(Y_{s_i}) = \sum_{i=0}^{m-1} \lambda(s_{i+1} - s_i) \int d\nu(z)\Phi(Y_{s_i}, z).$$

De plus,

$$\begin{aligned}
\mathbb{E}\left((Z^\rho - \bar{Z}^\rho)^2|\mathcal{F}_s\right) &= \mathbb{E}\left[\left(\sum_{i=o}^{m-1}[Z_{i+1} - \mathbb{E}(Z_{i+1}|\mathcal{F}_{s_i})]\right)^2\Big|\mathcal{F}_s\right] \\
&= \mathbb{E}\left(\sum_{i=o}^{m-1}[Z_{i+1} - \mathbb{E}(Z_{i+1}|\mathcal{F}_{s_i})]^2\Big|\mathcal{F}_s\right) \\
&\quad + 2\sum_{i<j} \mathbb{E}\left((Z_{i+1} - \mathbb{E}(Z_{i+1}|\mathcal{F}_{s_i}))(Z_{j+1} - \mathbb{E}(Z_{j+1}|\mathcal{F}_{s_j}))\big|\mathcal{F}_s\right).
\end{aligned}$$

En prenant l'espérance conditionnelle sachant $\mathcal{F}_{s_j}$ et en utilisant le fait que Z_{i+1} est $\mathcal{F}_{s_{i+1}}$ donc $\mathcal{F}_{s_j}$-mesurable, on voit que la deuxième somme est nulle. D'où

$$\begin{aligned}
\mathbb{E}\left((Z^\rho - \bar{Z}^\rho)^2|\mathcal{F}_s\right) &= \mathbb{E}\left(\sum_{i=0}^{m-1}(Z_{i+1} - \mathbb{E}(Z_{i+1}|\mathcal{F}_{s_i}))^2\Big|\mathcal{F}_s\right) \\
&= \mathbb{E}\left(\sum_{i=o}^{m-1} \mathbb{E}\left([Z_{i+1} - \mathbb{E}(Z_{i+1}|\mathcal{F}_{s_i})]^2 \mid \mathcal{F}_{s_i}\right)\big| \mathcal{F}_s\right).
\end{aligned}$$

Utilisant de nouveau le Lemme 7.3.1, on obtient

$$\mathbb{E}\left([Z_{i+1} - \mathbb{E}(Z_{i+1}|\mathcal{F}_{s_i})]^2 |\mathcal{F}_{s_i}\right) = V(Y_{s_i}),$$

où la fonction V est définie par

$$V(y) = \text{Var}\left(\sum_{j=1}^{N_{s_{i+1}}-N_{s_i}} \Phi(y, U_{N_{s_i}+j})\right)$$

et, d'après l'exercice 44,

$$V(y) = \lambda(s_{i+1} - s_i) \int d\nu(z)\Phi^2(y,z).$$

Donc

$$\mathbb{E}\left((Z^\rho - \bar{Z}^\rho)^2 \middle| \mathcal{F}_s\right) = \mathbb{E}\left(\sum_{i=0}^{m-1} \lambda(s_{i+1} - s_i) \int d\nu(z)\Phi^2(Y_{s_i}, z) \middle| \mathcal{F}_s\right),$$

et, en faisant tendre $|\rho|$ vers 0,

$$\mathbb{E}\left[(M_t - M_s)^2 | \mathcal{F}_s\right] = \mathbb{E}\left[\lambda \int_s^t du \int d\nu(z)\Phi^2(Y_u, z) \middle| \mathcal{F}_s\right]. \tag{7.5}$$

Comme $(M_t)_{t\geq 0}$ est une martingale de carré intégrable, on a

$$\mathbb{E}\left[(M_t - M_s)^2 | \mathcal{F}_s\right] = \mathbb{E}\left(M_t^2 + M_s^2 - 2M_tM_s | \mathcal{F}_s\right) = \mathbb{E}\left(M_t^2 - M_s^2 | \mathcal{F}_s\right),$$

et (7.5) implique que $M_t^2 - \lambda \int_0^t du \int d\nu(z)\Phi^2(Y_u, z)$ est une martingale.

Si on ne suppose pas Φ bornée, mais

$$\mathbb{E}\left(\int_0^t ds \int d\nu(z)\Phi^2(Y_s, z)\right) < +\infty,$$

pour tout t, on peut introduire les fonctions bornées Φ^n définies par $\Phi^n(y,z) = \inf(n, \sup(-n, \Phi(y,z)))$, et les martingales $(M_t^n)_{t\geq 0}$ définies par

$$M_t^n = \sum_{j=1}^{N_t} \Phi^n(Y_{\tau_j}, U_j) - \lambda \int_0^t ds \int d\nu(z)\Phi^n(Y_s, z).$$

Il est facile de voir que $\mathbb{E}\left(\int_0^t ds \int d\nu(z)(\Phi^n(Y_s,z) - \Phi(Y_s,z))^2\right)$ tend vers 0 quand $n \to \infty$. Il en résulte que la suite $(M_t^n)_{n\geq 1}$ est de Cauchy dans L^2, et comme M_t^n converge vers M_t p.s., M_t est de carré intégrable et, en passant à la limite, on obtient le lemme pour Φ. □

Lemme 7.3.3 *On conserve les hypothèses et les notations du Lemme 7.3.2. Soit $(A_t)_{t\geq 0}$ un processus adapté tel que $\mathbb{E}\left(\int_0^t A_s^2 ds\right) < +\infty$ pour tout $t > 0$. Soit $L_t = \int_0^t A_s dW_s$ et, comme dans le Lemme 7.3.2,*

$$M_t = \sum_{j=1}^{N_t} \Phi(Y_{\tau_j}, U_j) - \lambda \int_0^t ds \int d\nu(z)\Phi(Y_s, z).$$

Alors, le produit $(L_tM_t)_{t\geq 0}$ est une martingale.

Démonstration. Il suffit de montrer le lemme pour Φ bornée (le cas général se traitant en approchant Φ par $\Phi^n = \inf(n, \sup(-n, \Phi))$, comme dans la démonstration du Lemme 7.3.2). Fixons $s < t$ et notons $\rho = (s_0 = s < s_1 < \cdots < s_m = t)$ une subdivision de l'intervalle $[s,t]$. On a

$$\mathbb{E}\left(L_tM_t - L_sM_s | \mathcal{F}_s\right) = \mathbb{E}\left[\sum_{i=0}^{m-1} \mathbb{E}\left(L_{s_{i+1}}M_{s_{i+1}} - L_{s_i}M_{s_i} \mid \mathcal{F}_{s_i}\right) \middle| \mathcal{F}_s\right].$$

D'autre part, puisque $(L_t)_{t\geq 0}$ et $(M_t)_{t\geq 0}$ sont des martingales,

$$\mathbb{E}\left(L_{s_{i+1}}M_{s_{i+1}} - L_{s_i}M_{s_i} \mid \mathcal{F}_{s_i}\right) = \mathbb{E}\left((L_{s_{i+1}} - L_{s_i})(M_{s_{i+1}} - M_{s_i})|\mathcal{F}_{s_i}\right).$$

D'où

$$\mathbb{E}(L_tM_t - L_sM_s \mid \mathcal{F}_s) = \mathbb{E}(\Lambda^\rho \mid \mathcal{F}_s),$$

avec

$$\Lambda^\rho = \sum_{i=0}^{m-1}(L_{s_{i+1}} - L_{s_i})(M_{s_{i+1}} - M_{s_i}).$$

On a

$$|\Lambda^\rho| \leq \sup_{0\leq i\leq m-1}\left|L_{s_{i+1}} - L_{s_i}\right| \sum_{i=0}^{m-1}\left|M_{s_{i+1}} - M_{s_i}\right|.$$

Remarquons que

$$\begin{aligned}\sum_{i=0}^{m-1}\left|M_{s_{i+1}} - M_{s_i}\right| &\leq \sum_{j=N_s+1}^{N_t}\left|\Phi(Y_{\tau_j}, U_j)\right| + \lambda\int_s^t du\int d\nu(z)\,|\Phi(Y_s, z)| \\ &\leq C(N_t - N_s) + \lambda C(t-s),\end{aligned}$$

avec $C = \sup_{y,z}|\Phi(y,z)|$. En utilisant la continuité de $t \mapsto L_t$, on voit que Λ^ρ converge presque sûrement vers 0 quand $|\rho| \to 0$. De plus,

$$|\Lambda^\rho| \leq 2C\sup_{s\leq u\leq t}|L_u|\,(N_t - N_s + \lambda(t-s)).$$

La variable aléatoire $\sup_{s\leq u\leq t}|L_u|$ est dans L^2 (cf. inégalité de Doob, Chapitre 3, Théorème 3.3.7). On a aussi $N_t - N_s \in L^2$. On en déduit que Λ^ρ converge vers 0 dans L^1, et par conséquent

$$\mathbb{E}\left(L_tM_t - L_sM_s \mid \mathcal{F}_s\right) = 0.$$

□

7.4 Évaluation des options dans un modèle de diffusion avec sauts

Nous reprenons le modèle de diffusion avec sauts introduit dans la Section 7.2, avec pour objectif l'évaluation et la couverture d'options européennes d'échéance T. Notons tout d'abord que sous la probabilité $\mathbb{P}^*$ de densité

$$\frac{d\mathbb{P}^*}{d\mathbb{P}} = e^{\theta W_T - \frac{\theta^2}{2}T}, \quad \text{où} \quad \theta = \frac{r - \mu - \lambda\mathbb{E}(U_1)}{\sigma},$$

le processus de prix actualisé $(\tilde{X}_t)_{t\geq 0} = (e^{-rt}X_t)_{t\geq 0}$ est une martingale. En effet, sous $\mathbb{P}^*$, le processus $(W_t^*)_{0\leq t\leq T}$ défini par $W_t^* = W_t - \theta t$ est un mouvement brownien standard. De plus, sous $\mathbb{P}^*$, les processus $(W_t^*)_{0\leq t\leq T}$, $(N_t)_{0\leq t\leq T}$ et la suite $(U_j, j \geq 1)$ sont indépendants, et les lois de $(N_t)_{0\leq t\leq T}$ et des U_j restent inchangées. On a d'autre part

$$X_t = X_0\left(\prod_{j=1}^{N_t}(1 + U_j)\right)e^{(\mu^* - (\sigma^2/2))t + \sigma W_t^*},$$

avec $\mu^* = \mu + \sigma\theta$, de sorte que $\mu^* = r - \lambda\mathbb{E}(U_1) = r - \lambda\mathbb{E}^*(U_1)$, et la propriété de martingale sous $\mathbb{P}^*$ résulte de la Proposition 7.3.1.

Il s'avère que, dans un modèle de diffusion avec sauts général, il y a une infinité de probabilités équivalentes à la probabilité initiale sous lesquelles le processus des prix actualisés est une martingale (voir l'exercice 46). Dans toute cette section, nous supposerons que l'on a

$$\mu = r - \lambda\mathbb{E}(U_1) = r - \lambda \int z d\nu(z). \tag{7.6}$$

En d'autres termes, nous choisissons une probabilité risque-neutre particulière sous laquelle le sous-jacent suit un modèle de diffusion avec sauts. Le but de cette section est de définir des prix d'option et de proposer des stratégies de couverture en rapport avec une probabilité risque-neutre particulière. Pour des raisons techniques, nous supposerons aussi que les variables aléatoires U_j sont de carré intégrable. Notons que

$$\mathbb{E}\left(X_t^2\right) = X_0^2\mathbb{E}\left(\exp\left(\left(\mu - \frac{\sigma^2}{2}\right)t + \sigma W_t\right)\prod_{j=1}^{N_t}(1 + U_j)\right)^2$$

et par conséquent, en utilisant l'exercice 43,

$$\mathbb{E}\left(X_t^2\right) = X_0^2 \exp((\sigma^2 + 2r)t)\exp\left(\lambda t\mathbb{E}\left(U_1^2\right)\right).$$

Le processus $(\tilde{X}_t)_{0\leq t\leq T}$ est donc une martingale de carré intégrable.

7.4.1 Stratégies admissibles

Dans la suite, nous fixons un horizon fini T. Une stratégie de gestion de portefeuille sera définie, comme dans le modèle de Black-Scholes, par un processus adapté $\phi = \left((H_t^0, H_t)\right)_{0\leq t\leq T}$, à valeurs dans $\mathbb{R}^2$, représentant les quantités d'actifs détenues au cours du temps. Cependant, la présence de sauts dans les trajectoires du prix de l'actif risqué nous conduit à imposer que les processus $\left(H_t^0\right)$ et (H_t) soient *continus à gauche*. Comme le processus (X_t) est, lui, continu à droite, cela signifie, intuitivement, qu'on ne peut réagir aux sauts qu'après coup. Cette condition est à rapprocher de la condition de *prévisibilité* qui intervient dans les modèles discrets (cf. Chapitre 1), et qui est un peu plus délicate à définir en temps continu.

La valeur à l'instant t de la stratégie ϕ est donnée par $V_t = H_t^0 e^{rt} + H_t X_t$, et la stratégie est dite *auto-financée* si

$$dV_t = H_t^0 r e^{rt} dt + H_t dX_t,$$

ce qui, compte-tenu de l'équation (7.1), signifie qu'on a $dV_t = H_t^0 r e^{rt} dt + H_t X_t(\mu dt + \sigma dW_t)$ entre les instants de saut, et que, à un instant de saut τ_j, le processus V saute d'une quantité $\Delta V_{\tau_j} = H_{\tau_j}\Delta X_{\tau_j} = H_{\tau_j} U_j X_{\tau_j^-}$. De façon précise, la condition d'auto-financement s'écrit

$$\begin{aligned} V_t &= H_t^0 e^{rt} + H_t X_t \\ &= V_0 + \int_0^t H_s^0 r e^{rs} ds + \int_0^t H_s X_s(\mu ds + \sigma dW_s) + \sum_{j=1}^{N_t} H_{\tau_j} U_j X_{\tau_j^-}. \end{aligned} \tag{7.7}$$

Pour que cette équation ait un sens, il suffit, compte tenu du fait que $s \mapsto X_s$ est presque sûrement bornée, d'imposer la condition

$$\int_0^T \left|H_s^0\right| ds + \int_0^T H_s^2 ds < \infty, \text{p.s.}$$

En fait, pour assurer que la valeur d'une stratégie de couverture soit de carré intégrable, nous imposerons une condition d'intégrabilité plus forte au processus $(H_t)_{0\leq t\leq T}$, en restreignant la classe des stratégies admissibles de la façon suivante.

Définition 7.4.1 Une *stratégie admissible* est définie par un processus

$$\phi = \left(\left(H_t^0, H_t\right)\right)_{0\leq t\leq T}$$

adapté, continu à gauche, à valeurs dans $\mathbb{R}^2$, vérifiant (7.7) p.s. pour tout $t \in [0, T]$, tel que $\int_0^T \left|H_s^0\right| ds < +\infty \quad \mathbb{P}$ p.s. et $\mathbb{E}\left(\int_0^T H_s^2 X_s^2 ds\right) < +\infty$.

Noter que nous n'imposons pas de condition de positivité sur la valeur des stratégies admissibles. La proposition suivante est l'analogue de la Proposition 4.1.2 du Chapitre 4.

Proposition 7.4.1 *Soit $(H_t)_{0\leq t\leq T}$ un processus adapté, continu à gauche tel que*

$$\mathbb{E}\left(\int_0^T H_s^2 X_s^2 ds\right) < \infty,$$

et soit $V_0 \in \mathbb{R}$. Il existe un unique processus $\left(H_t^0\right)_{0\leq t\leq T}$ tel que le couple $\left(\left(H_t^0, H_t\right)\right)_{0\leq t\leq T}$ définisse une stratégie admissible de valeur initiale V_0. La valeur actualisée à l'instant t de cette stratégie est donnée par

$$\tilde{V}_t = V_0 + \int_0^t H_s \tilde{X}_s \sigma dW_s + \sum_{j=1}^{N_t} H_{\tau_j} U_j \tilde{X}_{\tau_j^-} - \lambda \mathbb{E}(U_1) \int_0^t ds H_s \tilde{X}_s.$$

Démonstration. Si le couple $\left(H_t^0, H_t\right)_{0\leq t\leq T}$ définit une stratégie admissible, sa valeur à l'instant t est donnée par $V_t = Y_t + Z_t$, avec $Y_t = V_0 + \int_0^t H_s^0 r e^{rs} ds + \int_0^t H_s X_s(\mu ds + \sigma dW_s)$ et $Z_t = \sum_{j=1}^{N_t} H_{\tau_j} U_j X_{\tau_j^-}$. On a donc, en différenciant le produit $e^{-rt} Y_t$,

$$e^{-rt} V_t = V_0 + \int_0^t (-re^{-rs}) Y_s ds + \int_0^t e^{-rs} dY_s + e^{-rt} Z_t. \tag{7.8}$$

De plus, le produit $e^{-rt}Z_t$ peut s'écrire sous la forme

$$\begin{aligned}
e^{-rt}Z_t &= \sum_{j=1}^{N_t} e^{-rt} H_{\tau_j} U_j X_{\tau_j^-} \\
&= \sum_{j=1}^{N_t} \left(e^{-r\tau_j} + \int_{\tau_j}^{t} (-re^{-rs}) ds \right) H_{\tau_j} U_j X_{\tau_j^-} \\
&= \sum_{j=1}^{N_t} e^{-r\tau_j} H_{\tau_j} U_j X_{\tau_j^-} \\
&\quad + \sum_{j=1}^{N_t} \int_0^t ds \mathbf{1}_{\{\tau_j \leq s\}} (-re^{-rs}) H_{\tau_j} U_j X_{\tau_j^-} \\
&= \sum_{j=1}^{N_t} e^{-r\tau_j} H_{\tau_j} U_j X_{\tau_j^-} + \int_0^t ds(-re^{-rs}) \sum_{j=1}^{N_s} H_{\tau_j} U_j X_{\tau_j^-} \\
&= \sum_{j=1}^{N_t} e^{-r\tau_j} H_{\tau_j} U_j X_{\tau_j^-} + \int_0^t (-re^{-rs}) Z_s ds.
\end{aligned}$$

En reportant dans (7.8) et en explicitant dY_s, on obtient

$$\begin{aligned}
\tilde{V}_t &= V_0 + \int_0^t (-re^{-rs}) V_s ds + \int_0^t H_s^0 r ds + \int_0^t H_s \tilde{X}_s (\mu ds + \sigma dW_s) \\
&\quad + \sum_{j=1}^{N_t} H_{\tau_j} U_j \tilde{X}_{\tau_j^-} \\
&= V_0 - \int_0^t r \left(H_s^0 + H_s \tilde{X}_s \right) ds + \int_0^t H_s^0 r ds + \int_0^t H_s \tilde{X}_s (\mu ds + \sigma dW_s) \\
&\quad + \sum_{j=1}^{N_t} H_{\tau_j} U_j \tilde{X}_{\tau_j^-} \\
&= V_0 + \int_0^t H_s \tilde{X}_s ((\mu - r) ds + \sigma dW_s) + \sum_{j=1}^{N_t} H_{\tau_j} U_j \tilde{X}_{\tau_j^-},
\end{aligned}$$

ce qui, compte tenu de l'égalité (7.6), donne

$$\tilde{V}_t = V_0 + \int_0^t H_s \tilde{X}_s \sigma dW_s + \sum_{j=1}^{N_t} H_{\tau_j} U_j \tilde{X}_{\tau_j^-} - \lambda \mathbb{E}(U_1) \int_0^t ds H_s \tilde{X}_s.$$

Il est clair alors que si on se donne V_0 et (H_t), l'unique processus $\left(H_t^0\right)$ tel que

$((H_t^0, H_t))_{0\leq t\leq T}$ soit une stratégie admissible de valeur initiale V_0 est donné par

$$\begin{aligned} H_t^0 &= \tilde{V}_t - H_t\tilde{X}_t \\ &= -H_t\tilde{X}_t + V_0 + \int_0^t H_s\tilde{X}_s\sigma dW_s + \sum_{j=1}^{N_t} H_{\tau_j}U_j\tilde{X}_{\tau_j^-} - \lambda\mathbb{E}(U_1)\int_0^t dsH_s\tilde{X}_s. \end{aligned}$$

Sur cette formule, on voit que le processus (H_t^0) est adapté et admet une limite à gauche en tout point, et que $H_t^0 = H_{t-}^0$. C'est clair, en effet, si t n'est pas un des temps de saut τ_j, et si t est l'un des τ_j, on a

$$H_{\tau_j}^0 - H_{\tau_j^-}^0 = -H_{\tau_j}\Delta\tilde{X}_{\tau_j} + H_{\tau_j}U_j\tilde{X}_{\tau_j^-} = 0.$$

Il est clair aussi que $\int_0^T |H_t^0|\, dt < \infty$ presque sûrement. De plus, en écrivant $H_t^0 e^{rt} + H_t X_t = e^{rt}\left(H_t^0 + H_t\tilde{X}_t\right)$ et en intégrant par parties comme ci-dessus, on voit que le couple $(H_t^0, H_t)_{0\leq t\leq T}$ définit une stratégie admissible de valeur initiale V_0. □

Remarque 7.4.1 La condition $\mathbb{E}\left(\int_0^T H_s^2\tilde{X}_s^2 ds\right) < \infty$ implique que la valeur actualisée $(\tilde{V}_t)$ d'une stratégie admissible est une martingale de carré intégrable. Cela résulte de l'expression obtenue dans la Proposition 7.4.1 et du Lemme 7.3.2, appliqué avec le processus continu à gauche à valeurs dans $\mathbb{R}^2$ défini par $Y_t = (H_t, \tilde{X}_{t-})$ (noter que dans l'intégrale par rapport à ds, on peut remplacer $\tilde{X}_{s-}$ par $\tilde{X}_s$ car il n'y a qu'un nombre fini de discontinuités).

7.4.2 Pricing

Considérons une option européenne d'échéance T, définie par une variable aléatoire h, $\mathcal{F}_T$-mesurable et de carré intégrable. Prenons, pour fixer les idées, le point de vue du vendeur de l'option. Il vend l'option à un prix V_0 à l'instant 0 et suit ensuite une stratégie admissible entre les instants 0 et T. D'après la Proposition 7.4.1, cette stratégie est complètement déterminée par le processus $(H_t)_{0\leq t\leq T}$ des quantités d'actif à risque. Si V_t désigne la valeur de cette stratégie à l'instant t, le défaut de couverture à l'échéance est donné par $h - V_T$. Si cette quantité est positive, le vendeur perd de l'argent, sinon il en gagne. Une façon d'évaluer le risque consiste à introduire la quantité

$$R_0^T = \mathbb{E}\left((e^{-rT}(h - V_T))^2\right).$$

Puisque, d'après la Remarque 7.4.1, la valeur actualisée $(\tilde{V}_t)$ est une martingale, on a $\mathbb{E}(e^{-rT}V_T) = V_0$. Appliquant l'identité $\mathbb{E}(Z^2) = (\mathbb{E}(Z))^2 + \mathbb{E}([Z - \mathbb{E}(Z)]^2)$ à la variable aléatoire $Z = e^{-rT}(h - V_T)$, on obtient

$$R_0^T = \left(\mathbb{E}(e^{-rT}h) - V_0\right)^2 + \mathbb{E}\left[e^{-rT}h - \mathbb{E}(e^{-rT}h) - (\tilde{V}_T - V_0)\right]^2. \quad (7.9)$$

La Proposition 7.4.1 montre que la quantité $\tilde{V}_T - V_0$ dépend seulement du processus (H_t) (et pas de V_0). Si le vendeur de l'option cherche à minimiser le risque R_0^T, il est amené à faire payer $V_0 = \mathbb{E}(e^{-rT}h)$. La grandeur $\mathbb{E}(e^{-rT}h)$ apparaît ainsi comme la valeur initiale de toute stratégie visant à minimiser le risque à l'échéance et c'est cette grandeur que nous prendrons comme définition du prix de l'option associée à h. Par un raisonnement analogue, on voit qu'un agent qui vend l'option à une date $t > 0$ et cherche à minimiser la quantité $R_t^T = \mathbb{E}\left((e^{-r(T-t)}(h - V_T))^2|\mathcal{F}_t\right)$, est amené à proposer le prix $V_t = \mathbb{E}(e^{-r(T-t)}h|\mathcal{F}_t)$. C'est cette quantité que nous prenons comme définition de la valeur de l'option à l'instant t.

7.4.3 Prix des calls et des puts

Avant d'aborder le problème de la couverture, nous allons tenter d'expliciter le prix d'un call ou d'un put de prix d'exercice K. Nous supposons donc que h est de la forme $f(X_T)$, avec $f(x) = (x - K)_+$ ou $f(x) = (K - x)_+$. D'après ce qui précède, le prix de l'option à l'instant t est donné par

$$
\begin{aligned}
&\mathbb{E}(e^{-r(T-t)}f(X_T)|\mathcal{F}_t)\\
= \;& \mathbb{E}\left(e^{-r(T-t)}f\left(X_t e^{(\mu-(\sigma^2/2))(T-t)+\sigma(W_T-W_t)}\prod_{j=N_t+1}^{N_T}(1+U_j)\right)\middle|\mathcal{F}_t\right)\\
= \;& \mathbb{E}\left(e^{-r(T-t)}f\left(X_t e^{(\mu-(\sigma^2/2))(T-t)+\sigma(W_T-W_t)}\prod_{j=1}^{N_T-N_t}(1+U_{N_t+j})\right)\middle|\mathcal{F}_t\right).
\end{aligned}
$$

Du Lemme 7.3.1 et de cette égalité, on déduit que

$$\mathbb{E}\left(e^{-r(T-t)}f(X_T)|\mathcal{F}_t\right) = F(t, X_t),$$

avec

$$
\begin{aligned}
F(t,x) &= \mathbb{E}\left(e^{-r(T-t)}f\left(xe^{(\mu-(\sigma^2/2))(T-t)+\sigma W_{T-t}}\prod_{j=1}^{N_{T-t}}(1+U_j)\right)\right)\\
&= \mathbb{E}\left(e^{-r(T-t)}f\left(xe^{(r-\lambda\mathbb{E}(U_1)-(\sigma^2/2))(T-t)+\sigma W_{T-t}}\prod_{j=1}^{N_{T-t}}(1+U_j)\right)\right).
\end{aligned}
$$

Notons que si l'on introduit la fonction

$$F_0(t,x) = \mathbb{E}\left(e^{-r(T-t)}f\left(xe^{(r-(\sigma^2/2))(T-t)+\sigma W_{T-t}}\right)\right),$$

qui donne le prix de l'option dans le modèle de Black-Scholes, on a

$$F(t,x) = \mathbb{E}\left(F_0\left(t, xe^{-\lambda(T-t)\mathbb{E}(U_1)}\prod_{j=1}^{N_{T-t}}(1+U_j)\right)\right). \tag{7.10}$$

Puisque la variable aléatoire N_{T-t} est indépendante des U_j, et suit la loi de Poisson de paramètre $\lambda(T-t)$, on peut aussi écrire

$$F(t,x) = \sum_{n=0}^{\infty} \mathbb{E}\left(F_0\left(t, xe^{-\lambda(T-t)\mathbb{E}(U_1)}\prod_{j=1}^{n}(1+U_j)\right)\right)\frac{e^{-\lambda(T-t)}\lambda^n(T-t)^n}{n!}.$$

Chaque terme de cette série peut se calculer numériquement dès que l'on sait simuler la loi des U_j. Pour certaines lois, l'espérance mathématique qui intervient dans la formule peut être calculée explicitement (cf. Exercice 47).

7.4.4 Couverture des calls et des puts

Examinons maintenant le problème de la couverture d'une option $h = f(X_T)$, avec $f(x) = (x-K)_+$ ou $f(x) = (K-x)_+$. Nous avons vu que la valeur initiale de toute stratégie admissible visant à minimiser le risque R_0^T à l'échéance était donnée par $V_0 = \mathbb{E}(e^{-rT}h) = F(0, X_0)$. Pour une telle stratégie, l'égalité (7.9) donne

$$R_0^T = \mathbb{E}(e^{-rT}h - \tilde{V}_T)^2.$$

Nous allons maintenant déterminer un processus $(H_t)_{0\leq t\leq T}$ des quantités d'actif à risque détenues en portefeuille permettant de minimiser R_0^T. Pour cela, nous nous appuierons sur la proposition suivante.

Proposition 7.4.2 *Soit V_t la valeur à l'instant t d'une stratégie admissible $(H_t^0, H_t)_{0\leq t\leq T}$. On suppose que la valeur initiale vérifie $V_0 = \mathbb{E}(e^{-rT}f(X_T)) = F(0, X_0)$. Alors, le risque quadratique à l'échéance $R_0^T = \mathbb{E}(e^{-rT}(f(X_T) - V_T))^2$ est donné par la formule*

$$\begin{aligned} R_0^T &= \mathbb{E}\Bigg(\int_0^T \left(\tfrac{\partial F}{\partial x}(s, X_s) - H_s\right)^2 \tilde{X}_s^2\sigma^2 ds \\ &\quad + \int_0^T \lambda \int d\nu(z) e^{-2rs}\left(F(s, X_s(1+z)) - F(s, X_s) - H_s z X_s\right)^2 ds\Bigg). \end{aligned}$$

Démonstration. D'après la Proposition 7.4.1, on a, pour $t \leq T$,

$$\tilde{V}_t = F(0, X_0) + \int_0^t \sigma H_s \tilde{X}_s dW_s + \sum_{j=1}^{N_t} H_{\tau_j} U_j \tilde{X}_{\tau_j^-} - \lambda\int_0^t ds \tilde{X}_s H_s \mathbb{E}(U_1). \quad (7.11)$$

On a, d'autre part, $\tilde{h} = e^{-rT}f(X_T) = e^{-rT}F(T, X_T)$. Introduisons la fonction $\tilde{F}$ définie par

$$\tilde{F}(t,x) = e^{-rt}F(t, xe^{rt}),$$

de sorte que $\tilde{F}(t, \tilde{X}_t) = \mathbb{E}(\tilde{h} \mid \mathcal{F}_t)$. La quantité $\tilde{F}(t, \tilde{X}_t)$ apparaît ainsi comme le prix actualisé de l'option à l'instant t. On déduit facilement (exercice) de la formule (7.10) que $\tilde{F}(t,x)$ est de classe C^2 sur $[0,T) \times \mathbb{R}^+$ et, en écrivant la formule d'Itô entre les instants de sauts, on obtient

$$\begin{aligned}\tilde{F}(t, \tilde{X}_t) &= F(0, X_0) + \int_0^t \frac{\partial \tilde{F}}{\partial s}(s, \tilde{X}_s) ds \\ &+ \int_0^t \frac{\partial \tilde{F}}{\partial x}(s, \tilde{X}_s)\tilde{X}_s(-\lambda \mathbb{E}(U_1)ds + \sigma dW_s) \\ &+ \frac{1}{2}\int_0^t \frac{\partial^2 \tilde{F}}{\partial x^2}(s, \tilde{X}_s)\sigma^2 \tilde{X}_s^2 ds + \sum_{j=1}^{N_t} \tilde{F}(\tau_j, \tilde{X}_{\tau_j}) - \tilde{F}(\tau_j, \tilde{X}_{\tau_j^-}).\end{aligned} \tag{7.12}$$

Remarquons que la fonction $\tilde{F}(t, x)$ est lipschitzienne de constante de Lipschitz 1 par rapport à x, puisque, avec les notations $\alpha = r - \lambda \mathbb{E}(U_1) - (\sigma^2/2)$, $\theta = T - t$ et $P_t = \prod_{j=1}^{N_t}(1 + U_j)$, on a

$$\begin{aligned}|F(t, x) - F(t, y)| &\leq \mathbb{E}\left(e^{-r\theta}\left|f\left(xe^{\alpha\theta + \sigma W_\theta}P_\theta\right) - f\left(ye^{\alpha\theta+\sigma W_\theta}P_\theta\right)\right|\right) \\ &\leq |x - y|\, \mathbb{E}\left(e^{\sigma W_{T-t} - (\sigma^2/2)(T-t)} e^{-\lambda \mathbb{E}(U_1)(T-t)} P_{T-t}\right) \\ &= |x - y|\,.\end{aligned}$$

Il en résulte que

$$\begin{aligned}&\mathbb{E}\left(\int_0^t ds \int d\nu(z)(\tilde{F}(s, \tilde{X}_s(1 + z)) - \tilde{F}(s, \tilde{X}_s))^2\right) \\ &\qquad \leq \mathbb{E}\left(\int_0^t ds \tilde{X}_s^2 \int d\nu(z) z^2\right) < +\infty,\end{aligned}$$

ce qui, d'après le Lemme 7.3.2, implique que le processus

$$\begin{aligned}M_t &= \sum_{j=1}^{N_t} \tilde{F}(\tau_j, \tilde{X}_{\tau_j}) - \tilde{F}(\tau_j, \tilde{X}_{\tau_j^-}) \\ &- \lambda \int_0^t ds \int (\tilde{F}(s, \tilde{X}_s(1 + z)) - \tilde{F}(s, \tilde{X}_s)) d\nu(z)\end{aligned}$$

est une martingale de carré intégrable. On sait aussi que $\tilde{F}(t, \tilde{X}_t)$ est une martingale. Le processus $\tilde{F}(t, \tilde{X}_t) - M_t$ est donc également une martingale et, d'après (7.12), c'est un processus d'Itô. D'après l'exercice 19 du Chapitre 3, il s'écrit sous la forme d'une intégrale stochastique. D'où

$$\tilde{F}(t, \tilde{X}_t) - M_t = F(0, X_0) + \int_0^t \frac{\partial \tilde{F}}{\partial x}(s, \tilde{X}_s)\tilde{X}_s \sigma dW_s. \tag{7.13}$$

En réunissant les égalités (7.11) et (7.13), on obtient

$$\tilde{h} - \tilde{V}_T = \bar{M}_T + \hat{M}_T,$$

avec

$$\bar{M}_t = \int_0^t \left(\frac{\partial \tilde{F}}{\partial x}(s, \tilde{X}_s) - H_s\right) \sigma \tilde{X}_s dW_s$$

et

$$\begin{aligned}\hat{M}_t &= \sum_{j=1}^{N_t}\left(\tilde{F}(\tau_j,\tilde{X}_{\tau_j})-\tilde{F}(\tau_j,\tilde{X}_{\tau_j^-})-H_{\tau_j}U_j\tilde{X}_{\tau_j^-}\right)\\ &\quad -\lambda\int_0^t ds\int d\nu(z)(\tilde{F}(s,\tilde{X}_s(1+z))-\tilde{F}(s,\tilde{X}_s)-H_sz\tilde{X}_s).\end{aligned}$$

D'après le Lemme 7.3.3, $\bar{M}_t\hat{M}_t$ est une martingale et par conséquent

$$\mathbb{E}\left(\bar{M}_t\hat{M}_t\right)=\bar{M}_0\hat{M}_0=0.$$

D'où

$$\begin{aligned}\mathbb{E}\left(\tilde{h}-\tilde{V}_T\right)^2 &= \mathbb{E}\left(\bar{M}_T^2\right)+\mathbb{E}\left(\hat{M}_T^2\right)\\ &= \mathbb{E}\left(\int_0^T\left(\frac{\partial\tilde{F}}{\partial x}(s,\tilde{X}_s)-H_s\right)^2\tilde{X}_s^2\sigma^2ds\right)+\mathbb{E}\left(\hat{M}_T^2\right),\end{aligned}$$

et, par une nouvelle application du Lemme 7.3.2,

$$\mathbb{E}\left(\hat{M}_T^2\right)=\mathbb{E}\left(\lambda\int_0^T ds\int d\nu(z)\left(\tilde{F}(s,\tilde{X}_s(1+z))-\tilde{F}(s,\tilde{X}_s)-H_sz\tilde{X}_s\right)^2\right).$$

Le risque à l'échéance est donc donné par

$$\begin{aligned}R_0^T &= \mathbb{E}\left(\int_0^T\left(\frac{\partial\tilde{F}}{\partial x}(s,\tilde{X}_s)-H_s\right)^2\tilde{X}_s^2\sigma^2ds\right.\\ &\quad\left.+\int_0^T\lambda\int d\nu(z)\left(\tilde{F}(s,\tilde{X}_s(1+z))-\tilde{F}(s,\tilde{X}_s)-H_sz\tilde{X}_s\right)^2ds\right).\end{aligned}$$

□

Il résulte de la Proposition 7.4.2 que le risque minimal est obtenu quand H_s vérifie, $\mathbb{P}$-presque sûrement,

$$\begin{aligned}&\left(\frac{\partial\tilde{F}}{\partial x}(s,\tilde{X}_s)-H_s\right)\tilde{X}_s^2\sigma^2+\\ &\qquad\lambda\int d\nu(z)\left(\tilde{F}(s,\tilde{X}_s(1+z))-\tilde{F}(s,\tilde{X}_s)-H_sz\tilde{X}_s\right)z\tilde{X}_s=0.\end{aligned}$$

Il suffit en effet de minimiser la quantité intégrée par rapport à ds. Cela donne, puisque $(H_t)_{0\leq t\leq T}$ doit être continu à gauche,

$$H_s=\Delta(s,X_{s^-}),$$

avec

$$\Delta(s, x) = \frac{1}{\hat{\sigma}^2} \left(\sigma^2 \frac{\partial F}{\partial x}(s, x) + \lambda \int d\nu(z) z \frac{(F(s, x(1+z)) - F(s, x))}{x} \right),$$

où $\hat{\sigma}^2 = \sigma^2 + \lambda \int d\nu(z) z^2$. On obtient ainsi un processus vérifiant $\mathbb{E}\left(\int_0^T H_s^2 \tilde{X}_s^2 ds\right) < +\infty$, et qui détermine donc une stratégie admissible minimisant le risque à l'échéance. Noter que s'il n'y a pas de sauts ($\lambda = 0$), on retrouve la formule de couverture déjà obtenue dans le modèle de Black-Scholes et on sait que, dans ce cas, la couverture est parfaite, c'est-à-dire que $R_0^T = 0$. Mais, quand il y a des sauts, le risque minimal est en général strictement positif (cf. Exercice 48 et Chateau (1997)).

Remarque 7.4.2 En pratique, les paramètres du modèle (dont la loi des U_i) doivent être identifiés. Comme pour la volatilité dans la modèle de Black-Scholes, on peut utiliser deux approches : (1) une approche statistique, utilisant des données historiques, et (2) une approche implicite, utilisant des données de marché comme les prix d'options cotées sur les marchés organisés. Dans la seconde approche, les modèles avec sauts, qui font intervenir plusieurs paramètres, donnent une meilleure adéquation aux prix de marché que le modèle de Black-Scholes.

Remarques bibliographiques : Les modèles financiers avec sauts ont été introduits par Merton (1976). L'approche adoptée dans ce chapitre est basée sur Föllmer et Sondermann (1986), CERMA (1988) et Bouleau et Lamberton (1989). Dans notre présentation, le critère de couverture consiste à minimiser la variance sous une probabilité risque-neutre. Les stratégies minimisant le risque sous la probabilité historique ont été étudiées par Föllmer et Schweizer (1991), Schweizer (1992, 1994, 1995), et plus récemment par Gourieroux, Laurent, et Pham (1998). L'utilisation de la variance comme mesure de risque est discutable (notamment parce qu'elle pénalise les gains autant que les pertes), et d'autres critères peuvent être proposés (voir par exemple El Karoui et Quenez (1995), Föllmer et Leukert (1999, 2000)). Les années récentes ont vu le développement en modélisation financière de l'utilisation des processus à accroissements indépendants stationnaires généraux, appelés *processus de Lévy* (voir la monographie récente de Cont et Tankov (2004)).

7.5 Exercices

Exercice 43 Soit $(V_n)_{n\geq 1}$ une suite de variables aléatoires positives, indépendantes, équidistribuées, et soit N une variable aléatoire à valeurs dans $\mathbb{N}$, suivant une loi de Poisson de paramètre λ, indépendante de la suite $(V_n)_{n\geq 1}$. Montrer que

$$\mathbb{E}\left(\prod_{n=1}^{N} V_n\right) = \exp\left(\lambda(\mathbb{E}(V_1) - 1)\right).$$

Exercice 44 Soit $(V_n)_{n\geq 1}$ une suite de variables aléatoires indépendantes, équidistribuées, intégrables et soit N une variable aléatoire à valeurs dans $\mathbb{N}$, intégrable et indépendante de la suite $(V_n)_{n\geq 1}$. On pose

$$S = \sum_{n=1}^{N} V_n$$

(avec la convention $\sum_{n=1}^{0} = 0$).

1. Montrer que S est intégrable et que $\mathbb{E}(S) = \mathbb{E}(N)\mathbb{E}(V_1)$.
2. On suppose N et V_1 de carré intégrable. Montrer que S est de carré intégrable et que sa variance est donnée par

$$\text{Var}(S) = \mathbb{E}(N)\text{Var}(V_1) + \text{Var}(N)(\mathbb{E}(V_1))^2.$$

3. En déduire que si N suit une loi de Poisson de paramètre λ, $\mathbb{E}(S) = \lambda\mathbb{E}(V_1)$ et $\text{Var}(S) = \lambda\mathbb{E}\left(V_1^2\right)$.

Exercice 45 Les hypothèses et les notations sont celles de l'exercice 44. On suppose que les V_j sont à valeurs dans $\{\alpha, \beta\}$, avec $\alpha, \beta, \in \mathbb{R}$, et on pose $p = \mathbb{P}(V_1 = \alpha) = 1 - \mathbb{P}(V_1 = \beta)$. Montrer que S a même loi que $\alpha N_1 + \beta N_2$, où N_1 et N_2 sont deux variables aléatoires indépendantes suivant des lois de Poisson de paramètres respectifs λp et $\lambda(1-p)$.

Exercice 46 On considère un espace de probabilité $(\Omega, \mathcal{A}, \mathbb{P})$, sur lequel sont définis un mouvement brownien standard $(W_t)_{t\geq 0}$, un processus de Poisson d'intensité $\lambda > 0$ $(N_t)_{t\geq 0}$ et une suite $(U_j)_{j\geq 1}$ de variables aléatoires indépendantes, équidistribuées, intégrables. On suppose que les tribus $\mathcal{W}$, $\mathcal{N}$ et $\mathcal{U}$, respectivement engendrées par $(W_t)_{0\leq t\leq T}$, $(N_t)_{t\geq 0}$ et $(U_j)_{j\geq 1}$ sont indépendantes. Pour $t \geq 0$, on définit la tribu $\mathcal{F}_t$ comme dans la Section 7.2. Pour $\theta \in \mathbb{R}$ et $u > -1$, on pose

$$Z_t^{\theta,u} = e^{\theta W_t - \frac{\theta^2}{2}t}(1+u)^{N_t}e^{-\lambda ut}.$$

1. Montrer que $(Z_t^{\theta,u})_{t\geq 0}$ est une martingale.
2. On fixe $T > 0$ et on introduit la probabilité $\hat{\mathbb{P}}$ de densité $d\hat{\mathbb{P}}/d\mathbb{P} = Z_T^{\theta,u}$. Montrer que, sous $\hat{\mathbb{P}}$, les tribus $\mathcal{W}, \mathcal{N}$ et $\mathcal{U}$ demeurent indépendantes, et que le processus $(N_t)_{0\leq t\leq T}$ est un processus de Poisson d'intensité $\hat{\lambda} = \lambda(1+u)$.
3. Dans le modèle de diffusion avec sauts, le prix actualisé de l'actif à l'instant t est donné par $\tilde{X}_t = X_0 e^{(\mu - r - (\sigma^2/2))t + \sigma W_t} \prod_{j=1}^{N_t}(1+U_j)$. Montrer que $(\tilde{X}_t)_{0\leq t\leq T}$ est une $\hat{\mathbb{P}}$-martingale si et seulement si

$$\mu + \sigma\theta = r - \lambda(1+u)\mathbb{E}(U_1).$$

Si $\sigma > 0$ et $\mathbb{E}(U_1) \neq 0$, cette égalité est satisfaite pour une infinité de couples (θ, u). L'ensemble des probabilités risque-neutres est donc infini.

Exercice 47

1. On suppose, avec les notations de la Section 7.4, que la variable aléatoire U_1 est à valeurs dans $\{a, b\}$, et on pose $p = \mathbb{P}(U_1 = a) = 1 - \mathbb{P}(U_1 = b)$. Mettre la formule de prix (7.10) sous la forme d'une série dont chaque terme se calcule à partir des formules de Black-Scholes. On pourra utiliser l'exercice 45.
2. On suppose maintenant que U_1 a même loi que $e^g - 1$, où g est une gaussienne de moyenne m et de variance σ^2. Écrire la formule de prix (7.10) sous la forme d'une série double dont chaque terme se calcule à partir des formules de Black-Scholes (avec des taux d'intérêt et des volatilités que l'on précisera).

Exercice 48 L'objet de cet exercice est de montrer qu'il n'y a pas de stratégie de couverture parfaite des calls et des puts dans les modèles avec sauts que nous avons étudiés dans ce chapitre. On considère un modèle dans lequel $\sigma > 0$, $\lambda > 0$ et $\mathbb{P}(U_1 \neq 0) > 0$.

1. En utilisant la Proposition 7.4.2, montrer que, s'il existe une stratégie de couverture parfaite, alors, pour ds-presque tout s et pour $d\nu$-presque tout z, on a
$$\mathbb{P}\text{-p.s.}, \quad zX_s \frac{\partial F}{\partial x}(s, X_s) = F(s, X_s(1+z)) - F(s, X_s).$$
2. Montrer que, pour $s > 0$, la variable aléatoire X_s a une densité strictement positive sur $[0, \infty)$. On pourra remarquer que si Y a une densité g, et si Z est une variable aléatoire indépendante de Y, à valeurs dans $(0, \infty)$, la variable aléatoire YZ admet pour densité la fonction $y \mapsto \int d\mu(z)(1/z)g(y/z)$, où μ est la loi de Z.)
3. Sous les mêmes hypothèses qu'à la première question, montrer qu'il existe $z \neq 0$ tel que, pour $s \in [0, T)$ et $x \in (0, \infty)$,
$$\frac{\partial F}{\partial x}(s, x) = \frac{F(s, x(1+z)) - F(s, x)}{zx}.$$
En déduire (en utilisant la convexité de F par rapport à x) que, pour $s \in [0, T]$, la fonction $x \mapsto F(s, x)$ est linéaire.
4. Conclure. On pourra remarquer que, dans le cas du put, la fonction $x \mapsto F(s, x)$est positive et décroissante sur $]0, \infty[$.

Chapitre 8

Modèles de risque de crédit

Dans les années récentes, le marché des produits dérivés de crédit s'est considérablement développé (jusqu'au tout récent coup d'arrêt lié à la crise financière). Ce chapitre propose une introduction sommaire aux principes de base de la modélisation du risque de crédit. Ce type de risque est associé à la notion de *risque de défaut*. Dans la première section, nous présentons les modèles dits *structurels*, dans lesquels le temps de défaut est défini comme un temps d'arrêt par rapport à la filtration de la *valeur de la firme*. Dans la seconde section, nous introduisons les *modèles à intensité*, qui considèrent le temps de défaut comme un temps aléatoire exogène, caractérisé par un *taux de défaut* (hasard rate en anglais). Nous abordons ensuite l'évaluation des *credit default swaps* (CDS). La dernière section est consacrée à la notion de *copule*, qui est très utile dans les modèles où interviennent plusieurs temps de défaut. Pour une présentation plus complète des modèles de risque de crédit, nous renvoyons à la deuxième édition de Brigo et Mercurio (2006) et, pour les aspects théoriques, à Bielecki et Rutkowski (2002).

8.1 Modèles structurels

Les modèles structurels (aussi appelés modèles de valeur de la firme) proposent de modéliser l'occurrence d'un défaut en le reliant à la *valeur* de la firme. Nous limiterons notre présentation au modèle de Merton (cf. Merton (1974)), qui apparaît comme le modèle pionnier pour cette approche.

Dans ce modèle, la valeur totale V_t de l'entreprise (ou firme) à l'instant t est décrit par un mouvement brownien géométrique. La dette de la compagnie est modélisée par une obligation zéro-coupon d'échéance T et de valeur faciale $L > 0$. Plus précisément, on suppose que

$$dV_t = V_t\left((r-k)dt + \sigma dW_t\right), \quad V_0 > 0, \tag{8.1}$$

où $(W_t)_{t\geq 0}$ est un mouvement brownien standard sous la probabilité risque-neutre, que, dans cette section, nous notons $\mathbb{P}$. La constante r est le taux d'intérêt instantané et la constante k est le taux de dépense. La volatilité $\sigma > 0$ est aussi supposée constante. Dans ce modèle, on considère que la compagnie fait défaut si, à la date T, la valeur de la firme est plus petite que sa dette. En cas de défaut, les créanciers (représentés par le détenteur de l'obligation) prennent le contrôle de la compagnie. En d'autres termes, le détenteur de l'obligation reçoit à l'échéance la richesse $V_T \wedge L$. La valeur à l'instant $t < T$ de cette obligation *avec risque de défaut*, qui peut être vue comme la valeur de la dette de la firme, est donnée par

$$D_t = \mathbb{E}\left(e^{-r(T-t)}V_T \wedge L \mid \mathcal{F}_t\right).$$

Ici, la filtration $(\mathcal{F}_t)_{0\leq t\leq T}$ est la filtration naturelle du processus $(V_t)_{0\leq t\leq T}$ (et aussi la filtration naturelle du mouvement brownien). Notons que, puisque $V_T \wedge L = L - (L - V_T)_+$, on a

$$D_t = Le^{-r(T-t)} - \mathbb{E}\left(e^{-r(T-t)}(L - V_T)_+ \mid \mathcal{F}_t\right),$$

ce qui montre que le calcul de D_t est équivalent au calcul du prix d'un put sur la valeur de la firme (cf. Exercise 50). Dans ce cadre, la valeur boursière (*equity value*) de l'entreprise à la date T (notée E_T) est la différence entre la valeur totale de l'entreprise et la valeur de la dette,

$$E_T = V_T - V_T \wedge L = (V_T - L)_+,$$

et les actionnaires peuvent ainsi être représentés par un détenteur d'un call sur la valeur totale de l'entreprise.

Dans le modèle de Merton, le défaut ne peut se produire qu'à la date déterministe T. Dans les modèles de *premier passage*, le défaut a lieu quand la valeur totale de l'entreprise franchit une barrière dépendant éventuellement du temps $H(t)$. Le temps de défaut est alors donné par

$$\tau = \inf\{t \geq 0 \mid V_t \leq H(t)\}. \tag{8.2}$$

Black et Cox (1976) proposent un modèle dans lequel $H(T) = L$ et $H(t) = \tilde{L}e^{-\gamma(T-t)}$, pour $t \in [0, T[$, où $\tilde{L} < L$ et γ est une constante strictement positive. Ce choix implique que l'entreprise a plus de souplesse pour éviter de faire défaut avant l'échéance. Dans ce modèle, le calcul du prix d'une obligation zéro-coupon avec risque de défaut est similaire au calcul d'une option à barrière (voir Exercice 51).

8.2 Modèles à intensité

8.2.1 Taux de défaut

Proposition 8.2.1 *Soit τ une variable aléatoire réelle vérifiant $\mathbb{P}(\tau > 0) = 1$ et $\mathbb{P}(\tau > t) > 0$ pour tout $t > 0$. Si la fonction de répartition de τ est de classe C^1, il existe une et une seule fonction continue positive λ telle que*

$$\forall t > 0, \quad \mathbb{P}(\tau > t) = e^{-\int_0^t \lambda(s)ds}.$$

La fonction λ est appelée *taux de défaut* de la variable aléatoire τ.

Démonstration. Soit F la fonction de répartition de τ. On a $\mathbb{P}(\tau > t) = 1 - F(t)$. La fonction $t \mapsto \ln(1 - F(t))$ est continûment différentiable et croissante et la fonction λ est nécessairement donnée par

$$\lambda(t) = -\frac{d}{dt}\ln(1 - F(t)) = \frac{F'(t)}{1 - F(t)}, \quad t \geq 0.$$

Avec cette définition de λ, on a bien, en utilisant $\mathbb{P}(\tau > 0) = 1$,

$$\mathbb{P}(\tau > t) = e^{\ln(1-F(t))} = e^{-\int_0^t \lambda(s)ds}.$$

□

Notons que pour que la variable aléatoire τ soit finie, il est nécessaire que le taux de défaut λ vérifie $\int_0^{+\infty} \lambda(t)dt = +\infty$. On a aussi, pour $\delta > 0$,

$$\mathbb{P}(\tau \leq t + \delta \mid \tau > t) = \frac{\mathbb{P}(t < \tau \leq t + \delta)}{\mathbb{P}(\tau > t)} = 1 - e^{-\int_t^{t+\delta} \lambda(s)ds},$$

de sorte que

$$\lambda(t) = \lim_{\delta \to 0} \frac{\mathbb{P}(\tau \leq t + \delta \mid \tau > t)}{\delta}.$$

Lorsque τ modélise un temps de défaut, la quantité $\lambda(t)dt$ peut être vue comme la probabilité conditionnelle que le défaut survienne entre les instants t et $t+dt$, sachant qu'il ne s'est pas produit avant l'instant t.

Remarque 8.2.1 Un temps aléatoire τ suit une loi exponentielle si et seulement si son taux de défaut est constant. Par ailleurs, si ξ est une variable aléatoire de loi exponentielle de paramètre 1, et si λ est une fonction continue positive sur $[0, +\infty[$, la variable aléatoire

$$\tau := \inf\left\{t \geq 0 \mid \int_0^t \lambda(s)ds \geq \xi\right\} \tag{8.3}$$

vérifie

$$\mathbb{P}(\tau \leq t) = \mathbb{P}\left(\int_0^t \lambda(s)ds \geq \xi\right) = 1 - e^{\int_0^t \lambda(s)ds},$$

si bien que le taux de défaut de τ est donné par la fonction λ, et (8.3) fournit une méthode de construction d'un temps aléatoire ayant un taux de défaut donné.

8.2.2 Intensité et obligations zéro-coupon avec risque de défaut

Le cadre général des modèles à intensité peut être décrit de la façon suivante. Soit $(\Omega, \mathcal{A}, \mathbb{P})$ un espace de probabilité. L'information relative au marché sans défaut est représentée par une filtration $(\mathcal{F}_t)_{t\geq 0}$. Typiquement, cette filtration prend en compte l'histoire des taux d'intérêt, et par conséquent, si on note (S_t^0) le processus de prix de l'actif sans risque et $(r(t))$ le taux d'intérêt instantané (rappelons que $S_t^0 = \exp(\int_0^t r(s)ds)$), ces deux processus sont $(\mathcal{F}_t)$-adaptés.

Le temps de défaut est modélisé par une variable aléatoire τ, qui n'est en général *pas* un temps d'arrêt de la filtration $(\mathcal{F}_t)$. Ceci constitue une différence avec l'approche structurelle. Dans les modèles à intensité, le temps de défaut apparaît comme une variable exogène et le défaut peut survenir de manière complètement inopinée.

Cependant, à un instant donné t, les investisseurs savent s'il y a eu défaut auparavant ou pas. L'information totale accessible à la date t peut donc être décrite par la tribu $\mathcal{G}_t$, engendrée par $\mathcal{F}_t$ et tous les événements de la forme $\{\tau \leq s\}$, pour $s \in [0, t]$:

$$\mathcal{G}_t = \mathcal{F}_t \vee \sigma(\{\tau \leq s\}, s \leq t).$$

Notons que τ est un temps d'arrêt de la filtration $(\mathcal{G}_t)$. Dans ce contexte, une *mesure de pricing* est une mesure de probabilité $\mathbb{P}^*$, équivalente à $\mathbb{P}$, sous laquelle les prix actualisés des actifs risqués sont des $(\mathcal{G}_t)$-martingales. Notons que les prix des actifs risqués qui peuvent être affectés par le défaut sont adaptés à la filtration $(\mathcal{G}_t)$. Considérons maintenant une obligation zéro-coupon d'échéance T *avec risque de défaut*, qui, à l'instant T, paye un euro s'il n'y a pas eu défaut et rien, s'il y a eu défaut avant la date T. La valeur de ce produit dérivé à la date T est donnée par $\mathbf{1}_{\{\tau > T\}}$. Sa valeur à un instant $t \leq T$ doit donc être donnée par l'espérance conditionnelle du payoff actualisé sachant $\mathcal{G}_t$, sous la mesure de pricing, soit

$$D(t, T) = \mathbb{E}^* \left(\mathbf{1}_{\{\tau > T\}} e^{-\int_t^T r(s)ds} \mid \mathcal{G}_t \right), \quad 0 \leq t \leq T.$$

La proposition suivante fait le lien entre espérance conditionnelle sachant $\mathcal{G}_t$ et espérance conditionnelle sachant $\mathcal{F}_t$.

Proposition 8.2.2 *Pour toute variable aléatoire positive X, on a, presque sûrement,*

$$\mathbf{1}_{\{\tau > t\}} \mathbb{E}^*(X \mid \mathcal{G}_t) = \mathbf{1}_{\{\tau > t\}} \frac{\mathbb{E}^* \left(X \mathbf{1}_{\{\tau > t\}} \mid \mathcal{F}_t \right)}{\mathbb{E}^* \left(\mathbf{1}_{\{\tau > t\}} \mid \mathcal{F}_t \right)}.$$

Démonstration. Remarquons que, sur l'ensemble $\{\tau > t\}$, on a

$$\mathbb{E}^* \left(\mathbf{1}_{\{\tau > t\}} \mid \mathcal{F}_t \right) > 0$$

presque sûrement (cf. Exercice 49), de sorte que la variable aléatoire

$$Y := \mathbf{1}_{\{\tau > t\}} \frac{\mathbb{E}^* \left(X \mathbf{1}_{\{\tau > t\}} \mid \mathcal{F}_t \right)}{\mathbb{E}^* \left(\mathbf{1}_{\{\tau > t\}} \mid \mathcal{F}_t \right)}$$

est bien définie et est $\mathcal{G}_t$-mesurable (comme produit de deux variables aléatoires $\mathcal{G}_t$-mesurables). On a, d'autre part,

$$\mathbf{1}_{\{\tau > t\}} \mathbb{E}^*(X \mid \mathcal{G}_t) = \mathbb{E}^*(X \mathbf{1}_{\{\tau > t\}} \mid \mathcal{G}_t),$$

car $\{\tau > t\} \in \mathcal{G}_t$. Pour montrer que $Y = \mathbb{E}^*(X\mathbf{1}_{\{\tau>t\}} \mid \mathcal{G}_t)$, il suffit de montrer que

$$\forall A \in \mathcal{C}, \quad \mathbb{E}^*(X\mathbf{1}_{\{\tau>t\}}\mathbf{1}_A) = \mathbb{E}^*(Y\mathbf{1}_A),$$

où $\mathcal{C}$ est une classe d'éléments de $\mathcal{G}_t$, stable par intersections finies qui engendre la tribu $\mathcal{G}_t$ (voir, par exemple, Jacod et Protter (2003), Chapitre 6). Soit $\mathcal{C}$ la classe des événements A de la forme

$$A = \{\tau \leq s\} \cap B,$$

où $B \in \mathcal{F}_t$ et $s \in [0,t] \cup \{+\infty\}$. La classe $\mathcal{C}$ est stable par intersections finies et engendre $\mathcal{G}_t$. Pour $s \in [0,t]$, on a $\mathbb{E}^*\left(X\mathbf{1}_{\{\tau>t\}}\mathbf{1}_{\{\tau\leq s\}\cap B}\right) = 0$ et $\mathbb{E}^*\left(Y\mathbf{1}_{\{\tau\leq s\}\cap B}\right) = 0$. Pour $s = \infty$, on a $A = B$ et, puisque $B \in \mathcal{F}_t$,

$$\mathbb{E}^*\left(X\mathbf{1}_{\{\tau>t\}}\mathbf{1}_B\right) = \mathbb{E}^*\left(\mathbb{E}^*\left(X\mathbf{1}_{\{\tau>t\}} \mid \mathcal{F}_t\right)\mathbf{1}_B\right).$$

On a aussi

$$\begin{aligned}
\mathbb{E}^*(Y\mathbf{1}_B) &= \mathbb{E}^*\left(\mathbf{1}_{\{\tau>t\}}\frac{\mathbb{E}^*\left(X\mathbf{1}_{\{\tau>t\}} \mid \mathcal{F}_t\right)}{\mathbb{E}^*\left(\mathbf{1}_{\{\tau>t\}} \mid \mathcal{F}_t\right)}\mathbf{1}_B\right) \\
&= \mathbb{E}^*\left[\mathbb{E}^*\left(\mathbf{1}_{\{\tau>t\}} \mid \mathcal{F}_t\right)\frac{\mathbb{E}^*\left(X\mathbf{1}_{\{\tau>t\}} \mid \mathcal{F}_t\right)}{\mathbb{E}^*\left(\mathbf{1}_{\{\tau>t\}} \mid \mathcal{F}_t\right)}\mathbf{1}_B\right] \\
&= \mathbb{E}^*\left(X\mathbf{1}_{\{\tau>t\}}\mathbf{1}_B\right).
\end{aligned}$$

□

Supposons maintenant que nous connaissions le *taux de défaut conditionnel* sachant la filtration *sans défaut* $(\mathcal{F}_t)$. Plus précisément, supposons qu'il existe un processus $(\mathcal{F}_t)$-adapté $(\lambda(t))_{t\geq 0}$ tel que, pour tout $t \geq 0$,

$$\mathbb{P}^*(\tau > t \mid \mathcal{F}_t) = \mathbb{E}^*\left(\mathbf{1}_{\{\tau>t\}} \mid \mathcal{F}_t\right) = e^{-\int_0^t \lambda(s)ds}.$$

En utilisant la Proposition 8.2.2 avec $X = \mathbf{1}_{\{\tau>T\}}e^{-\int_t^T r(s)ds}$, on obtient la valeur *avant défaut* du zéro-coupon avec risque de défaut sous la forme

$$\begin{aligned}
\mathbf{1}_{\{\tau>t\}}D(t,T) &= \mathbf{1}_{\{\tau>t\}}\frac{\mathbb{E}^*\left(\mathbf{1}_{\{\tau>T\}}e^{-\int_t^T r(s)ds}\mathbf{1}_{\{\tau>t\}} \mid \mathcal{F}_t\right)}{\mathbb{E}^*\left(\mathbf{1}_{\{\tau>t\}} \mid \mathcal{F}_t\right)} \\
&= \mathbf{1}_{\{\tau>t\}}\frac{\mathbb{E}^*\left(\mathbf{1}_{\{\tau>T\}}e^{-\int_t^T r(s)ds} \mid \mathcal{F}_t\right)}{e^{-\int_0^t \lambda(s)ds}} \\
&= \mathbf{1}_{\{\tau>t\}}\frac{\mathbb{E}^*\left(e^{-\int_0^T \lambda(s)ds}e^{-\int_t^T r(s)ds} \mid \mathcal{F}_t\right)}{e^{-\int_0^t \lambda(s)ds}},
\end{aligned}$$

où la dernière égalité résulte du conditionnement par rapport à $\mathcal{F}_T$ et de la $\mathcal{F}_T$-mesurabilité de $e^{-\int_t^T r(s)ds}$. Nous avons ainsi prouvé le résultat suivant.

Proposition 8.2.3 *La valeur à l'instant t,* avant défaut, *d'une obligation zéro-coupon d'échéance T avec risque de défaut est donnée par*

$$\tilde{D}(t,T) = \mathbb{E}^*\left(e^{-\int_t^T (r(s)+\lambda(s))ds} \mid \mathcal{F}_t\right), \quad 0 \leq t \leq T, \tag{8.4}$$

où $(\lambda(t))$ est le taux de défaut conditionnel sachant la filtration sans défaut.

Le processus $(\lambda(t))$ est aussi appelé *intensité* du défaut. Rappelons qu'en l'absence de risque de défaut, la valeur à la date t du zéro-coupon d'échéance T est donnée par

$$P(t,T) = \mathbb{E}^*\left(e^{-\int_t^T r(s)ds} \mid \mathcal{F}_t\right),$$

si bien que l'intensité apparaît comme un terme additionnel s'ajoutant au taux d'intérêt dans (8.4). Pour cette raison, $\lambda(t)$ est aussi appelé *spread de crédit* à l'instant t. Dans le cas d'une intensité *déterministe*, on a

$$\tilde{D}(t,T) = e^{-\int_t^T \lambda(s)ds} P(t,T).$$

Remarque 8.2.2 L'intensité est déterministe si et seulement si, pour tout $t \geq 0$, l'événement $\{\tau > t\}$ est indépendant de $\mathcal{F}_t$. C'est le cas, en particulier, si la variable aléatoire τ est indépendante de toutes les tribus $\mathcal{F}_t$. Cette hypothèse est souvent utilisée en pratique. Des modèles plus réalistes supposent que la dynamique du couple $(r(t), \lambda(t))$ est régie par une équation différentielle stochastique, ce qui permet de calculer les prix des obligations avec risque de défaut en utilisant (8.4). Notons que, à partir d'un processus continu positif $(\mathcal{F}_t)$ adapté $\lambda = (\lambda(t))$ donné, on peut construire un temps aléatoire d'intensité λ en utilisant la formule (8.3), dans laquelle on prend pour ξ une variable aléatoire *indépendante de la filtration sans défaut*.

8.2.3 Évaluation des CDS

Un *swap de défaut* ou CDS (de l'anglais *credit default swap*) est un produit derivé de crédit qui offre une protection contre le risque de défaut. Un investisseur A, qui veut se protéger contre le défaut, convient de l'accord suivant avec une banque B. Aux dates $T_1, \ldots, T_n$, A verse des paiements fixés à B, tant qu'il n'y a pas eu défaut. En contrepartie, en cas de défaut avant la date T_n, B devra verser une certaine somme à A. Les flux versés respectivement par A et B sont représentés par la *jambe fixe* et la *jambe variable* ou *jambe de protection*, définies de la façon suivante.

- jambe fixe : flux $sN(T_i - T_{i-1})\mathbf{1}_{\{\tau > T_i\}}$ aux instants T_i, $i = 1, \ldots, T_n$ (avec la convention $T_0 = 0$). Le nombre N est appelé *nominal* du swap, et s est le *spread* du swap.
- jambe variable : flux $N(1-R)\mathbf{1}_{\{\tau \leq T_n\}}$ à l'instant τ, où R est le taux de *recouvrement*. L'idée est que l'agent A détient une obligation de nominal N, émise par une entreprise C qui peut faire défaut et qu'en cas de défaut, le détenteur de l'obligation reçoit NR, au lieu de of N. Le paiement de protection doit donc être $N(1-R)$. En pratique, le taux de recouvrement réel n'est pas connu : la convention habituellement utilisée par les praticiens consiste à prendre $R = 40\%$.

Remarque 8.2.3 Dans la jambe fixe, nous avons omis la prime de régularisation (*accrual premium*) $s(\tau - T_{\beta(\tau)})$, qui couvre la période entre la dernière date de paiement avant le défaut et la date de défaut ($\beta(\tau) = i - 1$ if $T_{i-1} \leq \tau < T_i$). Voir Brigo et Mercurio (2006) ou Overhaus *et al.* (2007) pour plus de détails.

La jambe fixe peut être évaluée à l'instant 0 en prenant l'espérance des flux actualisés sous la mesure de pricing

$$P_{A\to B} = \mathbb{E}^* \left(\sum_{i=1}^{n} sN(T_i - T_{i-1}) \mathbf{1}_{\{\tau > T_i\}} e^{-\int_0^{T_i} r(s)ds} \right).$$

De même, la valeur de la jambe variable à l'instant 0 est donnée par

$$P_{B\to A} = \mathbb{E}^* \left(N(1-R) \mathbf{1}_{\{\tau \leq T_n\}} e^{-\int_0^{\tau} r(s)ds} \right).$$

La valeur d'arbitrage du spread doit rendre ces deux quantités égales, ce qui donne

$$s = \frac{\mathbb{E}^* \left((1-R) \mathbf{1}_{\{\tau \leq T_n\}} e^{-\int_0^{\tau} r(s)ds} \right)}{\mathbb{E}^* \left(\sum_{i=1}^{n} (T_i - T_{i-1}) \mathbf{1}_{\{\tau > T_i\}} e^{-\int_0^{T_i} r(s)ds} \right)}.$$

En conditionnant par rapport à $\mathcal{F}_{T_i}$ et en utilisant le processus d'intensité, on a

$$\mathbb{E}^* \left(\mathbf{1}_{\{\tau > T_i\}} e^{-\int_0^{T_i} r(s)ds} \right) = \mathbb{E}^* \left(e^{-\int_0^{T_i} \lambda(s)ds} e^{-\int_0^{T_i} r(s)ds} \right).$$

De même, on peut montrer (voir Exercice 52) que

$$\mathbb{E}^* \left(\mathbf{1}_{\{\tau \leq T_n\}} e^{-\int_0^{\tau} r(s)ds} \right) = \mathbb{E}^* \left(\int_0^{T_n} \lambda(u) e^{-\int_0^{u} (\lambda(v)+r(v))dv} du \right).$$

Il en résulte que la valeur du spread est donnée par

$$s = \frac{(1-R) \int_0^{T_n} \mathbb{E}^* \left(\lambda(u) e^{-\int_0^{u} (\lambda(v)+r(v))dv} \right) du}{\sum_{i=1}^{n} (T_i - T_{i-1}) \mathbb{E}^* \left(e^{-\int_0^{T_i} (\lambda(s)+r(s))ds} \right)}. \tag{8.5}$$

Dans le cas d'une intensité *déterministe*, on a, en introduisant les prix des obligations zéro-coupon sans défaut,

$$\begin{aligned} \mathbb{E}^* \left(e^{-\int_0^{T_i} (\lambda(s)+r(s))ds} \right) &= e^{-\int_0^{T_i} \lambda(s)ds} P(0, T_i) \\ &= \mathbb{P}^*(\tau > T_i) P(0, T_i) \end{aligned}$$

et

$$\mathbb{E}^* \left(\lambda(u) e^{-\int_0^{u} (\lambda(v)+r(v))dv} \right) = \lambda(u) e^{-\int_0^{u} \lambda(s)ds} P(0, u).$$

D'où

$$\mathbb{E}^*\left(\int_0^{T_n} \lambda(u)e^{-\int_0^u(\lambda(v)+r(v))dv}du\right) = \int_0^{T_n} \lambda(u)e^{-\int_0^u \lambda(s)ds}P(0,u)du.$$

En reportant dans (8.5), on obtient

$$s = \frac{(1-R)\displaystyle\int_0^{T_n} \lambda(u)e^{-\int_0^u \lambda(s)ds}P(0,u)du}{\displaystyle\sum_{i=1}^{n}(T_i - T_{i-1})\mathbb{P}^*(\tau > T_i)P(0,T_i)}. \tag{8.6}$$

Remarque 8.2.4 Les CDS étant les produits dérivés de crédit les plus liquides, ils sont souvent utilisés à des fins de calibration. Dans la pratique, on estime des probabilités de défaut *implicites* à partir de spreads de CDS de diverses maturités. Notons s_j le spread d'un swap de dates de paiement $T_1,\ldots, T_j$ et écrivons l'égalité suivante, variante de (8.6) :

$$s_j = \frac{(1-R)\displaystyle\sum_{i=1}^{j}\left(\mathbb{P}^*(\tau > T_{i-1}) - \mathbb{P}^*(\tau > T_i)\right)P(0,T_i)}{\displaystyle\sum_{i=1}^{j}(T_i - T_{i-1})\mathbb{P}^*(\tau > T_i)P(0,T_i)}. \tag{8.7}$$

Remarquons que, dans (8.7), le numérateur peut être vu comme la discrétisation de l'intégrale apparaissant dans le numérateur de (8.6), puisque

$$\mathbb{P}^*(\tau > T_{i-1}) - \mathbb{P}^*(\tau > T_i) = \int_{t_{i-1}}^{t_i} \lambda(u)e^{-\int_0^u \lambda(s)ds}du.$$

A partir des valeurs des spreads s_j ($j = 1,\ldots,n$), on peut calculer $\mathbb{P}^*(\tau > T_i)$ pour $i = 1,\ldots,n$ et définir un taux de défaut déterministe constant par morceaux. En fait, on peut aussi voir (8.7) comme le spread, en supposant que, en cas de défaut, le paiement de protection ne s'effectue pas à l'instant τ, mais à la date de paiement qui suit (cf. Exercice 53).

8.3 Copules

Une copule est la fonction de répartition d'un vecteur de variables aléatoires uniformément distribuées sur l'intervalle $[0,1]$.

Définition 8.3.1 *Une fonction* $C : [0,1]^m \to [0,1]$ *est appelée* copule *s'il existe un vecteur aléatoire* $(U_1,\ldots,U_m)$ *dont toutes les coordonnés* U_i *sont uniformément distribuées sur* $[0,1]$ *et qui vérifie*

$$C(u_1,\ldots,u_m) = \mathbb{P}(U_1 \le u_1,\ldots,U_m \le u_m), \quad \textit{pour tout } (u_1,\ldots,u_m) \in [0,1]^m.$$

Le résultat suivant, connu sous le nom de Théorème de Sklar, montre que la loi d'un vecteur aléatoire peut être caractérisée par la donnée d'une part de ses lois marginales et, d'autre part, d'une copule.

Théorème 8.3.1 *Soit* $X = (X_1, \ldots, X_m)$*un vecteur aléatoire à valeurs dans* $\mathbb{R}^m$. *Pour* $i = 1, \ldots, m$, *on note* F_i *la fonction de répartition de la variable aléatoire* X_i $(F_i(x) = \mathbb{P}(X_i \leq x))$. *Il existe une copule* C *telle que, pour tout* $(x_1, \ldots, x_m) \in \mathbb{R}^m$,

$$\mathbb{P}(X_1 \leq x_1, \ldots, X_m \leq x_m) = C\left(F_1(x_1), \ldots, F_m(x_m)\right).$$

De plus, si les fonctions F_i *sont continues, la copule* C *est unique.*

Pour la démonstration du Théorème de Sklar, nous commençons par établir le lemme suivant.

Lemme 8.3.1 *Si* X *est une variable aléatoire réelle dont la fonction de répartition* F *est* continue *sur* $\mathbb{R}$, *la variable aléatoire* $F(X)$ *est uniformément distribuée sur l'intervalle* $[0, 1]$.

Démonstration. Pour $u \in]0, 1[$, posons

$$G(u) = \inf\{x \in \mathbb{R} \mid F(x) \geq u\}.$$

Notons que $G(u)$ est bien défini car

$$\lim_{x \to -\infty} F(x) = 0 \text{ et } \lim_{x \to +\infty} F(x) = 1.$$

Par continuité à droite de F, on a $F(G(u)) \geq u$. En fait, comme F est supposée continue, on a $F(G(u)) = u$ (si on avait l'inégalité stricte $F(G(u)) > u$, on aurait $F(x) > u$ pour x voisin de $G(u)$ et inférieur à $G(u)$, ce qui contredirait la définition de $G(u)$). Par ailleurs, il est facile de montrer que $F(x) \geq u$ si et seulement si $x \geq G(u)$. On a donc, en utilisant l'égalité $\mathbb{P}(X = G(u)) = 0$,

$$\begin{aligned}
\mathbb{P}(F(X) \geq u) &= \mathbb{P}(X \geq G(u)) \\
&= \mathbb{P}(X > G(u)) \\
&= 1 - \mathbb{P}(X \leq G(u)) \\
&= 1 - F(G(u)) \\
&= 1 - u,
\end{aligned}$$

ce qui prouve que $F(X)$ est uniformément distribuée sur $[0, 1]$. □

Démonstration du Théorème 8.3.1. Nous nous limitons, pour simplifier, au cas où les fonctions de répartition des coordonnées sont continues. Voir Sklar (1996) pour le cas général. D'après le Lemme 8.3.1, nous savons qu'alors, les variables aléatoires $F_i(X_i)$ sont uniformément distribuées sur $[0, 1]$. Considérons la copule C, définie pour $(u_1, \ldots, u_m) \in [0, 1]^m$, par

$$C(u_1, \ldots, u_m) = \mathbb{P}(F_1(X_1) \leq u_1, \ldots, F_m(X_m) \leq u_m),$$

Comme F_i est croissante, on a $\{X_i \leq x_i\} \subset \{F_i(X_i) \leq F_i(x_i)\}$. De plus

$$\mathbb{P}(X_i \leq x_i) = F_i(x_i) = \mathbb{P}(F_i(X_i) \leq F_i(x_i)),$$

la dernière égalité venant du Lemme 8.3.1. Les événements $\{X_i \leq x_i\}$ et $\{F_i(X_i) \leq F_i(x_i)\}$ sont donc presque sûrement identiques et on a

$$\begin{aligned} \mathbb{P}(X_1 \leq x_1, \ldots, X_m \leq x_m) &= \mathbb{P}(F_1(X_1) \leq F_1(x_1), \ldots, F_m(X_m) \leq F_m(x_m)) \\ &= C(F_1(x_1), \ldots, F_m(x_m)). \end{aligned}$$

Notons que l'unicité de C résulte du fait que, les fonctions F_i étant continues, tout vecteur $(u_1, \ldots, u_m)$ avec $0 < u_i < 1$ peut s'écrire sous la forme $(F_1(x_1), \ldots, F_m(x_m))$, avec des x_i dans $\mathbb{R}$. □

Propriétés des copules

- Si $(X_1, \ldots, X_m)$ admet C pour copule et si $f_1,\ldots,f_m$ sont des fonctions continues, strictement croissantes, le vecteur $(f_1(X_1), \ldots, f_m(X_m))$ admet également C comme copule.
- Les variables aléatoires $X_1,\ldots,X_m$ sont indépendantes si et seulement si le vecteur $(X_1, \ldots, X_m)$ admet pour copule la fonction C définie par $C(u_1, \ldots, u_m) = \prod_{i=1}^m u_i$.
- Si $X_1 = \cdots = X_m$, le vecteur $(X_1, \ldots, X_m)$ a pour copule la fonction C définie par $C(u_1, \ldots, u_m) = \min_{1 \leq i \leq m} u_i$.
- Bornes de Fréchet-Hoeffding (cf. Exercice 54). Pour toute copule C, on a

$$C^-(u_1, \ldots, u_m) \leq C(u_1, \ldots, u_m) \leq C^+(u_1, \ldots, u_m),$$

où $C^-(u_1, \ldots, u_m) = \left(\sum_{i=1}^m u_i - (m-1)\right)_+$ et $C^+(u_1, \ldots, u_m) = \min_{1 \leq i \leq m} u_i$. Notons que, pour $m \geq 3$, la fonction C^- n'est pas une copule.

Remarque 8.3.1 Les copules sont utilisées pour évaluer les produits dérivés de crédit sensibles au risque de défaut de plusieurs entreprises. Les modèles permettant de traiter ces produits font intervenir les temps de défaut $\tau_1, \ldots,\tau_m$ correspondant aux différents *noms* d'entreprises concernées. Typiquement, un contrat *au premier défaut* fera intervenir la loi de $\min(\tau_1, \ldots, \tau_m)$. Les lois marginales de $\tau_1,\ldots,\tau_m$ sont en général connues (par calibration sur les CDS portant sur les noms individuels), et on utilise une copule pour construire la loi conjointe. Les CDO (*collateralized debt obligations*) sont des exemples importants de dérivés de crédit nécessitant des modèles à plusieurs temps de défaut (voir, par exemple, Brigo et Mercurio (2006)).

Dans la pratique, il est important de disposer de familles paramétriques de copules permettant un ajustement aux données de marché. En finance, la famille des copules gaussiennes (qui sont simplement des copules de vecteurs gaussiens) est largement utilisée. On peut caractériser les copules gaussiennes par la matrice de covariance du vecteur gaussien associé. Notons que l'on peut supposer que les coordonnées du vecteurs sont des gaussiennes centrées réduites, puisque la copule est invariante par transformations croissantes des coordonnées. Les coefficients diagonaux de la matrice peuvent donc être pris égaux à 1. Quand on prend tous les coefficients hors diagonale égaux à un même paramètre ρ, on obtient la copule gaussienne à un facteur. Remarquons que si la copule est m-dimensionnelle, le paramètre ρ doit vérifier $\rho \in [-1/(m-1), 1]$ (voir Exercice 55).

8.4 Exercices

Exercice 49 Soit $(\Omega, \mathcal{A}, \mathbb{P})$ un espace de probabilité et soit $\mathcal{B}$ une sous-tribu de $\mathcal{A}$. Soit $A \in \mathcal{A}$ et $X = \mathbb{E}(\mathbf{1}_A \mid \mathcal{B})$. Montrer que $\mathbb{P}(A \cap \{X > 0\}) = \mathbb{P}(A)$, de sorte que, sur l'événement A, $X > 0$ presque sûrement.

Exercice 50 Montrer que, dans le modèle de Merton, la valeur à la date 0 de l'obligation zéro-coupon avec risque de défaut est donnée par

$$D_0 = Le^{-rT}N(d_-) + V_0 e^{-kT}N(-d_+),$$

où N est la fonction de répartition de la loi normale centrée réduite et

$$d_\pm = \frac{\ln(V_0/L) + (r - k \pm \frac{\sigma^2}{2})T}{\sigma\sqrt{T}}.$$

Exercice 51 On considère un modèle structurel de *premier passage*, dans lequel la valeur de l'entreprise vérifie (8.1) et le temps de défaut est donné par (8.2), avec $H(t) = H$ for $t < T$ et $H(T) = L > H$. Le détenteur de l'obligation avec risque de défaut reçoit, à l'échéance, la richesse $D_T = V_T\mathbf{1}_{\{\tau<T\}} + V_T \wedge L\mathbf{1}_{\{\tau\geq T\}} = V_T \wedge L + (V_T - L)_+\mathbf{1}_{\{\tau<T\}}$. On suppose $V_0 > H$.

1. Montrer que pour tous nombres réels ρ et a, et pour toute fonction positive borélienne f sur $\mathbb{R}$,

$$\mathbb{E}\left(e^{\rho W_T - \frac{\rho^2}{2}T} f(W_T)\mathbf{1}_{\{\inf_{0\leq t\leq T} W_t \leq a\}}\right) = \mathbb{E}\left(f(W_T^\rho)\mathbf{1}_{\{\inf_{0\leq t\leq T} W_t^\rho \leq a\}}\right),$$

   où $W_t^\rho = \rho t + W_t$.

2. En utilisant l'exercice 30, montrer que la valeur à l'instant 0 de l'obligation zéro-coupon avec risque de défaut est donnée par

$$D_0 = D_0^M + \Pi_1 - \Pi_2,$$

   où D_0^M est la valeur de l'obligation zéro-coupon avec risque de défaut dans le modèle de Merton,

$$\Pi_1 = V_0 e^{-kT}\left(\frac{H}{V_0}\right)^{\frac{2(r-k)}{\sigma^2}+1} N(d_+)$$

   et

$$\Pi_2 = Le^{-rT}\left(\frac{H}{V_0}\right)^{\frac{2(r-k)}{\sigma^2}-1} N(d_-),$$

   où N est la fonction de répartition de la loi normale centrée réduite et

$$d_\pm = \frac{\ln\left(H^2/LV_0\right) + (r - k \pm \frac{\sigma^2}{2})T}{\sigma\sqrt{T}}.$$

3. Expliquer comment la formule doit être modifiée dans le cas du modèle de Black-Cox (où on a $H(t) = \tilde{L}e^{-\gamma(T-t)}$, $H(T) = L$).

Exercice 52 Dans le cadre de la Section 8.2, on considère un processus (X_t) continu, positif $(\mathcal{F}_t)$-adapté et on pose $\Lambda_t = \int_0^t \lambda(s)ds$, pour $t \geq 0$.

1. Montrer que si $t_0 = 0 < t_1 < \ldots < t_n = T$, on a

$$\mathbb{E}^*(X_{t_{i-1}}\mathbf{1}_{\{t_{i-1}<\tau\leq t_i\}}) = \mathbb{E}^*\left(X_{t_{i-1}}(e^{-\Lambda_{t_{i-1}}} - e^{-\Lambda_{t_i}})\right).$$

2. En déduire l'égalité

$$\mathbb{E}^*(X_\tau \mathbf{1}_{\{\tau\leq T\}}) = \int_0^T \mathbb{E}^*\left(X_u\lambda(u)e^{-\int_0^u \lambda(s)ds}\right)du.$$

Exercice 53 On considère un CDS stipulant que, en cas de défaut, la quantité $N(1-R)$ est payée à la première date de paiement suivant l'instant de défaut.

1. Montrer que la valeur du spread est donnée par

$$s = \frac{\mathbb{E}^*\left(\sum_{i=1}^n (1-R)\mathbf{1}_{\{T_{i-1}<\tau\leq T_i\}}e^{-\int_0^{T_i} r(s)ds}\right)}{\mathbb{E}^*\left(\sum_{i=1}^n (T_i - T_{i-1})\mathbf{1}_{\{\tau>T_i\}}e^{-\int_0^{T_i} r(s)ds}\right)}.$$

2. On suppose que la variable aléatoire τ est indépendante de toutes les tribus $\mathcal{F}_t$. Montrer que le processus d'intensité est déterministe et justifier la formule (8.7).

Exercice 54 Soit $U_1, \ldots, U_m$ m variables aléatoires uniformément distribuées sur l'intervalle $[0,1]$ et soit C la copule associée, définie par

$$C(u_1, \ldots, u_m) = \mathbb{P}(U_1 \leq u_1, \ldots, U_m \leq u_m).$$

1. Montrer que $C(u_1, \ldots, u_m) \leq \min_{1\leq i\leq m} u_i$.
2. Montrer que $C(u_1, \ldots, u_m) \geq C^-(u_1, \ldots, u_m)$, où $C^-(u_1, \ldots, u_m) = \left(\sum_{i=1}^m u_i - (m-1)\right)_+$. (Indication : remarquer que pour tous événements $A_1, \ldots, A_m$, on a, en posant $A = \bigcap_{i=1}^m A_i$, $\mathbf{1}_A \geq \sum_{i=1}^m \mathbf{1}_{A_i} - (m-1)$.)
3. On suppose $m = 2$. Montrer que C^- est la fonction de répartition du vecteur $(U, 1-U)$, où U est uniformément distribuée sur $[0,1]$.
4. Montrer que, pour $m \geq 3$, C^- n'est pas une copule. (Indication : si C^- était la fonction de répartition de $(U_1, \ldots, U_m)$, tout couple (U_i, U_j), avec $i \neq j$, aurait la loi de $(U, 1-U)$, où U est uniformément distribuée sur $[0,1]$.)

Exercice 55 Étant donné un nombre réel ρ et un entier $m \geq 2$, on considère la matrice $\Gamma_\rho = (a_{ij})_{1\leq i,j\leq m}$, avec $a_{ii} = 1$ et $a_{ij} = \rho$ pour $i \neq j$. Montrer que Γ_ρ est une matrice symétrique positive si et seulement si $\rho \in [-1/(m-1), 1]$. Montrer que, si $\rho \geq 0$, Γ_ρ est la matrice de covariance du vecteur $(X_1, \ldots, X_m)$, où $X_i = \sqrt{\rho}Y + \sqrt{1-\rho}Z_i$, les variables aléatoires $Y, Z_1, \ldots, Z_m$ étant des gaussiennes centrées réduites indépendantes.

Chapitre 9

Simulation et algorithmes pour les modèles financiers

9.1 Simulation et modèles financiers

Nous allons décrire, dans ce chapitre, des méthodes permettant la simulation des modèles financiers. Ces méthodes sont souvent utiles, dans le contexte des mathématiques financières, car elles permettent de calculer le prix de n'importe quelle option pour peu que l'on sache l'exprimer sous forme de l'espérance d'une variable aléatoire que l'on sait simuler. Dans ce cas, la méthode de Monte-Carlo décrite plus loin permet alors d'écrire très rapidement un algorithme permettant l'évaluation de cette option. Ces méthodes sont malheureusement peu efficaces et on ne les utilise que si l'on ne sait pas expliciter le prix de l'option sous forme analytique. De même, quand on se pose des questions complexes sur une stratégie de gestion de portefeuille (par exemple, quelle sera la loi dans un mois d'un portefeuille couvert selon un stratégie donnée), la réponse est, le plus souvent, inaccessible analytiquement. Les méthodes de simulation sont alors incontournables.

9.1.1 La méthode de Monte-Carlo

La méthode de Monte-Carlo utilise la loi forte des grands nombres pour calculer une espérance. On considère une variable aléatoire X de loi $\mu(dx)$ et l'on suppose que l'on sait simuler une suite de tirages indépendants $X_1, \ldots, X_n, \ldots$ telle que les X_n suivent la loi $\mu(dx)$. Lorsque ces hypothèses sont satisfaites, on peut appliquer la loi forte des grands nombres pour affirmer que, si $\mathbb{E}(|f(X)|) < +\infty$, alors :

$$\lim_{n \to +\infty} \frac{1}{n} \sum_{1 \leq k \leq n} f(X_k) = \mathbb{E}\left(f(X)\right). \tag{9.1}$$

Pour implémenter cette méthode sur un ordinateur, on procède de la façon suivante On suppose que l'on sait construire une suite de nombres $(U_n)_{n \geq 1}$ qui réalise une suite de variables aléatoires indépendantes, suivant une loi uniforme sur l'intervalle $[0, 1]$ et l'on cherche une fonction $(u_1, \ldots, u_p) \mapsto F(u_1, \cdots, u_p)$ telle que la loi de la variable aléatoire $F(U_1, \cdots, U_p)$ soit la loi cherchée $\mu(dx)$. La suite de variables aléatoires $(X_n)_{n\geq 1}$ où $X_n = F(U_{(n-1)p+1}, \cdots, U_{np})$ est alors une suite de variables aléatoires indépendantes suivant la loi de X. On peut, alors, appliquer (9.1), aux fonctions $f(x) = x$ et $f(x) = x^2$ pour estimer les moments d'ordre 1 et 2 de X (sous réserve que $\mathbb{E}(|X|^2)$ soit fini).

La suite $(U_n)_{n\geq 1}$ est obtenue en pratique par des appels successifs à un générateur de nombres pseudo-aléatoires. La plupart des langages disponibles sur les ordinateurs modernes possèdent une fonction aléatoire, déjà programmée, qui retourne soit un nombre pseudo aléatoire compris entre 0 et 1, soit un entier aléatoire dans un intervalle fixé (voir, par exemple, la fonction `rand()` de la librairie `C stdlib`).

Remarque 9.1.1 La fonction F peut dans certains cas (en particulier lorsque l'on cherche à simuler des temps d'arrêt), dépendre de toute la suite $(U_n)_{n\geq 1}$, et non plus d'un nombre fixe de U_i. La méthode précédente est encore utilisable si l'on sait simuler X à l'aide d'un nombre presque sûrement fini de U_i, ce nombre pouvant dépendre du hasard. C'est le cas, par exemple, de l'algorithme de simulation d'une variable aléatoire poissonienne (voir page 207).

Vitesse de convergence de la méthode de Monte-Carlo Considérons $(X_1, \ldots, X_n, \ldots)$ des tirages indépendants selon la loi d'un variable aléatoire X. Définissons l'erreur ε_n de la méthode de Monte-Carlo par :

$$\varepsilon_n = \mathbb{E}(X) - \frac{1}{n}(X_1 + \cdots + X_n).$$

Cette erreur peut être estimée à l'aide du théorème de la limite centrale, qui décrit le comportement asymptotique de la loi de $\sqrt{n}\varepsilon_n$ pour n grand.

Théorème 9.1.1 (Théorème de la limite centrale) *Soit $(X_i, i \geq 1)$ une suite de variables aléatoires indépendantes identiquement distribuées telle que $\mathbb{E}(X_1^2) < +\infty$. Notons σ^2 la variance (supposée strictement positive) de X_1 :*

$$\sigma^2 = \mathbb{E}(X_1^2) - \mathbb{E}(X_1)^2 = \mathbb{E}\left((X_1 - \mathbb{E}(X_1))^2\right).$$

Alors

$$\left(\frac{\sqrt{n}}{\sigma}\varepsilon_n\right) \text{ converge en loi vers } G,$$

où G est une variable aléatoire gaussienne de moyenne nulle et de variance 1.

Remarque 9.1.2 De ce théorème on peut déduire que pour tout $c_1 < c_2$:

$$\lim_{n\to+\infty} \mathbb{P}\left(\frac{\sigma}{\sqrt{n}}c_1 \leq \varepsilon_n \leq \frac{\sigma}{\sqrt{n}}c_2\right) = \int_{c_1}^{c_2} e^{-\frac{x^2}{2}} \frac{dx}{\sqrt{2\pi}}.$$

En pratique, on interprète ce résultat de la façon suivante : on considère que pour n assez grand, la variable aléatoire ε_n suit une loi gaussienne centrée de variance σ^2/n.

Bien sûr, comme le support d'une telle variable aléatoire gaussienne est $\mathbb{R}$ en entier, il est alors impossible de borner l'erreur en utilisant le théorème de la limite centrale. Cependant, l'observation précédente permet de définir un *intervalle de confiance* pour l'erreur. Pour cela, on remarque que, pour G une variable aléatoire gaussienne centrée réduite $\mathbb{P}(|G| \leq 1.96) = 0.95$. Donc, avec une probabilité proche de 0.95, pour n assez grand, on a :

$$|\varepsilon_n| \leq 1.96 \frac{\sigma}{\sqrt{n}}.$$

Comment estimer la variance ? La remarque précédente montre qu'il est crucial de savoir estimer l'écart-type σ de la variable aléatoire. Ceci est aisé à réaliser en utilisant les mêmes tirages que pour l'estimation de l'espérance.

Soit X une variable aléatoire et $(X_1, \ldots, X_n)$ un échantillon tiré selon la loi de X. On note par $\bar{X}_n$, l'estimateur empirique de l'espérance $\mathbb{E}(X)$:

$$\bar{X}_n = \frac{1}{n} \sum_{i=1}^{n} X_i.$$

Un estimateur classique de la variance est donné par

$$\bar{\sigma}_n^2 = \frac{1}{n-1} \sum_{i=1}^{n} \left(X_i - \bar{X}_n\right)^2.$$

$\bar{\sigma}_n^2$ est souvent appelé l'estimateur empirique de la variance de l'échantillon. On peut noter que $\bar{\sigma}_n^2$ peut se récrire sous la forme

$$\bar{\sigma}_n^2 = \frac{n}{n-1} \left(\frac{1}{n} \sum_{i=1}^{n} X_i^2 - \bar{X}_n^2 \right).$$

Ces formules montrent que $\bar{X}_n$ et $\bar{\sigma}_n^2$ peuvent être calculées en utilisant uniquement $\sum_{i=1}^{n} X_i$ et $\sum_{i=1}^{n} X_i^2$, ce qui peut être exploité dans l'implémentation informatique.

De plus on peut prouver que, lorsque $\mathbb{E}(X^2) < +\infty$, $\lim_{n\to+\infty} \bar{\sigma}_n^2 = \sigma^2$, presque sûrement, et que $\mathbb{E}\left(\bar{\sigma}_n^2\right) = \sigma^2$ (on dit que cet estimateur est sans biais). Ceci conduit à un intervalle de confiance approximatif en remplaçant σ par $\bar{\sigma}_n$ dans l'intervalle de confiance standard. On peut, encore, montrer que avec une probabilité proche de 0.95, $\mathbb{E}\left(X\right)$ appartient à l'intervalle aléatoire donné par

$$\left[\bar{X}_n - \frac{1.96 \bar{\sigma}_n}{\sqrt{n}}, \bar{X}_n + \frac{1.96 \bar{\sigma}_n}{\sqrt{n}} \right].$$

Ainsi, en utilisant très peu de calculs supplémentaires (on doit simplement calculer $\bar{\sigma}_n$ à l'aide de l'échantillon déjà disponible) on est en mesure de donner une estimation de l'erreur que l'on commet lorsque l'on approxime $\mathbb{E}(X)$ par $\bar{X}_n$. Le fait de pouvoir estimer cette erreur à un coût informatique quasi nul est une propriété très utile et remarquable de la méthode de Monte-Carlo.

9.1.2 Simulation d'une loi uniforme sur $[0, 1]$

Nous allons montrer comment l'on peut construire des générateurs de nombres aléatoires au cas où les générateurs de la machine ne donneraient pas entière satisfaction.

La méthode la plus simple et la plus souvent utilisée est la méthode des congruences linéaires. On génère une suite $(x_n)_{n\geq 0}$ de nombres entiers compris entre 0 et $m-1$ de la façon suivante :

$$\begin{cases} x_0 = \text{valeur initiale} \in \{0, 1, \ldots, m-1\} \\ x_{n+1} = ax_n + b(\text{ modulo } m), \end{cases}$$

a, b, m étant des entiers qu'il faut choisir soigneusement si l'on veut que les caractéristiques statistiques de la suite soient satisfaisantes. Sedgewick (1987) préconise le choix suivant :

$$\begin{cases} a &= 31415821 \\ b &= 1 \\ m &= 10^8. \end{cases}$$

Cette méthode permet de simuler des entiers pseudo aléatoires entre 0 et $m-1$; pour obtenir un nombre réel aléatoire entre 0 et 1 on divise l'entier aléatoire ainsi généré par m.

Le générateur précédent fournit des résultats acceptables dans les cas courants. Cependant sa période (ici $m = 10^8$) se révèle souvent insuffisante. Il faut, alors, utiliser des générateurs de nombres aléatoires de période plus longue en augmentant m.

Le lecteur intéressé trouvera des renseignements sur les générateurs de nombres aléatoires et la façon de les programmer sur un ordinateur, par exemple, dans Knuth (1981) et L'Ecuyer (1990) ou sur le site Web : `http://random.mat.sbg.ac.at/links/` consacré à ce sujet.

9.1.3 Simulation des variables aléatoires

Les lois que nous avons utilisées pour les modélisations financières sont essentiellement des lois gaussiennes (dans le cas des modèles continus) et des lois exponentielles et poissoniennes (dans le cas des modèles avec sauts). Nous allons donner des méthodes permettant de simuler chacune de ces lois.

Simulation de variables gaussiennes

Une méthode classique pour simuler les variables aléatoires gaussiennes repose sur la constatation (voir l'exercice 56 pour une preuve) que, si (U_1, U_2) sont deux variables aléatoires uniformes sur $[0, 1]$ indépendantes

$$\sqrt{-2\log(U_1)}\cos(2\pi U_2)$$

suit une loi gaussienne centrée et réduite (i.e. de moyenne nulle et de variance 1) .

Pour simuler des gaussiennes de moyenne m et de variance σ^2 il suffit de poser $X = m + \sigma g$, où g est une gaussienne centrée réduite.

Simulation d'une loi exponentielle

Rappelons qu'une variable aléatoire X suit une loi exponentielle de paramètre λ si sa loi vaut

$$\mathbf{1}_{\{x \geq 0\}} \lambda e^{-\lambda x} dx.$$

On peut simuler X en constatant que, si U suit une loi uniforme sur $[0, 1]$, la variable aléatoire $-\frac{\log(U)}{\lambda}$ suit une loi exponentielle de paramètre λ.

Remarque 9.1.3 Ce moyen de simulation de la loi exponentielle est une cas particulier de la méthode de l'"inverse de la fonction de répartition" (voir à ce sujet l'exercice 57).

Simulation d'une variable aléatoire poissonienne

Une variable aléatoire poissonienne est une variable à valeurs dans $\mathbb{N}$ telle que :

$$\mathbb{P}(X = n) = e^{-\lambda} \frac{\lambda^n}{n!}, \quad n \geq 0.$$

On a vu au chapitre 7 que si $(T_i)_{i \geq 1}$ est une suite de variables aléatoires exponentielles de paramètre λ, alors la loi de

$$N_t = \sum_{n \geq 1} n \mathbf{1}_{\{T_1 + \cdots + T_n \leq t < T_1 + \cdots + T_{n+1}\}}$$

est un loi de Poisson de paramètre λt. N_1 a donc même loi que la variable X que l'on cherche à simuler. D'autre part, on peut toujours mettre les variables exponentielles T_i sous la forme $-\log(U_i)/\lambda$, où les $(U_i)_{i \geq 1}$ sont des variables aléatoires suivant la loi uniforme sur $[0, 1]$ et indépendantes. N_1 s'écrit alors :

$$N_1 = \sum_{n \geq 1} n \mathbf{1}_{\{U_1 U_2 \ldots U_{n+1} \leq e^{-\lambda} < U_1 U_2 \ldots U_n\}}.$$

Ceci conduit à un algorithme de simulation d'une variable aléatoire de Poisson.

Pour la simulation d'autres lois que nous n'avons pas citées, ou pour d'autres méthodes de simulation des lois précédentes, on pourra consulter, par exemple, Rubinstein (1981).

Simulation de vecteurs gaussiens

Lorsque l'on construit des modèles où interviennent plusieurs actifs (par exemple lorsque l'on cherche à modéliser des paniers d'actifs comme un indice boursier), on est amené à considérer des processus gaussiens à valeurs dans $\mathbb{R}^n$. Le problème de la simulation des vecteurs gaussiens (voir le paragraphe A.1.2 de l'appendice pour la définition d'un vecteur gaussien) est alors essentiel. Nous allons donner une méthode de simulation de ce type de variables aléatoires.

Nous supposerons que l'on cherche à simuler un vecteur gaussien $(X_1, \cdots, X_n)$ dont la loi est caractérisée par le vecteur des moyennes $m = (m_1, \cdots, m_n) =$

$(\mathbb{E}(X_1), \cdots, \mathbb{E}(X_n))$ et la matrice de covariance $\Gamma = (\gamma_{ij})_{1\leq i\leq n, 1\leq j\leq n}$ où $\gamma_{ij} = \mathbb{E}(X_i X_j) - \mathbb{E}(X_i)\mathbb{E}(X_j)$. La matrice Γ est définie positive et nous supposerons, de plus, qu'elle est inversible. On peut trouver une racine carrée de Γ, c'est à dire une matrice A, telle que $A \times {}^t A = \Gamma$ (où ${}^t A$ désigne la transposée de la matrice A) .

Comme Γ est inversible, A l'est également, et on peut considérer le vecteur $Z = A^{-1}(X - m)$. Il est facile de vérifier que ce vecteur est un vecteur gaussien, centré. De plus sa matrice de covariance vaut :

$$\begin{aligned}
\mathbb{E}(Z_i Z_j) &= \sum\nolimits_{1\leq k\leq n, 1\leq l\leq n} \mathbb{E}(A_{ik}^{-1}(X_k - m_k) A_{jl}^{-1}(X_l - m_l)) \\
&= \sum\nolimits_{1\leq k\leq n, 1\leq l\leq n} \mathbb{E}\left(A_{ik}^{-1} A_{jl}^{-1} \Gamma_{kl}\right) \\
&= (A^{-1}\Gamma({}^t A)^{-1})_{ij} = (A^{-1} A^t A({}^t A)^{-1})_{ij} = Id.
\end{aligned}$$

Z est donc un vecteur gaussien centré de matrice de covariance identité. La loi du vecteur Z est celle de n gaussiennes centrées réduites indépendantes. La loi du vecteur $X = m + AZ$, peut donc être simulée de la façon suivante :

1. Calcul d'une racine carrée Γ de la matrice A,
2. Simulation de n gaussiennes centrées réduites indépendantes $G = (g_1, \cdots, g_n)$,
3. Retour de $m + AG$.

Remarque 9.1.4 Pour calculer la racine carrée de Γ, on peut supposer A triangulaire supérieure, il y a alors une seule solution à l'équation $A \times {}^t A = \Gamma$. En explicitant cette équation, on obtient facilement les coefficients de A. Cette méthode de calcul de la racine carrée s'appelle la méthode de Cholevsky (pour un algorithme complet voir Ciarlet (1988) ou Press *et al.* (1992)).

9.1.4 Simulation de processus stochastiques

Les méthodes décrites précédemment permettent de simuler une variable aléatoire, en particulier la valeur d'un processus stochastique à un instant donné. On a parfois besoin de savoir simuler toute la trajectoire d'un processus (par exemple, lorsque on étudie l'évolution au cours du temps de la valeur d'un portefeuille d'option, voir l'exercice 47). Ce paragraphe propose quelques procédés élémentaires permettant de simuler des trajectoires de processus.

Simulation du mouvement brownien

Nous allons présenter deux méthodes permettant de simuler un mouvement brownien $(W_t)_{t\geq 0}$. La première consiste à "renormaliser" une marche aléatoire. Soit $(X_i)_{i\geq 0}$ une suite de variables aléatoires indépendantes et equidistribuées de loi $\mathbb{P}(X_i = 1) = 1/2$, $\mathbb{P}(X_i = -1) = 1/2$. On a alors $\mathbb{E}(X_i) = 0$ et $\mathbb{E}\left(X_i^2\right) = 1$. On pose $S_n = X_1 + \cdots + X_n$, on peut alors "approximer" le mouvement brownien par le processus $(X_t^n)_{t\geq 0}$ où

$$X_t^n = \frac{1}{\sqrt{n}} S_{[nt]},$$

où $[x]$ désigne la partie entière de x. On trouvera un début de justification à cette façon de simuler le mouvement brownien dans l'exercice 48.

Dans la deuxième méthode, on remarque que, si $(g_i)_{i\geq 0}$ est une suite de gaussiennes centrées réduites indépendantes, si $\Delta t > 0$ et si l'on pose

$$\begin{cases} S_0 = 0 \\ S_{n+1} - S_n = G_n, \end{cases}$$

alors la loi de $(\sqrt{\Delta t}S_0, \sqrt{\Delta t}S_1, \cdots, \sqrt{\Delta t}S_n)$ est identique à celle de :

$$(W_0, W_{\Delta t}, W_{2\Delta t}, \ldots, W_{n\Delta t}).$$

On peut approximer le mouvement brownien par $X_t^n = \sqrt{\Delta t}S_{[t/\Delta t]}$.

Simulation des équations différentielles stochastiques

Il existe de nombreuses méthodes, certaines très sophistiquées, pour simuler la solution d'un équation différentielle stochastique, on pourra consulter, pour un panorama de ces méthodes Pardoux et Talay (1985) ou Kloeden et Platen (1992). Nous ne parlerons ici que de la méthode la plus élémentaire : la "méthode d'Euler aléatoire". Le principe en est le suivant : considérons une équation différentielle stochastique :

$$\begin{cases} X_0 &= x \\ dX_t &= b(X_t)dt + \sigma(X_t)dW_t. \end{cases}$$

On se fixe un pas de discrétisation en temps Δt. On peut alors construire un processus à temps discret $(S_n)_{n\geq 0}$ approximant la solution de l'équation différentielle stochastique aux instant $n\Delta t$, en posant :

$$\begin{cases} S_0 &= x \\ S_{n+1} - S_n &= \{b(S_n)\Delta t + \sigma(S_n)(W_{(n+1)\Delta t} - W_{n\Delta t})\}. \end{cases}$$

Si $X_t^n = S_{[t/\Delta t]}$, $(X_t^n)_{t\geq 0}$ approxime $(X_t)_{t\geq 0}$ au sens suivant :

Théorème 9.1.2 *Pour tout $T > 0$:*

$$\mathbb{E}\left(\sup_{t\leq T}|X_t^n - X_t|^2\right) \leq C_T\Delta t,$$

C_T étant une constante dépendant uniquement de T.

On trouvera la démonstration de ce résultat (ainsi que d'autres schémas de discrétisation des équations différentielles stochastiques) dans le chapitre 7 de Gard (1988).

La loi de de la famille $\left(W_{(n+1)\Delta t} - W_{n\Delta t}\right)_{n\geq 0}$ est identique à celle d'une famille de gaussiennes indépendantes centrées et de variance Δt. Dans une simulation, on remplace $\left(W_{(n+1)\Delta t} - W_{n\Delta t}\right)$ par $G_n\sqrt{\Delta t}$, où $(G_n)_{n\geq 0}$ est une suite de gaussiennes centrées réduites indépendantes. La suite approximante $(S'_n)_{n\geq 0}$ est dans ce cas définie par

$$\begin{cases} S'_0 &= x \\ S'_{n+1} &= S'_n + \Delta t\, b(S'_n) + \sigma\left(S'_n\right)G_n\sqrt{\Delta t}. \end{cases}$$

Remarque 9.1.5 On peut substituer à la suite de variables aléatoires gaussiennes indépendantes $(g_i)_{i\geq 0}$ une suite de variables aléatoires indépendantes $(U_i)_{i\geq 0}$, telle que $\mathbb{P}(U_i = 1) = \mathbb{P}(U_i = -1) = 1/2$. Il faut, cependant, noter que, dans ce cas, on n'a pas le même type de convergence que dans le théorème 9.1.2 : dans ce cas, il faut interpréter la convergence comme une *convergence faible* (ou *convergence en loi*, à la différence de la *convergence forte (ou trajectorielle)* du théorème 9.1.2.

On pourra consulter Kushner (1977) et Pardoux et Talay (1985) pour des précisions sur la convergence faible et des résultats sur les discrétisations en loi des équations différentielles stochastiques.

Une application au modèle de Black et Scholes

Dans le cas du modèle de Black et Scholes, il s'agit de simuler la solution de l'équation

$$\begin{cases} X_0 & = & x \\ dX_t & = & X_t(rdt + \sigma dW_t). \end{cases}$$

Nous allons évoquer deux méthodes de simulation. La première consiste à utiliser la méthode d'Euler aléatoire, qui consiste à poser :

$$\begin{cases} S_0 & = & x \\ S_{n+1} & = & S_n(1 + r\Delta t + \sigma G_n \sqrt{\Delta t}), \end{cases}$$

et à simuler X_t par $X_t^n = S_{[t/\Delta t]}$. L'autre méthode consiste à utiliser la forme explicite de la solution

$$X_t = x \exp\left(rt - \frac{\sigma^2}{2}t + \sigma W_t\right)$$

et à simuler le mouvement brownien par une des méthodes citées précédemment. Dans le cas où l'on simule le mouvement brownien par $\sqrt{\Delta t}\sum_{i=1}^n G_i$, on obtient

$$S_n = x \exp\left((r - \sigma^2/2)n\Delta t + \sigma\sqrt{\Delta t}\sum_{i=1}^{n} G_i\right). \tag{9.2}$$

On approxime toujours X_t par $X_t^n = S_{[t/\Delta t]}$.

Remarque 9.1.6 On peut aussi substituer aux variables aléatoires gaussiennes G_i des variables de Bernoulli valant $+1$ ou -1 avec probabilité $1/2$ dans (9.2), on obtient un modèle de type binomial proche du modèle de Cox Ross Rubinstein utilisé dans le paragraphe 1.4 du chapitre 1.

Simulation des modèles avec sauts

On a considéré au chapitre 7 une extension du modèle de Black et Scholes comportant des sauts, nous allons décrire une méthode permettant de simuler ce processus. On reprend les notations et les hypothèses du chapitre 7, paragraphe 7.2. Le processus $(X_t)_{t\geq 0}$ servant de modèle d'actif s'écrit

$$X_t = x \left(\prod_{j=1}^{N_t} (1 + U_j) \right) e^{(\mu - \sigma^2/2)t + \sigma W_t}, \tag{9.3}$$

où $(W_t)_{t\geq 0}$ est un mouvement brownien standard , $(N_t)_{t\geq 0}$ est un processus de Poisson d'intensité λ, et $(U_j)_{j\geq 1}$ est une suite de variables aléatoires indépendantes équidistribuées, à valeurs dans $]-1, +\infty[$, de loi $\mu(dx)$. Les tribus engendrées par $(W_t)_{t\geq 0}$, $(N_t)_{t\geq 0}$, $(U_j)_{j\geq 1}$ sont supposées indépendantes.

Pour simuler ce processus aux instants $n\Delta t$, notons que l'on a :

$$X_{n\Delta t} = x \times (X_{\Delta t}/x) \times (X_{2\Delta t}/X_{\Delta t}) \times \cdots \times (X_{n\Delta t}/X_{(n-1)\Delta t}).$$

Si l'on note $Y_k = (X_{k\Delta t}/X_{(k-1)\Delta t})$, on peut prouver, à l'aide des propriétés de $(N_t)_{t\geq 0}$, $(W_t)_{t\geq 0}$ et $(U_j)_{j\geq 1}$ que la suite des $(Y_k)_{k\geq 1}$ forme une suite de variables aléatoires indépendantes de même loi.

Comme $X_{n\Delta t} = xY_1 \ldots Y_n$, la simulation de X aux instants $n\Delta t$ se ramène à celle de la suite $(Y_k)_{k\geq 1}$. Cette suite étant indépendante équidistribuée, il suffit de savoir simuler $Y_1 = X_{\Delta t}/x$. On procède, alors, comme suit :

- On simule une variable aléatoire gaussienne centrée réduite G.
- On simule une variable aléatoire poissonienne de paramètre $\lambda\Delta t$: N.
- Si $N = n$, on simule n variables aléatoires selon la loi $\mu(dx)$: $U_1, \ldots, U_n$.

Toutes ces variables sont supposées indépendantes. Alors, il est facile de se convaincre en utilisant l'équation (8.3) que la loi de :

$$\left(\prod_{j=1}^{N} (1 + U_j) \right) e^{(\mu - \sigma^2/2)\Delta t + \sigma\sqrt{\Delta t}G}$$

est identique à celle de Y_1.

9.2 Introduction aux méthodes de réduction de variance

Les résultats du paragraphe précédent montrent que le quotient $\sigma/\sqrt{n}$ est représentatif de la précision de la méthode de Monte-Carlo utilisant n simulations. Une conséquence évidente de cette constatation est que l'on a toujours intérêt à réécrire la quantité à calculer sous la forme de l'espérance d'une autre variable aléatoire de variance inférieure. C'est l'idée de base d'un méthode de réduction de variance. Pour un traitement complet du sujet nous renvoyons à Kalos et Whitlock (1986), Hammersley et Handscomb (1979), Rubinstein (1981) et Ripley (1987) pour des livres généraux sur la simulation et à Glasserman (2004) pour un livre consacré plus directement aux applications financières.

Supposons que l'on veuille calculer $\mathbb{E}(X)$. Nous cherchons à trouver une autre représentation à cette espérance de la forme

$$\mathbb{E}(X) = \mathbb{E}(Y) + C,$$

en utilisant une variable aléatoire Y de variance inférieure, C étant une constante connue.

De nombreuses techniques existent, nous allons nous contenter ici de donner une introduction aux plus simples d'entre elles.

9.2.1 Variables de contrôle

L'idée, très simple, d'un variable de contrôle, est d'écrire une espérance $\mathbb{E}(X)$ sous la forme :

$$\mathbb{E}(X) = \mathbb{E}(X - Y) + \mathbb{E}(Y),$$

où $\mathbb{E}(Y)$ doit pouvoir être calculée explicitement et $\text{Var}(X - Y)$ est inférieure à $\text{Var}(X)$. Dans ces circonstances, on peut utiliser une méthode de Monte-Carlo classique pour estimer $\mathbb{E}(X - Y)$ puis ajouter la valeur exacte de $\mathbb{E}(Y)$. Nous allons illustrer cette idée sur des exemples financiers.

Utilisation de la relation de parité "call-put" pour réduire la variance Notons S_t le prix à l'instant t d'un actif risqué et C, le prix d'une option d'achat (ou "call") européenne sur cette actif, donné par

$$C = \mathbb{E}\left(e^{-rT}\left(S_T - K\right)_+\right),$$

$\mathbb{P}$ étant une probabilité "risque-neutre". Notons aussi par P le prix d'une option de vente (ou "put") européenne :

$$P = \mathbb{E}\left(e^{-rT}\left(K - S_T\right)_+\right).$$

La formule de parité "call-put" donne

$$C - P = \mathbb{E}\left(e^{-rT}\left(S_T - K\right)\right) = S_0 - Ke^{-rT}.$$

Cette formule permet de ramener le calcul du prix d'une option de vente à celui d'une option d'achat, puisque

$$C = \mathbb{E}\left(e^{-rT}\left(K - S_T\right)_+\right) + S_0 - Ke^{-rT}.$$

Remarque 9.2.1 Pour le modèle de Black et Scholes, des formules explicites pour la variance du "payoff" des options d'achat et vente peuvent être obtenues. La variance de l'option de vente est souvent (mais pas systématiquement) inférieure à celle de l'option d'achat. Il est ainsi souvent préférable de calculer le prix de l'option de vente même si l'on cherche à calculer le prix d'une option d'achat.

La méthode de Kemna et Vorst pour les options asiatiques Le prix d'une option européenne sur moyenne (ou asiatique) de "strike" fixe est donné par l'espérance

$$\mathbb{E}\left(e^{-rT}\left(K - \frac{1}{T}\int_0^T S_s ds\right)_+\right),$$

où $(S_t, t \geq 0)$ est le processus de Black Scholes :

$$S_t = x \exp\left(\left(r - \frac{\sigma^2}{2}\right)t + \sigma W_t\right).$$

Lorsque σ et r sont “petits”, on peut espérer que

$$\frac{1}{T}\int_0^T S_s ds \text{ “est proche de” } \exp\left(\frac{1}{T}\int_0^T \log(S_s)ds\right).$$

Cet argument heuristique suggère d'utiliser Y,

$$Y = e^{-rT}\left(K - e^Z\right)_+,$$

où $Z = \frac{1}{T}\int_0^T \log(S_s)ds$ comme variable de contrôle. Comme la variable aléatoire Z est gaussienne, on peut calculer explicitement

$$\mathbb{E}\left(e^{-rT}\left(K - e^Z\right)_+\right).$$

en utilisant une formule du type de celle de Black et Scholes :

$$\mathbb{E}\left(\left(K - e^Z\right)_+\right) = KN(-d) - e^{\mathbb{E}(Z) + \frac{1}{2}\mathrm{Var}(Z)} N(-d - \sqrt{\mathrm{Var}(Z)}),$$

où $d = \frac{\mathbb{E}(Z) - \log(K)}{\sqrt{\mathrm{Var}(Z)}}$.

Cette méthode est proposée par Kemna et Vorst (1990) et est très efficace pour des valeurs raisonnables de r et σ ($\sigma \approx 0.3$ par an, $r \approx 0.1$ par an et $T \approx 1$ an sont des valeurs typiques pour une application financière). Pour des valeurs de σ et r plus grande, la variable de contrôle est moins efficace, mais elle reste toujours utile.

Les options sur panier Une idée similaire peut être utilisée pour calculer le prix d'une option sur panier (ou indice). Le modèle le plus simple, dans ce cas, est le modèle de Black et Scholes multi-dimnensionnel que nous décrivons maintenant. Soit σ une matrice $n \times d$ et $(W_t, t \geq 0)$ un mouvement brownien d-dimensionnel. Notons $(S_t, t \geq 0)$ la solution unique de

$$\begin{cases} dS_t^1 &= S_t^1\left(rdt + [\sigma dW_t]_1\right) \\ &\vdots \\ dS_t^n &= S_t^n\left(rdt + [\sigma dW_t]_n\right), \end{cases}$$

où $[\sigma dW_t]_i = \sum_{j=1}^d \sigma_{ij} dW_t^j$. Remarquons que cette équation différentielle stochastique se résout explicitement de la façon suivante :

$$S_T^i = S_0^i \exp\left(\left(r - \frac{1}{2}\sum_{j=1}^d \sigma_{ij}^2\right)T + \sum_{j=1}^d \sigma_{ij} W_T^j\right).$$

On pose, de plus, I_t pour la valeur du panier :

$$I_t = \sum_{i=1}^{n} a_i S_t^i,$$

où $(a_1, \ldots, a_n)$ est un vecteur de valeurs réelles positives tel que $\sum_{i=1}^{n} a_i = 1$.

Supposons que l'on cherche à calculer le prix d'un put européen dont le "payoff" à l'instant T est donné par

$$h = (K - I_T)_+ .$$

En s'inspirant du paragraphe précédent, on va approximer

$$\frac{I_T}{m} = \frac{a_1 x_1}{m} e^{r_1 T + \sum_{j=1}^{p} \sigma_{1j} W_T^j} + \cdots + \frac{a_d x_d}{m} e^{r_d T + \sum_{j=1}^{p} \sigma_{dj} W_T^j},$$

où $m = a_1 x_1 + \cdots + a_d x_d$ et $r_i = r - \frac{1}{2} \sum_{j=1} \sigma_{ij}^2$, à l'aide de Y, où Y est la variable aléatoire log-normale

$$Y = e^{\sum_{i=1}^{d} \frac{a_i x_i}{m} \left(r_i T + \sum_{j=1}^{p} \sigma_{ij} W_T^j \right)}.$$

Ceci permet de calculer explicitement

$$\mathbb{E}\left[(K - mY)_+ \right],$$

par une formule de type Black et Scholes et d'utiliser la variable aléatoire $Z = (K - mY)_+$ comme variable de contrôle. Il reste alors à échantillonner la variable aléatoire $(K - X)_+ - (K - mY)_+$ (voir le paragraphe 9.4.5 pour plus de détails).

9.2.2 Techniques de fonction d'importance

La technique de fonction d'importance est une méthode de réduction de variance qui utilise un changement de la loi simulée pour réduire la variance.

Nous commençons par introduire cette méthode dans un contexte simple. Supposons que l'on veuille calculer

$$\mathbb{E}(f(X)),$$

X étant une variable aléatoire réelle dont la loi admet une densité $p(x)$ sur $\mathbb{R}$, alors

$$\mathbb{E}(f(X)) = \int_{\mathbb{R}} f(x) p(x) dx.$$

Supposons maintenant que $\tilde{p}$ est une autre densité telle que $\tilde{p}(x) > 0$ et $\int_{\mathbb{R}} \tilde{p}(x) dx = 1$. On a, bien sûr

$$\mathbb{E}(f(X)) = \int_{\mathbb{R}} \frac{f(x) p(x)}{\tilde{p}(x)} \tilde{p}(x) dx = \mathbb{E}\left(\frac{f(Y) p(Y)}{\tilde{p}(Y)} \right),$$

où Y est une variable aléatoire suivant la loi $\tilde{p}(x)dx$ sous $\mathbb{P}$. On peut alors approximer $\mathbb{E}(f(X))$ à l'aide de l'estimateur

$$\frac{1}{n} \left(\frac{f(Y_1) p(Y_1)}{\tilde{p}(Y_1)} + \cdots + \frac{f(Y_n) p(Y_n)}{\tilde{p}(Y_n)} \right),$$

où $(Y_1, \ldots, Y_n)$ sont des copies indépendantes suivant la loi de Y.

Posons $Z = f(Y)p(Y)/\tilde{p}(Y)$. Ce nouvel estimateur améliorera l'estimateur classique si $\text{Var}(Z) < \text{Var}(f(X))$.

Il est facile de calculer la variance de Z :

$$\text{Var}(Z) = \int_{\mathbb{R}} \frac{f^2(x)p^2(x)}{\tilde{p}(x)} dx - \mathbb{E}(f(X))^2.$$

On remarque alors, à partir de cette expression que si $f(x) > 0$ et $\tilde{p}(x) = f(x)p(x)/\mathbb{E}(f(X))$, alors $\text{Var}(Z) = 0$! Bien sûr ce résultat est d'un intérêt limité en pratique puisqu'il suppose de disposer de la valeur de $\mathbb{E}(f(X))$, que l'on cherche justement à calculer. On peut cependant, en déduire une approche heuristique, en posant :

$$\tilde{p}(x) = \frac{q(x)}{\int_{\mathbb{R}} q(x)dx},$$

où $q(x)$ est une approximation de $|f(x)p(x)|$, choisie de façon à ce que $\tilde{p}(x)$ puisse être échantillonné simplement.

Un exemple financier élémentaire Supposons que G soit une variable aléatoire gaussienne centrée réduite, et que l'on cherche à calculer

$$\mathbb{E}\left(f(G)\right),$$

pour une fonction f bornée. Nous allons choisir pour nouvelle densité de simulation, $\tilde{p}(x)$, la densité de la loi de $\tilde{G} = G + m$, m étant une constante réelle à choisir de façon adéquate. On a

$$\mathbb{E}\left(f(G)\right) = \mathbb{E}\left(f(\tilde{G})\frac{p(\tilde{G})}{\tilde{p}(\tilde{G})}\right) = \mathbb{E}\left(f(\tilde{G})e^{-m\tilde{G}+\frac{m^2}{2}}\right).$$

Cette égalité peut se récrire

$$\mathbb{E}\left(f(G)\right) = \mathbb{E}\left(f(G+m)e^{-mG-\frac{m^2}{2}}\right). \tag{9.4}$$

Pour être plus précis, supposons que l'on cherche à évaluer une option d'achat européenne dans le modèle de Black et Scholes. On a donc

$$f(G) = \left(\lambda e^{\sigma G} - K\right)_+.$$

Supposons, de plus, que $\lambda << K$. Dans ce cas, $\mathbb{P}(\lambda e^{\sigma G} > K)$ est très petit et il est très peu probable que l'option soit exercée. Ce fait peut conduire à une erreur relative très grande lorsque l'on utilise une méthode de Monte-Carlo classique. Pour augmenter la probabilité d'exercice, on peut utiliser l'égalité (9.4) :

$$\mathbb{E}\left(\left(\lambda e^{\sigma G} - K\right)_+\right) = \mathbb{E}\left(\left(\lambda e^{\sigma(G+m)} - K\right)_+ e^{-mG-\frac{m^2}{2}}\right),$$

et choisir $m = m_0$ avec $\lambda e^{\sigma m_0} = K$, puisque

$$\mathbb{P}\left(\lambda e^{\sigma(G+m_0)} > K\right) = \frac{1}{2}.$$

Ce choix de m n'est certainement pas optimal, mais il peut drastiquement améliorer l'efficacité de la méthode de Monte-Carlo quand $\lambda << K$ (voir l'exercice 58 à ce sujet).

Le cas d'un vecteur gaussien Les méthodes de Monte-Carlo sont vraiment utiles pour des problèmes faisant intervenir un grand nombre d'actifs sous-jacents. Nous allons voir comment la méthode précédente peut être étendue au cas multidimensionnel.

On considère le modèle de Black et Scholes multidimensionnel déjà introduit page 213. Soit σ une matrice $n \times d$ et $(W_t, t \geq 0)$ un mouvement brownien d-dimensionnel. Notons $(S_t, t \geq 0)$, le vecteur des prix donné par

$$S_T^i = S_0^i \exp\left(\left(r - \frac{1}{2}\sum_{j=1}^{d} \sigma_{ij}^2\right) T + \sum_{j=1}^{d} \sigma_{ij} W_T^j\right),$$

et désignons par I_t la valeur de l'indice $I_t = \sum_{i=1}^{n} a_i S_t^i$, où $a_1, \ldots, a_n$ sont des nombres réels positifs tels que $\sum_{i=1}^{n} a_i = 1$. Supposons que l'on veuille calculer le prix d'une option européenne dont le "payoff" à l'instant T vaut $h = f(I_T)$. Clairement, il existe une fonction ϕ telle que

$$h = \phi\left(G_1, \ldots, G_d\right),$$

où $G_j = W_T^j/\sqrt{T}$ sont des variables gaussiennes indépendantes centrée et de variance 1.

Le prix de cette option s'écrit donc sous la forme $\mathbb{E}\left(\phi(G)\right)$, où $G = (G_1, \ldots, G_d)$ est un vecteur gaussien centré de dimension d de matrice de covariance égale à l'identité.

Comme en dimension 1, il est facile de prouver (par un changement de variable) que, si $m = (m_1, \ldots, m_d)$,

$$\mathbb{E}\left(\phi(G)\right) = \mathbb{E}\left(\phi(G+m)e^{-m.G-\frac{|m|^2}{2}}\right), \tag{9.5}$$

où $m.G = \sum_{i=1}^{d} m_i G_i$ et $|m|^2 = \sum_{i=1}^{d} m_i^2$. En utilisant l'équation (9.5), la variance $V(m)$ de la variable aléatoire

$$X_m = \phi(G+m)e^{-m.G-\frac{|m|^2}{2}}$$

peut être mise sous la forme :

$$\begin{aligned}
V(m) &= \mathbb{E}\left(\phi^2(G+m)e^{-2m.G-|m|^2}\right) - \mathbb{E}\left(\phi(G)\right)^2, \\
&= \mathbb{E}\left(\phi^2(G+m)e^{-m.(G+m)+\frac{|m|^2}{2}} e^{-m.G-\frac{|m|^2}{2}}\right) - \mathbb{E}\left(\phi(G)\right)^2, \\
&= \mathbb{E}\left(\phi^2(G)e^{-m.G+\frac{|m|^2}{2}}\right) - \mathbb{E}\left(\phi(G)\right)^2.
\end{aligned}$$

Nous renvoyons le lecteur à Glasserman, Heidelberger, et Shahabuddin (1999) pour une façon quasi-optimale de choisir le vecteur des paramètres m utilisant cette représentation et à Arouna (2003/4) pour une méthode utilisant des algorithmes stochastiques permettant de calculer le vecteur des paramètres optimaux.

Nous allons maintenant étendre ces techniques aux cas de fonction dépendant de la trajectoire ("path-dependent" dans la littérature anglo-saxonne). On utilise dans ce cas le théorème de Girsanov 4.2.2.

Le théorème de Girsanov et les options "path-dependent" Soit $(S_t, t \geq 0)$ la solution de l'équation différentielle stochastique

$$dS_t = S_t \left(rdt + \sigma dW_t \right), S_0 = x,$$

où $(W_t, t \geq 0)$ est un mouvement brownien sous un probabilité $\mathbb{P}$. On cherche à calculer le prix de l'option "path-dependent" de "payoff" donné par :

$$\phi(S_t, t \leq T) = \psi(W_t, t \leq T).$$

Des exemples typiques de cette situation se trouvent pour

- des options asiatiques, de "payoff" donné par $f(S_T, \int_0^T S_s ds)$,
- des options sur maximum de "payoff" $f(S_T, \max_{s \leq T} S_s)$.

Nous commençons par considérer un exemple élémentaire de technique de fonction d'importance. Pour un nombre réel donné λ, on peut définir le processus $(W_t^\lambda, t \leq T)$ comme :

$$W_t^\lambda := W_t + \lambda t.$$

Le théorème de Girsanov (voir le théorème 4.2.2 du chapitre 4) permet d'affirmer que $(W_t^\lambda, t \leq T)$ est un mouvement brownien sous la probabilité $\mathbb{P}^\lambda$ définie par :

$$\mathbb{P}^\lambda(A) = \mathbb{E}(L_T^\lambda \mathbf{1}_A), \quad A \in \mathcal{F}_T,$$

où $L_T^\lambda = e^{-\lambda W_T - \frac{\lambda^2 T}{2}}$. On note $\mathbb{E}^\lambda$ l'espérance sous cette nouvelle probabilité $\mathbb{P}^\lambda$. On rappelle que, pour toute variable aléatoire $\mathcal{F}_T$-mesurable bornée ou positive,

$$\mathbb{E}^\lambda(X) = \mathbb{E}(L_T^\lambda X).$$

On a donc, pour toute fonctionnelle bornée ψ de la trajectoire,

$$\mathbb{E}\left(\psi(W_t, t \leq T)\right) = \mathbb{E}^\lambda\left(\psi(W_t^\lambda, t \leq T)\right) = \mathbb{E}\left(L_T^\lambda \psi(W_t^\lambda, t \leq T)\right).$$

Soit

$$\mathbb{E}\left(\psi(W_t, t \leq T)\right) = \mathbb{E}\left(e^{-\lambda W_T - \frac{\lambda^2 T}{2}} \psi(W_t + \lambda t, t \leq T)\right). \quad (9.6)$$

Par exemple, si l'on cherche à calculer le prix d'un option asiatique à "strike" fixe, de "payoff" donné par

$$P = \mathbb{E}\left(e^{-rt}\left(\frac{1}{T}\int_0^T x e^{\left(r - \frac{\sigma^2}{2}\right)s + \sigma W_s} ds - K\right)_+\right),$$

on peut utiliser l'égalité (9.6) pour obtenir :

$$P = \mathbb{E}\left(e^{-rt-\lambda W_T-\frac{\lambda^2 T}{2}}\left(\frac{1}{T}\int_0^T xe^{\left(r-\frac{\sigma^2}{2}\right)s+\sigma(W_s+\lambda s)}ds - K\right)_+\right).$$

Cette représentation peut être utilisée dans le cas d'une option très en dehors de la monnaie (i.e. quand $x << K$). Alors λ peut être choisi en résolvant l'équation :

$$\frac{x}{T}\int_0^T e^{\left(r-\frac{\sigma^2}{2}\right)s+\sigma\lambda s}ds = K,$$

pour augmenter la probabilité d'exercice.

9.2.3 Variables antithétiques

L'utilisation de variables antithétiques est largement répandue dans les méthodes de Monte-Carlo. Cette méthode peut être efficace mais ses gains sont, souvent, moins spectaculaires que d'autres méthodes de réduction de variance. Nous commençons par illustrer l'idée de base de cette méthode sur un exemple très simple.

On cherche à calculer, pour U une variable aléatoire uniforme sur l'intervalle $[0, 1]$ et f, une fonction bornée de $[0, 1]$ dans $\mathbb{R}$,

$$I = \mathbb{E}(f(U)) = \int_0^1 f(x)dx.$$

Comme $1 - U$ suit la même loi que U, on a :

$$I = \mathbb{E}\left(\frac{1}{2}(f(U) + f(1-U))\right).$$

On peut donc tirer n variables aléatoires indépendantes $U_1, \ldots, U_n$ selon la loi de U, et approximer I par

$$\begin{aligned} I_{2n} &= \frac{1}{n}\left(\frac{1}{2}(f(U_1) + f(1-U_1)) + \cdots + \frac{1}{2}(f(U_n) + f(1-U_n))\right) \\ &= \frac{1}{2n}\left(f(U_1) + f(1-U_1) + \cdots + f(U_n) + f(1-U_n)\right). \end{aligned}$$

Il convient alors de comparer l'efficacité de ce nouvel estimateur avec celui que l'on utilise classiquement dans la méthode de Monte-Carlo, à l'issue de $2n$ tirages :

$$\begin{aligned} I_{2n}^0 &= \frac{1}{2n}\left(f(U_1) + f(U_2) + \cdots + f(U_{2n-1}) + f(U_{2n})\right) \\ &= \frac{1}{n}\left(\frac{1}{2}(f(U_1) + f(U_2)) + \cdots + \frac{1}{2}(f(U_{2n-1}) + f(U_{2n}))\right). \end{aligned}$$

Pour cela, il suffit de comparer les variances de I_{2n} et I_{2n}^0. On doit noter que l'on suppose implicitement en faisant cette comparaison que l'essentiel de la difficulté numérique réside dans l'évaluation de f et que le temps consacré à la simulation des variables aléatoires est négligeable, ce qui est, le plus souvent, une hypothèse réaliste.

Un calcul simple prouve que la variance de l'estimateur classique est donnée par

$$\text{Var}(I_{2n}^0) = \frac{1}{2n}\text{Var}\left(f(U_1)\right),$$

alors que :

$$\begin{aligned}
\text{Var}(I_{2n}) &= \frac{1}{n}\text{Var}\left(\frac{1}{2}(f(U_1) + f(1-U_1))\right) \\
&= \frac{1}{4n}\left(\text{Var}(f(U_1)) + \text{Var}(f(1-U_1)) + 2\text{Cov}(f(U_1), f(1-U_1))\right) \\
&= \frac{1}{2n}\left(\text{Var}(f(U_1) + \text{Cov}(f(U_1), f(1-U_1))\right).
\end{aligned}$$

Il est donc clair que $\text{Var}(I_{2n}) \leq \text{Var}(I_{2n}^0)$ si et seulement si $\text{Cov}(f(U_1), f(1-U_1)) \leq 0$. Il est possible de prouver que si f est une fonction monotone, cela est toujours vrai. La méthode de Monte-Carlo utilisant les variables antithétiques est donc alors plus efficace que la méthode classique.

Cette idée peut être généralisée en dimension supérieure à 1, en utilisant la transformation

$$(U_1, \ldots, U_d) \to (1-U_1, \ldots, 1-U_d).$$

Plus généralement, si X est une variable aléatoire prenant ses valeurs dans $\mathbb{R}^d$ et T une transformation de $\mathbb{R}^d$ telle que la loi de $T(X)$ est identique à celle de X, on peut construire un estimateur utilisant des variables antithétiques généralisées en utilisant l'égalité

$$\mathbb{E}(f(X)) = \frac{1}{2}\mathbb{E}\left(f(X) + f(T(X))\right).$$

Plus précisément, si $(X_1, \ldots, X_n)$ sont indépendantes, tirées selon la loi de X, on peut définir le nouvel estimateur en posant :

$$I_{2n} = \frac{1}{2n}\left(f(X_1) + f(T(X_1)) + \cdots + f(X_n) + f(T(X_n))\right)$$

et le comparer à :

$$I_{2n}^0 = \frac{1}{2n}\left(f(X_1) + f(X_2)) + \cdots + f(X_{2n-1}) + f(X_{2n})\right).$$

Les mêmes calculs que précédemment prouvent que l'estimateur I_{2n} améliore l'estimateur classique I_{2n}^0 si et seulement si $\text{Cov}(f(X), f(T(X))) \leq 0$. Nous donnons maintenant quelques exemples qui peuvent être utiles en finance.

Une exemple élémentaire Soit G une variable aléatoire gaussienne centrée, de variance unité, on considère un prix de "call" s'exprimant sous la forme :

$$\mathbb{E}\left(\left(\lambda e^{\sigma G} - K\right)_+\right).$$

Comme la loi de $-G$ est identique à celle de G, on peut utiliser la transformation $T(x) = -x$. Comme le "payoff" de l'option est une fonction croissante, on peut montrer que l'estimateur utilisant des variables antithétiques :

$$I_{2n} = \frac{1}{2n}\left(f(G_1) + f(-G_1) + \cdots + f(G_n) + f(-G_n)\right),$$

où $f(x) = (\lambda e^{\sigma x} - K)_+$, réduit certainement la variance.

Extension aux options "path-dependent" L'exemple précédent peut être étendu à une option européenne "path-dependent" dont le "payoff" est donné par :

$$\psi\left(W_s, s \leq T\right).$$

On peut utiliser le fait que la loi de $(W_t, t \leq T)$ et celle de $(-W_t, t \leq T)$ sont identiques pour construire une méthode de variables antithétiques. Plus précisément, on pose

$$\begin{aligned} I_{2n} &= \frac{1}{2n}\left(\psi(W_s^1, s \leq T) + \psi(-W_s^1, s \leq T)\right. \\ &\qquad \left. + \cdots + \psi(W_s^n, s \leq T) + \psi(-W_s^n, s \leq T)\right), \end{aligned}$$

où $W^1, \ldots, W^n$ sont des tirages browniens indépendants.

9.2.4 Méthode de valeur moyenne ou de conditionnement

Cette méthode utilise la propriété bien connue que l'espérance conditionnelle réduit la variance. En effet pour toute variable aléatoire intégrable Z, on a

$$\mathbb{E}(Z) = \mathbb{E}(\mathbb{E}(Z|Y)),$$

où Y est une autre variable aléatoire définie sur le même espace de probabilité que Z. Il est bien connu que $\mathbb{E}(Z|Y)$ peut se récrire sous la forme

$$\mathbb{E}(Z|Y) = \phi(Y),$$

où ϕ est une fonction mesurable. Si l'on suppose, de plus, que Z est de carré intégrable, comme l'espérance conditionnelle est une projection dans l'espace de Hilbert L^2, on a :

$$\mathbb{E}\left(\phi(Y)^2\right) \leq \mathbb{E}(Z^2),$$

et donc $\mathrm{Var}(\phi(Y)) \leq \mathrm{Var}(Z)$.

Bien sur, l'efficacité pratique de la simulation de cette méthode repose sur le fait que l'on a une formule explicite pour la fonction ϕ. Ceci est facile à réaliser si l'on suppose que $Z = f(X, Y)$, où X et Y sont des variables aléatoires indépendantes, puisque l'on a, dans ce cas,

$$\mathbb{E}(f(X, Y)|Y) = \phi(Y),$$

où $\phi(y) = \mathbb{E}(f(X, y))$ (voir la proposition A.2.5).

Un exemple élémentaire. Supposons que l'on cherche à calculer $\mathbb{P}(X \leq Y)$, où X et Y sont des variables aléatoires indépendantes. Cette situation peut apparaître en finance, par exemple, lorsque l'on cherche à calculer la couverture d'une option d'échange (ou le prix d'une option d'échange digitale). On a, dans ce cas,

$$\mathbb{P}(X \leq Y) = \mathbb{E}(F(Y)),$$

où F est la fonction de répartition de X. La réduction de variance peut être significative, particulièrement lorsque la probabilité $\mathbb{P}(X \leq Y)$ est petite.

9.3 Exercices

Exercice 56 Soit X et Y deux variables aléatoires gaussiennes centrées réduites. Calculer la loi du couple de variables aléatoires (R, Θ) où $R = \sqrt{X^2 + Y^2}$ et $\Theta =$ arctg$(Y/X))$ désigne l'angle polaire. En déduire que si U_1 et U_2 sont deux variables aléatoires uniformes sur $[0, 1]$ et indépendantes, les variables aléatoires

$$\sqrt{-2\log(U_1)}\cos(2\pi U_2) \text{ et } \sqrt{-2\log(U_1)}\sin(2\pi U_2)$$

sont indépendantes et suivent une loi gaussienne centrée réduite.

Exercice 57 Soit f une fonction de $\mathbb{R}$ dans $\mathbb{R}$, telle que $f(x) > 0$ pour tout x, et telle que $\int_{-\infty}^{+\infty} f(x)dx = 1$. On veut simuler une variable aléatoire X de loi $f(x)dx$. On pose $F(u) = \int_{-\infty}^{u} f(x)dx$. Démontrer que si U est une variable aléatoire uniforme sur $[0, 1]$, alors la loi de $F^{-1}(U)$ est $f(x)dx$. En déduire une méthode de simulation de X.

Exercice 58 Soit λ et K deux nombres réels positifs tels que $\lambda < K$. On note X_m la variable aléatoire :

$$X_m = \left(\lambda e^{\sigma(G+m)} - K\right)_+ e^{-mG - \frac{m^2}{2}}.$$

et σ_m^2 sa variance.

Donner une expression de la dérivée de σ_m^2 par rapport à m sous la forme d'une espérance et en déduire que σ_m^2 est une fonction décroissante de m pour tout $m \leq m_0 = \log(K/\lambda)/\sigma$.

Exercice 59 Soit $(W_t)_{t \geq 0}$ un mouvement brownien et $(U_i)_{i \geq 1}$ une suite de variables aléatoires indépendantes prenant pour valeurs $+1$ ou -1 avec probabilité $1/2$. On définit $S_n = X_1 + \cdots + X_n$.

1. Montrez que, pour un instant $t > 0$, si $X_t^n = S_{[nt]}/\sqrt{n}$, X_t^n converge en loi vers W_t.
2. Soit t et s deux nombres réels positifs ; en utilisant le fait que la variable aléatoire $X_{t+s}^n - X_t^n$ est indépendante de X_t^n, montrer que le couple $\left(X_{t+s}^n, X_t^n\right)$ converge en loi vers (W_{t+s}, W_t).

3. Soit $0 < t_1 < \cdots < t_p$, montrer que

$$\left(X^n_{t_1}, \dots, X^n_{t_p}\right) \text{ converge en loi vers } (W_{t_1}, \dots, W_{t_p}).$$

9.4 Expérimentations informatiques

Dans cette section, nous proposons des expériences numériques illustrant certaines des idées les plus importantes développées dans ce livre. Des solutions écrites dans un langage à la syntaxe proche de MatLab, sont disponibles sur :

http://cermics.enpc.fr/~bl/scilab

Des implémentations libres d'interpréteur de ces langages sont accessibles aux adresses suivantes :

NSP :	http://cermics.enpc.fr/~jpc/nsp-tiddly
SCICOSLAB :	http://www.scicoslab.org
SCILAB :	http://www.scilab.org

Toutes trois permettent de tester et d'exécuter ces codes.

9.4.1 Prix et couvertures dans le modèle de Cox-Ross-Rubinstein

Nous nous intéressons au modèle de Cox-Ross-Rubinstein. Ce modèle est décrit en détail au paragraphe 1.4 du chapitre 1. Rappelons que, pour ce modèle, on note S_n le prix à l'instant n de l'actif risqué, et que, pour tout entier $n \geq 0$, on a

$$S_{n+1} = S_n T_{n+1},$$

où $(T_n, n \geq 1)$ est une suite de variables aléatoires indépendantes telles que $\mathbb{P}(T_n = u) = p$ et $\mathbb{P}(T_n = d) = 1 - p$, où $0 < u < d$ et p sont des nombres réels avec $0 < p < 1$.

On note S^x_n la valeur à l'instant n d'un modèle de Cox-Ross-Rubinstein partant de x à l'instant 0 :

$$S^x_n = xT_1 \dots T_n.$$

On note, de plus, S^0_n le prix de l'actif sans risque, que l'on suppose donné par $S^0_n = (1 + R)^n$.

Choix des paramètres du modèle Dans ce qui suit, nous allons choisir les paramètres du modèle de la façon suivante :

- pour le taux d'intérêt sans risque annuel : $r = 5\%$,
- pour la valeur initiale de l'actif risqué : $S_0 = 40$,
- comme "strike" : $K = 40$ (ou plus généralement n'importe quelle valeur proche de S_0),
- pour le nombre de pas de temps : $N = 10$,
- la date d'échéance : $T = 4$ mois.

Les valeurs de u et d seront choisies de façon à ressembler à un modèle de Black et Scholes, plus précisément

- $\Delta t = T/N$ sera le pas de temps du modèle discret,
- $R = \exp(r * \Delta t) - 1$ sera le taux d'intérêt sans risque sur une période.

Les choix de u et d sont reliés à la discrétisation d'un modèle de Black et Scholes de volatilité σ. Les nombres d et u peuvent être choisis de la façon suivante (voir le chapitre 1, paragraphe 1.4 pour une justification) :

- $d = (1 + R) * \exp\left(-\sigma * \sqrt{\Delta t}\right)$,
- $u = (1 + R) * \exp\left(+\sigma * \sqrt{\Delta t}\right)$.

On supposera que $\sigma = 0.2$ (par année).

Couverture dans le modèle de Cox-Ross-Rubinstein

1. Décrire une méthode de simulation de la trajectoire $(S_0, \ldots, S_N)$.
   Tracer une trajectoire typique du modèle de Cox-Ross-Rubinstein pour différentes valeurs de p (de 0.1 à 0.9). Noter que le prix des options *ne dépend pas* de cette valeur de p (voir le chapitre 1).
2. On suppose que $d \leq R \leq u$, montrer que l'unique p^* tel que $\mathbb{E}(S_n/(1 + R)^n) = 1$ est donné par :
   $$p^* = \frac{u - (1 + R)}{u - d}.$$
   Pourquoi *doit*-on calculer le prix d'une option sur S comme une espérance en considérant que $p = p^*$ quelle que soit la valeur de p ?
3. Écrire un algorithme itératif calculant le prix d'un "call" de strike K à l'instant 0, comme fonction de N,K,R,u,d,x :
   `Prix_en_zero(N,K,R,u,d,x).`
   Par un argument de changement de temps écrire une fonction `Prix(n,N,K,R,u,d,x)` qui calcule le prix à l'instant n, lorsque la valeur du prix de l'actif risqué à cet instant vaut x.
4. Calculer le ratio de couverture `Couverture(n,N,K,R,u,d,x)` à l'instant n quand le prix de l'actif risqué vaut x en utilisant la fonction `Prix(n,N,K,R,u,d,x).`
5. Simuler une trajectoire $(S_n, 0 \leq n \leq N)$ et vérifier que la procédure de couverture réplique parfaitement le "payoff" quelle que soit la valeur de p, strictement comprise entre 0 et 1.

Le "call" asiatique dans le modèle de Cox-Ross-Rubinstein On considère un "call" asiatique dont le "payoff" à l'instant N est donné par

$$f(S_N, S_0 + \cdots + S_{N-1}) = \left(S_N - \frac{1}{N}(S_0 + \cdots + S_{N-1})\right)_+.$$

On prendra $N = 10$ dans les exemples numériques.

1. En utilisant les résultats du chapitre 1, montrer que le prix à l'instant n de l'option est donné par

$$V_n = \frac{1}{(1+R)^{N-n}}\mathbb{E}^*\left(f(S_N, S_0 + \cdots + S_{N-1})|\mathcal{F}_n\right).$$

En déduire que, si

$$u(n,x,m) = \mathbb{E}^*\left(\frac{1}{(1+R)^{N-n}}f(S^x_{N-n}, m + S^x_0 + \cdots + S^x_{N-n-1})\right),$$

alors $V_n = u(n, S_n, S_0 + S_1 + \cdots + S_{n-1})$.

2. Montrer que u est l'unique solution de

$$\begin{cases} u(n,x,m) &= \dfrac{1}{1+R}\left[p^* u(n+1, xu, m+x)\right. \\ & \quad \left. + (1-p^*)u(n+1, xd, m+x)\right], n < N, x, m \in \mathbb{R}, \\ u(N,x,m) &= \left(x - \dfrac{m}{N}\right)_+, x, m \in \mathbb{R}. \end{cases}$$

3. Écrire un algorithme récursif qui calcule $u(0,x,0)$. Quelle est la complexité de cet algorithme en fonction de N ? Peut-on réduire la complexité de ce calcul ?
4. Montrer que la quantité d'actif risqué qu'il faut détenir, entre les instants n et $n+1$, pour constituer un portefeuille de réplication exacte est donnée par $H_{n+1} = h(n+1, S_n, S_0 + \cdots + S_{n-1})$, où

$$h(n+1,x,m) = \frac{u(n+1, xu, m+x) - u(n+1, xd, m+x)}{x(u-d)}.$$

5. Implémenter cette procédure de couverture et vérifier par simulation qu'elle conduit à une réplication parfaite.

9.4.2 Prix et couverture dans le modèle de Black-Scholes

Le but de cette expérience numérique est d'étudier l'influence de la fréquence de couverture sur la qualité du portefeuille de couverture dans le modèle de Black et Scholes.

Simulation du modèle de Black et Scholes L'actif risqué est décrit dans le modèle de Black et Scholes par la solution de

$$\begin{cases} dS_t &= S_t(\mu dt + \sigma dW_t) \\ S_0 &= x, \end{cases}$$

où $(W_t)_{t\geq 0}$ est un mouvement brownien, σ la volatilité annuelle, μ la dérive de l'actif risqué et r le taux d'intérêt sans risque. Dans ce qui suit nous choisirons $r = 0,05\%/\text{année}$, $\sigma = 20\%/\sqrt{\text{année}} = 0.2$ et $x = 100$. La valeur de l'actif sans risque est supposée être donnée par $S^0_t = e^{rt}$.

1. Expliquer comment l'on simule une suite de variables aléatoires gaussiennes centrées, de variance 1 et indépendantes.

   En utilisant cette suite, pour un pas de temps h donné, implémenter un algorithme de simulation de la trajectoire du mouvement brownien et du modèle de Black et Scholes aux instants kh, $k = 1, \ldots, n$.

2. Pour des réalisations communes du mouvement brownien, tracer les trajectoires correspondantes du modèle de Black et Scholes pour diverses valeurs de μ ($\mu = 0$, $\mu = 0.10$, $\mu = 0.20$ par exemple), σ restant constant. Le paramètre μ *n'a pas d'influence* sur le prix des options (pourquoi ?).

   Tracer ces mêmes trajectoires en faisant varier le valeur de σ ($\sigma = 0.1$, $\sigma = 0.3$, $\sigma = 0.9$ par exemple). Ce paramètre *a une influence* sur le prix de l'option.

Couverture approximative d'une option La théorie du modèle de Black et Scholes suggère de changer la composition du portefeuille de couverture à tout instant. Ceci est, bien sûr, impossible en pratique.

Nous suggérons ici une technique de couverture approximative dans laquelle nous changeons la composition du portefeuille à des instants discrets régulièrement espacés $k\Delta t$, $k = 0, 1, \ldots$ (des valeurs typiques de Δt étant 1 heure, 1 jour ou 1 mois)

Nous commençons par considérer le cas d'un "call" de "strike" $K = S_0 = 100$ et de date de maturité $T = 1$ an. Nous fixons Δt à 1 mois.

1. Implémenter la formule de Black et Scholes donnant le prix d'un "call". Tracer le graphe du prix de cette option comme fonction de S_0, puis de K, de σ et de r.

2. Implémenter la procédure de couverture approximative, qui consiste à définir la quantité d'actif risqué par celle qui est donnée par la formule de couverture de Black et Scholes au début de l'intervalle $[k\Delta t, (k+1)\Delta t]$.

   Simuler la valeur de ce portefeuille à l'instant T (qui est complètement déterminée si l'on tient compte de la condition d'autofinancement).

3. Pour une stratégie de couverture, on appelle *risque résiduel* la différence entre la valeur finale du portefeuille de couverture et le "payoff" de l'option. Ce risque résiduel est identiquement nul lorsque l'on utilise une couverture parfaite. La variance du risque résiduel peut servir de mesure pour la qualité d'une couverture approximative.

   Nous allons nous intéresser, lorsque Δt tend vers 0, à l'étude par simulation du risque résiduel de la stratégie de couverture précédemment définie.

   Simuler des réalisations du risque résiduel, sous la probabilité neutre au risque (i.e. quand $\mu = r$). Tracer l'histogramme de ces réalisations et en calculer la moyenne et la variance empirique. Comparer la moyenne empirique à la moyenne théorique (qui vaut 0 quand $\mu = r$; pourquoi ?).

4. Nous proposons d'étudier le risque résiduel pour les stratégies suivantes :
   (a) Aucune couverture : on vend l'option, on en récupère le prix, on attend jusqu'à l'échéance où l'on tient compte de l'exercice de l'option pour évaluer la valeur finale du portefeuille,

(b) Couverture immédiatement après la vente de l'option, puis le portefeuille reste inchangé jusqu'à l'échéance,

(c) Couverture immédiatement après la vente de l'option, puis tous les mois,

(d) Couverture immédiatement après la vente de l'option, puis tous les 10 jours,

(e) Couverture immédiatement après la vente de l'option, puis tous les jours.

Calculer, par simulation, la moyenne et la variance de la valeur finale du risque résiduel actualisé de ces stratégies de couverture.

5. Refaire les simulations précédentes lorsque $\mu > r$ et $\mu < r$. Existe-t-il des opportunités d'arbitrages ?

   Qu'arrive t-il à la variance du risque résiduel lorsque Δt tend vers 0 ?

6. Tester ces mêmes stratégies de couverture pour des combinaisons de "put" et de "calls". Nous suggérons de choisir l'une des combinaisons d'options classiques suivantes et d'étudier la variance du risque résiduel des stratégies de couverture précédentes :

   - **Bull spread** : acheter un "call" de "strike" 90 (noté dans la suite call-90) et vendre un call-110 de même maturité.
   - **Strangle** : vendre un put-90 et vendre un call-110.
   - **Condor** : vendre un call-90, acheter un call-95 et un call-105, et finalement acheter un call-110.
   - **Put ratio backspread** : vendre un put-110 et acheter 3 puts-90.

9.4.3 Prix et couverture des options sur obligations dans le modèle de Vasicek

Simulation du taux d'intérêt à court terme Le modèle de Vasicek est présenté au chapitre 6. Le taux d'intérêt à court terme r_t est supposé suivre l'équation différentielle stochastique

$$dr(t) = a\,(b - r(t))\,dt + \sigma dW_t, \tag{9.7}$$

où a, b, σ sont des constantes positives et W un mouvement brownien sous la probabilité $\mathbb{P}$. Dans les expériences numériques, on pourra choisir $a = 10/\text{an}$, $r_0 = b = 0.05/\text{an}$, $\sigma = 0.1/\sqrt{\text{an}}$.

1. Montrer que $r(h)$ suit une loi gaussienne de moyenne $b + e^{-ah}(r_0 - b)$ et de variance $\sigma^2 \frac{1-e^{-2at}}{2a}$
2. Quelle est la loi conditionnelle de $r(t+h)$ sachant $r(t) = r$?
3. Décrire une méthode de simulation exacte du vecteur $(r(kh), 0 \leq k \leq N)$.
4. Implémenter cet algorithme et tracer la trajectoire de $(r(kh), 0 \leq k \leq N)$ pour $h = 1$ heure, $h = 1$ jour, $h = 1$ semaine et $N = 100$.

Simulation de la dynamique des obligations "zéro-coupon" On note $P(t,T)$ le prix à l'instant t d'une obligation "zéro-coupon" d'échéance T. On suppose que $\mathbb{P}$ est une probabilité sous laquelle les valeurs actualisées de ces obligations

$$\tilde{P}(t,T) = e^{-\int_0^t r_s ds} P(t,T),$$

sont des martingales.

1. On peut alors montrer (voir le chapitre 6) que le prix de l'obligation "zéro-coupon" peut s'écrire sous la forme

$$P(t,T) = \exp\left[-(T-t)R(T-t, r(t))\right],$$

où

$$R(\theta, r) = R_\infty - \frac{1}{a\theta}\left((R_\infty - r)\left(1 - e^{-a\theta}\right) - \frac{\sigma^2}{4a^2}\left(1 - e^{-a\theta}\right)^2\right)$$

et $R_\infty = \lim_{\theta\to\infty} R(\theta, r) = b - \frac{\sigma^2}{2a^2}$.
Simuler la trajectoire discrétisée du prix de l'obligation de maturité $T = 1$ $(P(kh,T), 0 \le k \le N)$, où $h = 1$ jour et N est tel que $Nh = 1$ an.

Prix de l'option sur obligation "zéro-coupon" Nous considérons un "call" dans le modèle de Vasicek, de maturité θ, sur une obligation "zéro-coupon" de maturité T, $T > \theta$. Nous cherchons à implémenter une stratégie de couverture pour cette option.

1. Montrer en utilisant les résultats du chapitre 6, que

$$\frac{d\tilde{P}(t,T)}{\tilde{P}(t,T)} = \sigma_s^T dW_t,$$

où

$$\sigma_s^T = -\sigma\frac{1 - e^{-a(T-s)}}{a}.$$

2. Montrer, en utilisant la proposition 6.1.8, que le prix C_t du "call" à l'instant t est donné par

$$C_t = P(t,\theta) B\left(t, \frac{P(t,T)}{P(t,\theta)}\right),$$

où

$$B(t,x) = xN(d_1(t,x)) - KN(d_2(t,x)),$$

et N désigne la fonction de répartition de la loi gaussienne centrée réduite,

$$d_1(t,x) = \frac{\log(x/K) + (\Sigma^2(t,\theta)/2)}{\Sigma(t,\theta)} \quad \text{et} \quad d_2(t,x) = d_1(t,x) - \Sigma(t,\theta),$$

et

$$\Sigma^2(t,\theta) = \int_t^\theta \left(\sigma_s^T - \sigma_s^\theta\right)^2 ds.$$

Implémenter cette formule et tracer le prix de l'option à l'instant 0 en fonction du "strike" K.

3. En utilisant l'exercice 36, montrer que

$$C_t = P(t,T)H_t^T + P(t,\theta)H_t^\theta,$$

avec :

$$H_t^T = N\left(d_1\left(t, \frac{P(t,T)}{P(t,\theta)}\right)\right) \text{ et } H_t^\theta = -KN\left(d_2\left(t, \frac{P(t,T)}{P(t,\theta)}\right)\right).$$

Implémenter ces formules et tracer les valeurs de H_0^T et H_0^θ en temps que fonction du “strike” K.

Proposer une stratégie de couverture parfaite du “call” utilisant comme instruments de couverture l'obligation “zéro-coupon” de maturité T et l'obligation “zéro-coupon” de maturité θ.

4. On s'intéresse à l'approximation discrète suivante du portefeuille de couverture parfaite composé d'une quantité $\bar{H}_s^T$ d'obligation “zéro-coupon” de maturité T maintenue constante sur l'intervalle $[kh,(k+1)h]$ et égale à H_{kh}^T. $\bar{H}_s^\theta$, la quantité d'obligation “zéro-coupon” de maturité θ, sera déterminée en utilisant la condition d'autofinancement discrète à l'instant kh.

Pour un h donné (ayant successivement pour valeur $h = 1$ jour, $h = 1$ semaine, $h = 1$ mois) simuler le risque résiduel de ce portefeuille de couverture approchée. Tracer un histogramme du risque résiduel simulé et étudier sa moyenne et sa variance comme fonction de h lorsque h tend vers 0.

9.4.4 Méthodes de Monte-Carlo et prix d'options

Simulation gaussienne

1. Écrire une fonction qui simule un vecteur de variables aléatoires gaussiennes indépendantes de moyenne nulle et de variance 1.

Tracer un histogramme de ce vecteur et le comparer avec la densité de la loi de cette gaussienne.

2. On cherche à calculer $\mathbb{E}(e^{\beta G})$ en utilisant une méthode de Monte-Carlo, où G est une gaussienne centrée et de variance 1. On rappelle que $\mathbb{E}(e^{\beta G}) = \exp(\beta^2/2)$.

Calculer $\mathbb{E}(e^{\beta G})$ par simulation pour $\beta = 2, 4, 6, 8, 10\ldots$. Donner un intervalle de confiance dans chaque cas. Pour quelles valeurs de β vous paraît-il raisonnable d'utiliser une méthode de Monte-Carlo ?

Le modèle de Black et Scholes On s'intéresse au modèle de Black et Scholes :

$$S_t = S_0 \exp\left(\left(r - \frac{\sigma^2}{2}\right)t + \sigma W_t\right).$$

Dans la suite, on supposera que $S_0 = 100$, $\sigma = 0.3$ (la volatilité annuelle) et $r = 0.05$ (le taux sans risque instantané).

1. Tracer un histogramme de la loi de S_T ($T = 1$, $\sigma = 0.3$, $r = 0.05$).
2. On veut calculer le prix du "call" de "strike" $K = 100$. Calculer ce prix en utilisant une méthode de Monte-Carlo avec un nombre de tirages égal à $N = 100{,}1000{,}10000$. Donner un intervalle de confiance dans chaque cas.
3. Nous allons utiliser la variable aléatoire S_T comme une variable de contrôle. Vérifier que $\mathbb{E}(S_T) = e^{rT}S_0$ (quelle est l'interprétation financière de ce résultat ?).

   Écrire un programme utilisant S_T comme variable de contrôle. Comparer la précision de cette méthode avec celle de la méthode précédente pour diverses valeurs de K et S_0.

   En quoi cette méthode est elle reliée à la relation de parité "call-put".
4. On veut calculer le prix d'un "call" de "strike" K lorsque S_0 est petit par rapport à K.

   Montrer, par simulation, que la précision relative du calcul décroît lorsque S_0/K décroît (prendre $S_0 = 100$ et $K = 100$, 150, 200, 250, 400).
5. Montrer que :

$$\mathbb{E}\left(f(W_T)\right) = \mathbb{E}\left(e^{-\lambda W_T - \frac{\lambda^2 T}{2}} f(W_T + \lambda T)\right).$$

   Lorsque $S_0 = 100$ et $K = 150$, proposer une valeur de λ susceptible de réduire la variance. Vérifier empiriquement que la variance est bien réduite par ce choix.

9.4.5 Option sur panier et variables de contrôle

On considère un modèle de panier faisant intervenir d actifs sous-jacents. Soit $(W_t^1, \ldots, W_t^d, t \geq 0)$ un vecteur de mouvements browniens standards indépendants, Σ une matrice $d \times d$, et définissons σ_i par

$$\sigma_i = \sqrt{\sum_{j=1}^{d} \Sigma_{ij}^2},$$

et $\bar{W}^i$ par

$$\bar{W}_t^i = \frac{[\Sigma W_t]_i}{\sigma_i} = \frac{\sum_{j=1}^{d} \Sigma_{ij} W_t^j}{\sigma_i}.$$

$(\bar{W}_t^i, t \geq 0)$ est encore un mouvement brownien standard (le vérifier) et nous supposerons que chacun des d actifs risqués a un prix S_t^i donné par un modèle de Black et Scholes, guidé par le mouvement brownien $\bar{W}^i$:

$$\frac{dS_t^i}{S_t^i} = r dt + \sigma_i d\bar{W}_t^i, S_0^i = x_i.$$

Dans les expériences numériques, on prendra $d = 10$ et $x_i = 100$ pour $i = 1, \ldots, d$.

1. Montrer que $\mathbb{E}\left(\bar{W}_t^i \bar{W}_t^j\right) = \rho_{ij} t$, où :
$$\rho_{ij} = \frac{\sum_{k=1}^d \Sigma_{ik}\Sigma_{jk}}{\sigma_i \sigma_j}.$$
Vérifier que ρ est une matrice symétrique et positive (positive signifie que $\lambda.\rho\lambda \geq 0$, pour tout $\lambda \in \mathbb{R}^d$).
2. Dans les exemples, on supposera que la matrice ρ est donnée par ρ^0, où $\rho_{ij}^0 = 0.5$ si $i \neq j$ et $\rho_{ii}^0 = 1$.
Vérifier en utilisant `Scilab` que ρ^0 est une matrice positive.
Déterminer (en utilisant `Scilab`) une matrice Σ telle que $\sigma_i = \sigma_i^0 = 0.3$ pour $i = 1, \ldots, d$ et $\rho = \rho^0$ (ce qui est équivalent à résoudre l'équation $\Sigma\Sigma^* = (\sigma_i^0 \rho_{ij}^0 \sigma_j^0)_{ij}$).
3. Calculer la matrice de variance-covariance du vecteur $(\bar{W}_t^1, \ldots, \bar{W}_t^d)$. Proposer une méthode de simulation pour les vecteurs $(\bar{W}_T^1, \ldots, \bar{W}_T^d)$ et $(S_T^1, \ldots, S_T^d)$.
4. On considère le "call" sur un panier I_t donné par
$$I_t = a_1 S_t^1 + \cdots + a_d S_t^d,$$
où $a_i > 0$ et $\sum_{i=1}^d a_i = 1$ (dans les applications on prendra $a_1 = \cdots = a_d = 1/d$).
Calculer, en utilisant une méthode de Monte-Carlo, le prix d'un "call" de "payoff" donné à l'instant T par
$$(I_T - K)_+,$$
et donner une estimation de l'erreur pour différentes valeurs de K ($K = 0.8 I_0$, $K = I_0$, $K = 1.2 I_0$, $K = 1.5 I_0$).
Faire les mêmes calculs pour un "put" de "payoff" $(K - S_T)_+$.
5. Montrer que $\mathbb{E}(I_T) = I_0 \exp(rT)$. Comment peut-on utiliser I_T comme une variable de contrôle ? Expliquer le rapport de cette méthode avec la relation de parité "call-put". Tester l'efficacité de cette méthode pour diverses valeurs de K.
6. En supposant r et σ petits, justifier heuristiquement l' approximation de $\log(I_t/I_0)$ par :
$$Z_t = \frac{a_1 S_0^1}{I_0} \log(S_t^1/S_0^1) + \cdots + \frac{a_d S_0^d}{I_0} \log(S_t^d/S_0^d).$$
Montrer que la variable aléatoire Z_T suit une loi gaussienne, de moyenne
$$T \sum_{i=1}^d \frac{a_i S_0^i}{I_0} \left(r - \sigma_i^2/2\right) \text{ et de variance } T \frac{1}{I_0^2} \sum_{i=1}^d \sum_{j=1}^d J_i \rho_{ij} J_j,$$

où $J_i = a_i S_0^i \sigma_i$.

En utilisant une formule de type Black et Scholes, donner un expression explicite pour $\mathbb{E}\left(\left(e^{Z_T} - K\right)_+\right)$ et proposer une variable de contrôle pour le calcul du prix de l'option.

Comparer cette nouvelle méthode de calcul avec la méthode de Monte-Carlo classique pour différentes valeurs de K.

Appendice

A.1 Variables aléatoires gaussiennes

Dans cette section, nous rappelons les principales propriétés des gaussiennes. On trouvera les démonstrations des résultats dans Bouleau (1986), Chapitre 6, Section 9, ou Jacod et Protter (2003), Chapitre 16.

A.1.1 Gaussiennes réelles

Une variable aléatoire réelle X est appelée gaussienne centrée réduite si elle admet pour densité la fonction n définie par

$$n(x) = \frac{1}{\sqrt{2\pi}} \exp\left(-\frac{x^2}{2}\right), \qquad \text{pour } x \in \mathbb{R}.$$

Si X est une gaussienne centrée réduite, et m et σ deux nombres réels, la variable aléatoire $Y = m + \sigma X$ est appelée gaussienne de paramètres m et σ^2. La loi de Y est la loi normale de paramètres m et σ^2. On la note $\mathcal{N}(m, \sigma^2)$ (cette loi ne dépend pas du signe de σ car X et $-X$ ont même loi). Les paramètres m et σ^2 sont respectivement la moyenne et la variance de Y. Si $\sigma \neq 0$, la densité de Y est donnée par

$$\frac{1}{\sqrt{2\pi}} \exp\left(-\frac{(x-m)^2}{2\sigma^2}\right).$$

Si $\sigma = 0$, la loi de Y est la mesure de Dirac en m et n'a donc pas de densité : on parle parfois de gaussienne *dégénérée*.

Si X est une gaussienne centrée réduite, pour tout nombre complexe z, on a

$$\mathbb{E}(e^{zX}) = e^{\frac{z^2}{2}}.$$

La fonction caractéristique de X est donc donnée par $\phi_X(u) = e^{-u^2/2}$ et, pour $Y = m + \sigma X$, $\phi_Y(u) = e^{ium} e^{-u^2\sigma^2/2}$. Il est utile de savoir que si X est une gaussienne centrée réduite, on a $\mathbb{P}(|X| > 1,96\ldots) = 0,05$ et $\mathbb{P}(|X| > 2,6\ldots) = 0,01$. Pour les grandes valeurs de $t > 0$, on a l'estimation intéressante

$$\mathbb{P}(X > t) = \frac{1}{\sqrt{2\pi}} \int_t^\infty e^{-x^2/2} dx \leq \frac{1}{t\sqrt{2\pi}} \int_t^\infty x e^{-x^2/2} dx = \frac{e^{-t^2/2}}{t\sqrt{2\pi}}.$$

A.1.2 Approximation de la fonction de répartition d'un gaussienne

On a souvent besoin, dans les calculs de prix d'options, de la fonction de répartition de la loi normale centrée réduite, définie par

$$N(x) = \mathbb{P}(G \leq x),$$

où G est une gaussienne centrée réduite. On a évidemment

$$N(x) = \int_{-\infty}^{x} e^{-u^2/2} \frac{du}{\sqrt{2\pi}}.$$

L'intégrale ne se calcule pas explicitement, mais peut être approchée de diverses manière. Nous donnons deux formules d'approximation, tirés d' Abramowitz et Stegun (1970). La première approximation est exacte à 10^{-7} près, mais utilise la fonction exponentielle. Pour $x > 0$, on a

$$N(x) \approx 1 - \frac{1}{\sqrt{2\pi}} e^{-\frac{x^2}{2}} (b_1 t + b_2 t^2 + b_3 t^3 + b_4 t^4 + b_5 t^5),$$

avec

$$\begin{array}{rcr} p & = & 0.231\,641\,900 \\ b_1 & = & 0.319\,381\,530 \\ b_2 & = & -0.356\,563\,782 \\ b_3 & = & 1.781\,477\,937 \\ b_4 & = & -1.821\,255\,978 \\ b_5 & = & 1.330\,274\,429 \\ t & = & 1/(1+px). \end{array}$$

La seconde approximation induit une erreur de l'ordre de 10^{-3}, mais ne fait intervenir qu'une fraction rationnelle, moins coûteuse en tant de calcul que la fonction exponentielle. Pour $x > 0$,

$$N(x) \approx 1 - \frac{1}{2}(1 + c_1 x + c_2 x^2 + c_3 x^3 + c_4 x^4)^{-4},$$

avec

$$\begin{array}{rcl} c_1 & = & 0.196\,854 \\ c_2 & = & 0.115\,194 \\ c_3 & = & 0.000\,344 \\ c_4 & = & 0.019\,527. \end{array}$$

A.1.3 Vecteurs gaussiens

Définition A.1.1 *Un vecteur aléatoire $X = (X_1, \dots, X_d)$, à valeurs dans $\mathbb{R}^d$ est un vecteur gaussien si, pour tous réels $a_1, \dots, a_d$, la variable aléatoire réelle $\sum_{i=1}^d a_i X_i$ est une gaussienne (éventuellement dégénérée).*

Les coordonnées $X_1, \dots, X_d$ d'un vecteur gaussien sont évidemment des gaussiennes réelles, mais il ne suffit pas que les coordonnées d'un vecteur aléatoire soient gaussiennes pour que le vecteur soit gaussien. En revanche, si $X_1, X_2, \dots, X_d$ sont des gaussiennes réelles *indépendantes*, alors le vecteur $(X_1, \dots, X_d)$ est gaussien.

La matrice de covariance d'un vecteur aléatoire $X = (X_1, \dots, X_d)$ est la matrice $\Gamma(X) = (\gamma_{ij})_{1 \le i,j \le d}$, dont les coefficients sont donnés par

$$\gamma_{ij} = \operatorname{cov}(X_i, X_j) = \mathbb{E}[(X_i - \mathbb{E}(X_i))(X_j - \mathbb{E}(X_j))].$$

On sait que si les variables aléatoires $X_1, \dots, X_d$ sont indépendantes, la matrice $\Gamma(X)$ est diagonale, et que la réciproque est fausse en général, mais vraie dans le cas d'un vecteur gaussien.

Théorème A.1.2 *Soit $X = (X_1, \dots, X_d)$ un vecteur gaussien à valeurs dans $\mathbb{R}^d$. Les variables aléatoires $X_1, \dots, X_d$ sont indépendantes si et seulement si la matrice de covariance du vecteur X est diagonale.*

Nous renvoyons à Bouleau (1986), Chapitre VI, p. 155, ou Jacod et Protter (2003), Chapitre 16, pour une démonstration de ce résultat.

Remarque A.1.1 L'importance des gaussiennes pour la modélisation est liée au Théorème de Limite Centrale (cf. Bouleau (1986), Chapitre VII, Section 4, ou Jacod et Protter (2003), Chapitre 21). La simulation des gaussiennes, réelles ou vectorielles, est abordée dans le Chapitre 9. Nous renvoyons à Dacunha-Castelle et Duflo (1986a), Chapitre 5, pour les aspects statistiques.

A.2 Espérance conditionnelle

A.2.1 Exemples de sous-tribus

Considérons un espace probabilisable $(\Omega, \mathcal{A})$ et n événements $B_1, B_2, \dots, B_n$ de $\mathcal{A}$ formant une partition de Ω. L'ensemble $\mathcal{B}$ des éléments de $\mathcal{A}$ qui sont vides ou de la forme

$$B_{i_1} \cup B_{i_2} \cup \cdots \cup B_{i_k}, \text{ où } i_1, \dots, i_k \in \{1, \dots, n\},$$

est une sous-tribu finie de $\mathcal{A}$. c'est la sous-tribu engendrée par les B_i.
Réciproquement, toute sous-tribu finie $\mathcal{B}$ de $\mathcal{A}$ est engendrée par une partition $(B_1, \dots, B_n)$ de Ω, avec des B_i dans $\mathcal{A}$. Les événements $B_1, \dots, B_n$ sont les éléments non vides de $\mathcal{B}$ qui ne contiennent pas d'autre élément de $\mathcal{B}$ qu'eux-mêmes et l'ensemble vide. On les appelle *atomes* de $\mathcal{B}$. Il y a ainsi une correspondance biunivoque entre les sous-tribus finies de $\mathcal{A}$ et l'ensemble des partitions finies de Ω par

des éléments de $\mathcal{A}$. Notons que si $\mathcal{B}$ est une sous-tribu finie de $\mathcal{A}$, une application de Ω dans $\mathbb{R}$ (muni de sa tribu borélienne) est $\mathcal{B}$-mesurable si et seulement si X est constante sur chacun des atomes de $\mathcal{B}$.

Considérons maintenant une variable aléatoire X, définie sur $(\Omega, \mathcal{A})$, à valeurs dans un espace mesurable $(E, \mathcal{E})$. La tribu *engendrée par* X est la plus petite sous-tribu sur Ω rendant l'application X mesurable. On la note $\sigma(X)$. C'est évidemment une sous-tribu de $\mathcal{A}$ et il est facile de vérifier qu'un événement $A \in \mathcal{A}$ est dans $\sigma(X)$ si et seulement si $A = X^{-1}(B) = \{X \in B\}$ pour un ensemble $B \in \mathcal{E}$. On peut montrer qu'une variable aléatoire Y, définie sur $(\Omega, \mathcal{A})$, à valeurs dans un espace mesurable $(F, \mathcal{F})$ est $\sigma(X)$-mesurable si et seulement si elle est de la forme

$$Y = f \circ X,$$

où f est une fonction mesurable sur $(E, \mathcal{E})$, à valeurs dans $(F, \mathcal{F})$. (cf. Jacod et Protter (2003), Chapitre 23). En d'autres termes, les variables aléatoires $\sigma(X)$-mesurables sont exactement les fonctions mesurables de X.

A.2.2 Propriétés de l'espérance conditionnelle

Soit $(\Omega, \mathcal{A}, \mathbb{P})$ un espace de probabilité et soit $\mathcal{B}$ une sous-tribu de $\mathcal{A}$. La définition de l'espérance conditionnelle repose sur le théorème suivant (pour une démonstration, voir Jacod et Protter (2003), Chapitre 23).

Théorème A.2.1 *Pour toute variable aléatoire réelle intégrable X, il existe une variable aléatoire intégrable $\mathcal{B}$-mesurable Y telle que*

$$\forall B \in \mathcal{B}, \quad \mathbb{E}(X\mathbf{1}_B) = \mathbb{E}(Y\mathbf{1}_B).$$

Si $\tilde{Y}$ est une autre variable aléatoire vérifiant ces propriétés, on a $\tilde{Y} = Y$ $\mathbb{P}$ p.s.

La variable aléatoire Y (unique aux événements de probabilité nulle près) est appelée *espérance conditionnelle de X sachant $\mathcal{B}$* et notée $\mathbb{E}(X \mid B)$.

Si $\mathcal{B}$ est une sous-tribu finie, d'atomes $B_1, \ldots, B_n$, on a

$$\mathbb{E}(X|B) = \sum_i \mathbb{E}\left(X \frac{\mathbf{1}_{B_i}}{\mathbb{P}(B_i)}\right) \mathbf{1}_{B_i},$$

la somme étant limitée aux atomes de probabilité non nulle. Ainsi, sur chaque atome B_i, la valeur de $\mathbb{E}(X \mid \mathcal{B})$ est la valeur moyenne de X sur B_i. Dans le cas de la tribu triviale ($\mathcal{B} = \{\emptyset, \Omega\}$), on a $\mathbb{E}(X \mid \mathcal{B}) = \mathbb{E}(X)$.

Le maniement des espérances conditionnelles repose sur les propriétés suivantes.

1. Si X est $\mathcal{B}$-mesurable, $\mathbb{E}(X \mid \mathcal{B}) = X$, p.s.
2. $\mathbb{E}(\mathbb{E}(X \mid \mathcal{B})) = \mathbb{E}(X)$.
3. Pour toute variable aléatoire Z, bornée et $\mathcal{B}$-mesurable,

$$\mathbb{E}(Z\mathbb{E}(X \mid \mathcal{B})) = \mathbb{E}(ZX).$$

4. Linéarité : pour tous réels λ et μ,

$$\mathbb{E}(\lambda X + \mu Y \mid \mathcal{B}) = \lambda \mathbb{E}(X \mid \mathcal{B}) + \mu \mathbb{E}(Y \mid \mathcal{B}) \text{ p.s.}$$

5. Positivité : si $X \geq 0$, alors $\mathbb{E}(X|\mathcal{B}) \geq 0$ p.s. et, plus généralement, $X \geq Y \Rightarrow \mathbb{E}(X|\mathcal{B}) \geq \mathbb{E}(Y|\mathcal{B})$ p.s. On déduit de cette propriété que

$$|\mathbb{E}(X|B)| \leq \mathbb{E}(|X||\mathcal{B}) \text{ p.s.},$$

et donc que $\|\mathbb{E}(X|B)\|_{L^1(\Omega)} \leq \|X\|_{L^1(\Omega)}$.

6. Si $\mathcal{C}$ est une sous-tribu de $\mathcal{B}$, on a

$$\mathbb{E}\left(\mathbb{E}(X \mid \mathcal{B}) \mid \mathcal{C}\right) = \mathbb{E}(X \mid \mathcal{C}) \text{ p.s.}$$

7. Si Z est $\mathcal{B}$-mesurable et bornée, $\mathbb{E}(ZX \mid \mathcal{B}) = Z\mathbb{E}(X \mid \mathcal{B})$ p.s.
8. Si X est indépendante de $\mathcal{B}$, alors $\mathbb{E}(X \mid \mathcal{B}) = \mathbb{E}(X)$ p.s.

La réciproque de la dernière propriété n'est pas vraie, mais on a le résultat suivant.

Proposition A.2.2 *Une variable aléatoire réelle X est indépendante de la tribu $\mathcal{B}$ si et seulement si*

$$\forall u \in \mathbb{R}, \quad \mathbb{E}\left(e^{iuX} \mid \mathcal{B}\right) = \mathbb{E}(e^{iuX}) \text{ p.s.} \tag{8}$$

Démonstration. Compte tenu de la propriété 8 ci-dessus, il suffit de montrer que (8) implique que X est indépendante de $\mathcal{B}$. Or, si $\mathbb{E}(e^{iuX}|\mathcal{B}) = \mathbb{E}(e^{iuX})$, on a, par définition de l'espérance conditionnelle, $\mathbb{E}\left(e^{iuX}\mathbf{1}_B\right) = \mathbb{E}(e^{iuX})\mathbb{P}(B)$, pour tout $B \in \mathcal{B}$. Si $\mathbb{P}(B) \neq 0$, on peut écrire

$$\mathbb{E}\left(e^{iuX}\frac{\mathbf{1}_B}{\mathbb{P}(B)}\right) = \mathbb{E}(e^{iuX}).$$

Cette égalité signifie que la fonction caractéristique de X est la même sous la probabilité $\mathbb{P}$ et sous la probabilité $\mathbb{P}_B$ de densité par rapport à $\mathbb{P}$ égale à $\mathbf{1}_B/\mathbb{P}(B)$. L'égalité des fonctions caractéristiques implique l'égalité des lois et, par conséquent,

$$\mathbb{E}\left(f(X)\frac{\mathbf{1}_B}{\mathbb{P}(B)}\right) = \mathbb{E}(f(X)),$$

pour toute fonction borélienne bornée f, ce qui entraîne l'indépendance. □

Remarque A.2.1 Si X est de carré intégrable, il en est de même de $\mathbb{E}(X \mid \mathcal{B})$, et $\mathbb{E}(X \mid \mathcal{B})$ coïncide avec la projection orthogonale de X sur $L^2(\Omega, \mathcal{B}, \mathbb{P})$, qui est un sous-espace fermé de l'espace de Hilbert $L^2(\Omega, \mathcal{A}, \mathbb{P})$, muni du produit scalaire $(X,Y) \mapsto \mathbb{E}(XY)$ (cf. Bouleau (1986), Chapitre VIII, Section 2 ou Jacod et Protter (2003), Chapitre 23). Ainsi, l'espérance conditionnelle de X sachant $\mathcal{B}$ apparaît comme la meilleure approximation (au sens des moindres carrés) de X par une variable aléatoire $\mathcal{B}$-mesurable. En particulier, si $\mathcal{B}$ est la tribu engendrée par une variable aléatoire ξ, l'espérance conditionnelle $\mathbb{E}(X|\mathcal{B})$ (notée $\mathbb{E}(X|\xi)$) , est la meilleure approximation de X par une fonction de ξ, puisque les variables aléatoires $\sigma(\xi)$-mesurables sont les fonctions (mesurables) de ξ. Noter que l'on a (en utilisant le théorème de Pythagore !) $\|\mathbb{E}(X|\mathcal{B})\|_{L^2(\Omega)} \leq \|X\|_{L^2(\Omega)}$.

Remarque A.2.2 On peut aussi définir l'espérance conditionnelle $\mathbb{E}(X \mid \mathcal{B})$ pour toute variable aléatoire positive X (éventuellement non intégrable). On a alors $\mathbb{E}(XZ) = \mathbb{E}(\mathbb{E}(X|\mathcal{B})Z)$, pour toute variable aléatoire $\mathcal{B}$-mesurable positive Z et les règles de calcul sont essentiellement les mêmes que dans le cas intégrable (cf. Dacunha-Castelle et Duflo (1986a), Chapitre 6, ou Jacod et Protter (2003)).

A.2.3 Calculs d'espérances conditionnelles

La proposition suivante est très souvent utilisée dans ce livre.

Proposition A.2.5 *Soit X et Y deux variables aléatoires à valeurs dans $(E, \mathcal{E})$ et $(F, \mathcal{F})$ respectivement. On suppose que X est* $\mathcal{B}$-mesurable *et que Y est* indépendante de $\mathcal{B}$. *Alors, pour toute fonction Φ positive (ou bornée), borélienne sur $(E \times F, \mathcal{E} \otimes \mathcal{F})$, la fonction φ définie par*

$$\varphi(x) = \mathbb{E}(\Phi(x, Y)), \qquad \textit{pour } x \in E,$$

est borélienne sur $(E, \mathcal{E})$ et on a, presque sûrement ,

$$\mathbb{E}(\Phi(X, Y)|\mathcal{B}) = \varphi(X).$$

La signification de cette proposition est que, sous les hypothèses énoncées, on peut calculer

$$\mathbb{E}(\Phi(X, Y) \mid \mathcal{B})$$

comme si X était une constante.

Démonstration. Notons $\mathbb{P}_Y$ la loi de Y. On a

$$\varphi(x) = \int_F \Phi(x, y) d\mathbb{P}_Y(y)$$

et la mesurabilité de φ est une conséquence du Théorème de Fubini. Soit maintenant Z, une variable aléatoire positive $\mathcal{B}$-mesurable (par exemple, $Z = \mathbf{1}_B$, avec $B \in \mathcal{B}$). Si on note $\mathbb{P}_{X,Z}$ la loi du couple (X, Z), on a, en utilisant l'indépendance de Y et du vecteur (X, Z),

$$\begin{aligned}
\mathbb{E}(\Phi(X, Y)Z) &= \int\int \Phi(x, y) z d\mathbb{P}_{X,Z}(x, z) d\mathbb{P}_Y(y) \\
&= \int \left(\int \Phi(x, y) d\mathbb{P}_Y(y) \right) z d\mathbb{P}_{X,Z}(x, z) \\
&= \int \varphi(x) z d\mathbb{P}_{X,Z}(x, z) \\
&= \mathbb{E}(\varphi(X)Z),
\end{aligned}$$

ce qui entraîne le résultat annoncé. □

Remarque A.2.3 Dans le cadre gaussien, le calcul d'une espérance conditionnelle est particulièrement simple. En effet, si $(Y, X_1, X_2, \ldots, X_n)$ est un vecteur gaussien (à valeurs dans $\mathbb{R}^{n+1}$), l'espérance conditionnelle $Z = \mathbb{E}(Y|X_1, \ldots, X_n)$ est de la forme

$$Z = c_0 + \sum_{i=1}^{n} c_i X_i,$$

où $c_0, \ldots, c_n$ sont des nombres réels. Cela signifie que la fonction des X_i qui approche au mieux Y (au sens des moindres carrés) est une fonction affine. On peut donc calculer Z en projetant la variable aléatoire Y sur le sous-espace vectoriel de L^2 engendré par la constante 1 et les X_i (cf. Bouleau (1986), Chapitre 8, Section 5).

A.3 Théorème de séparation des convexes

Dans cette section, nous donnons la version du théorème de séparation des convexes utilisée dans le chapitre 1. Pour plus de détails sur ces questions, on pourra consulter Dudley (2002).

Théorème A.3.1 *Soit C un convexe fermé non vide de $\mathbb{R}^n$ ne contenant pas l'origine. Il existe une forme linéaire ξ sur $\mathbb{R}^n$ et $\alpha > 0$ tels que*

$$\forall x \in C, \quad \xi(x) \geq \alpha.$$

L'hyperplan d'équation $\xi(x) = 0$ ne rencontre donc pas C.

Démonstration. Soit x_0 un élément fixé de C. On pose $\lambda = \|x_0\|$ (où $\|\cdot\|$ désigne la norme euclidienne). Notons $B(\lambda)$ la boule fermée de centre l'origine et de rayon λ. L'ensemble $C \cap B(\lambda)$ est fermé et borné, donc compact. Soit x^* un point en lequel la fonction $x \mapsto \|x\|$ atteint son minimum sur $C \cap B(\lambda)$. Pour x dans le complémentaire de $B(\lambda)$, on a $\|x\| > \lambda = \|x_0\| \geq \|x^*\|$, de sorte que

$$\forall x \in C, \quad \|x\| \geq \|x^*\|.$$

Le vecteur x^* n'est autre que la projection de l'origine sur le convexe fermé C. Soit maintenant $x \in C$. On a, pour tout $t \in [0, 1]$, $x^* + t(x - x^*) \in C$, puisque C est convexe. En développant les deux membres de l'inégalité

$$\|x^* + t(x - x^*)\|^2 \geq \|x^*\|^2,$$

et, en notant $x^*.x$ le produit scalaire de x^* et x, on obtient $x^*.x \geq \|x^*\|^2 > 0$, pour tout $x \in C$, ce qui donne immédiatement le résultat souhaité. □

Théorème A.3.2 *Soit K un convexe compact et V un sous-espace vectoriel de $\mathbb{R}^n$. Si V et K sont disjoints, il existe une forme linéaire ξ sur $\mathbb{R}^n$, vérifiant les conditions suivantes :*

1. $\forall x \in K, \quad \xi(x) > 0.$
2. $\forall x \in V, \quad \xi(x) = 0.$

Le sous-espace V est donc contenu dans un hyperplan qui ne rencontre pas K.

Démonstration. L'ensemble

$$C = K - V = \{x \in \mathbb{R}^n \mid \exists(y, x) \in K \times V, x = y - z\}$$

est convexe, fermé (car V est fermé et K est compact) et ne contient pas l'origine. D'après le Théorème A.3.1, on peut donc trouver une forme linéaire ξ sur $\mathbb{R}^n$ et $\alpha > 0$ tels que

$$\forall x \in C, \quad \xi(x) \geq \alpha.$$

D'où

$$\forall y \in K, \quad \forall z \in V, \quad \xi(y) - \xi(z) \geq \alpha. \tag{2}$$

En prenant $z = 0$, on obtient $\xi(y) \geq \alpha$ pour $y \in K$. En fixant $y \in K$ et en appliquant (2) à λz au lieu de z, avec λ réel arbitraire, on voit que $\xi(z) = 0$. □

Bibliographie

M. ABRAMOWITZ et I. A. STEGUN, éditeurs. *Handbook of mathematical functions with formulas, graphs, and mathematical tables.* Dover Publications Inc., New York, 1992. Reprint of the 1972 edition.

K.I. AMIN et A. KHANNA : Convergence of American option values from discrete to continuous-time financial models. *Mathematical Finance*, 4:289–304, 1994.

B. AROUNA : Robbins-Monro algorithms and variance reduction in finance. *The Journal of Computational Finance*, 7(2), 2003/4.

B. AROUNA : Adaptive Monte Carlo method, a variance reduction technique. *Monte Carlo Methods and Applications*, 10(1):1–24, 2004.

P. ARTZNER et F. DELBAEN : Term structure of interest rates : The martingale approach. *Advances in Applied Mathematics*, 10:95–129, 1989.

L. BACHELIER : Théorie de la spéculation. *Annales Scientifiques de l'Ecole Normale Supérieure*, 17:21–86, 1900.

G. BARONE-ADESI et R. WHALEY : Efficient analytic approximation of American option values. *Journal of Finance*, 42:301–320, 1987.

A. BENSOUSSAN : On the theory of option pricing. *Acta Applicandae Mathematicae*, 2:139–158, 1984.

A. BENSOUSSAN et J.-L. LIONS : *Applications des inéquations variationnelles en contrôle stochastique.* Dunod, Paris, 1978. Méthodes Mathématiques de l'Informatique, No. 6.

T. R. BIELECKI et M. RUTKOWSKI : *Credit risk : modelling, valuation and hedging.* Springer Finance. Springer-Verlag, Berlin, 2002.

F. BLACK et J. C. COX : Valuing corporate securities : some effects of bond indenture provisions. *Journal of Finance*, 31:351–367, 1976.

F. BLACK et M. SCHOLES : The pricing of options and corporate liabilities. *Journal of Political Economy*, 81:635–654, 1973.

N. BOULEAU : *Probabilités de l'Ingénieur.* Hermann, Paris, 1986.

N. BOULEAU : *Processus Stochastiques et Applications.* Hermann, Paris, 1988.

N. BOULEAU et D. LAMBERTON : Residual risks and hedging strategies in Markovian markets. *Stochastic Processes and their Applications*, 33:131–150, 1989.

A. BRACE, D. GATAREK et M. MUSIELA : The market model of interest rate dynamics. *Mathematical Finance*, 7:127–155, 1997.

M.J. BRENNAN et E.S. SCHWARTZ : The valuation of the American put option. *Journal of Finance*, 32:449–462, 1977.

M.J. BRENNAN et E.S. SCHWARTZ : A continuous time approach to the pricing of bonds. *Journal of Banking and Finance*, 3:133–155, 1979.

D. BRIGO et F. MERCURIO : *Interest rate models—theory and practice.* Springer Finance. Springer-Verlag, Berlin, deuxième édition, 2006.

CERMA : Sur les risques résiduels des stratégies de couverture d'actifs conditionnels. *Comptes Rendus de l'Académie des Sciences*, 307:625–630, 1988.

O. CHATEAU : *Quelques remarques sur les processus à accroissements indépendants et stationnaires, et la subordination au sens de Bochner.* Thèse de doctorat, Université de Paris VI, 1997.

D. CHEVANCE : *Résolution numérique des équations différentielles stochastiques rétrogrades.* Thèse de doctorat, Université d'Aix-Marseille I, 1990.

P.G. CIARLET : *Une Introduction à l'analyse numérique matricielle et à l'optimisation.* Masson, Paris, 1988.

P.G. CIARLET et J.-L. LIONS, éditeurs. *Handbook of numerical analysis. Vol. I.* Handbook of Numerical Analysis, I. North-Holland, Amsterdam, 1990.

R. CONT et P. TANKOV : *Financial modelling with jump processes.* Chapman & Hall/CRC Financial Mathematics Series. Chapman & Hall/CRC, Boca Raton, FL, 2004.

G. COURTADON : The pricing of options on default-free bonds. *Journal of Financial and Quantitative Analysis*, 17:301–329, 1982.

J.C. COX, J.E. INGERSOLL et S.A. ROSS : A theory of the term structure of interest rates. *Econometrica*, 53:385–407, 1985.

J.C. COX et M. RUBINSTEIN : *Options markets.* Prentice–Hall, London, 1985.

D. DACUNHA-CASTELLE et M. DUFLO : *Probability and statistics, volume 1.* Springer-Verlag, New-York, 1986a.

D. DACUNHA-CASTELLE et M. DUFLO : *Probability and statistics, volume 2.* Springer-Verlag, New-York, 1986b.

R.C. DALANG, A. MORTON et W. WILLINGER : Equivalent martingale measures and no-arbitrage in stochastic securities market models. *Stochastics and Stochastics Reports*, 29(2):185–202, 1990.

F. DELBAEN et W. SCHACHERMAYER : A general version of the fundamental theorem of asset pricing. *Mathematische Annalen*, 300:463–520, 1994.

F. DELBAEN et W. SCHACHERMAYER : *The mathematics of arbitrage*. Springer Finance. Springer-Verlag, Berlin, 2006.

E. DERMAN et I. KANI : Riding on a smile. *RISK*, 7:32–39, 1994.

R. M. DUDLEY : *Real analysis and probability*, volume 74 de Cambridge Studies in Advanced Mathematics. Cambridge University Press, Cambridge, 2002. Revised reprint of the 1989 original.

D. DUFFIE : *Security markets, stochastic models*. Academic Press, New York, 1988.

D. DUFFIE, D. FILIPOVIĆ et W. SCHACHERMAYER : Affine processes and applications in finance. *The Annals of Applied Probability*, 13(3):984–1053, 2003.

B. DUPIRE : Pricing with a smile. *RISK*, 7:18–20, 1994.

N. EL KAROUI : *Les aspects probabilistes du contrôle stochastique*, volume 876 de Lecture Notes in Mathematics, pages 72–238. Springer-Verlag, New York, 1981.

N. EL KAROUI et M.C. QUENEZ : Dynamic programming and pricing of contingent claims in an incomplete market. *S.I.A.M. Journal Control and Optimization*, 33: 29–66, 1995.

N. EL KAROUI et J.C. ROCHET : A pricing formula for options on coupon-bonds. *Cahier de recherche du GREMAQ-CRES*, 8925, 1989.

W. H. FLEMING et H. M. SONER : *Controlled Markov processes and viscosity solutions*, volume 25 de *Stochastic Modelling and Applied Probability*. Springer-Verlag, New York, deuxième édition, 2006.

H. FÖLLMER et P. LEUKERT : Quantile hedging. *Finance and Stochastics*, 3(3):251–273, 1999. ISSN 0949-2984.

H. FÖLLMER et P. LEUKERT : Efficient hedging : cost versus shortfall risk. *Finance and Stochastics*, 4(2):117–146, 2000.

H. FÖLLMER et A. SCHIED : *Stochastic finance*, volume 27 de de Gruyter Studies in Mathematics. Walter de Gruyter & Co., Berlin, extended édition, 2004. An introduction in discrete time.

H. FÖLLMER et M. SCHWEIZER : Hedging of contingent claims under incomplete information. *In* M.H.A. DAVIS et R.J. ELLIOTT, éditeurs : *Applied Stochastic Analysis*, volume 5 de *Stochastics Monographs*, pages 389–414. Gordon and Breach, New York, 1991.

H. FÖLLMER et D. SONDERMANN : Hedging of non redundant contingent claims. *In* W.HILDEBRAND et A. MAS-COLELL, éditeurs : *Contributions to Mathematical Economics in Honor of Gerard Debreu*. North-Holland, Amsterdam, 1986.

A. FRIEDMAN : *Stochastic differential equations and applications*. Academic Press, New York, 1975.

T. GARD : *Introduction to stochastic differential equations*. Marcel Dekker, 1988.

H. GEMAN, N. EL KAROUI et J.-C. ROCHET : Changes of numéraire, changes of probability measure and option pricing. *Journal of Applied Probability*, 32 (2):443–458, 1995.

I.I. GIHMAN et A.V. SKOROHOD : *Introduction à la Théorie des Processus Aléatoires*. Mir, 1980.

P. GLASSERMAN : *Monte Carlo methods in financial engineering*, volume 53 de Applications of Mathematics. Springer-Verlag, New York, 2004.

P. GLASSERMAN, P. HEIDELBERGER et P. SHAHABUDDIN : Asymptotically optimal importance sampling and stratification for pricing path dependent opions. *Mathematical Finance*, 9(2):117–152, April 1999.

R. GLOWINSKY, J.L. LIONS et R. TRÉMOLIÈRES : *Analyse numérique des inéquations variationnelles*. Dunod, 1976.

C. GOURIEROUX, J. P. LAURENT et H. PHAM : Mean-variance hedging and numéraire. *Mathematical Finance*, 8(3):179–200, 1998.

J. HAMMERSLEY et D. HANDSCOMB : *Monte Carlo methods*. Chapman and Hall, London, 1979.

M.J. HARRISON et D.M. KREPS : Martingales and arbitrage in multiperiod securities markets. *Journal of Economic Theory*, 29:381–408, 1979.

M.J. HARRISON et S.R. PLISKA : Martingales and stochastic integrals in the theory of continuous trading. *Stochastic Processes and Their Applications*, 11:215–260, 1981.

M.J. HARRISON et S.R. PLISKA : A stochastic calculus model of continuous trading : complete markets. *Stochastic Processes and Their Applications*, 15:313–316, 1983.

D. HEATH, A. JARROW et A. MORTON : Bond pricing and the term structure of interest rates : a new methodology. *Econometrica*, 60:77–105, 1992.

T.S. HO et S.B. LEE : Term structure movements and pricing interest rate contingent claims. *Journal of Finance*, 41:1011–1029, 1986.

C.F. HUANG et R.H. LITZENBERGER : *Foundations for financial economics*. North-Holland, New-York, 1988.

N. IKEDA et S. WATANABE : *Stochastic differential equations and diffusion processes*. North-Holland, Tokyo, 1981.

J. JACOD et P. PROTTER : *Probability essentials*. Universitext. Springer-Verlag, Berlin, deuxième édition, 2003.

P. JAILLET, D. LAMBERTON et B. LAPEYRE : Variationnal inequalities and the pricing of American options. *Acta Applicandae Mathematicae*, 21:263–289, 1990.

F. JAMSHIDIAN : An exact bond pricing formula. *Journal of Finance*, 44:205–209, 1989.

F. JAMSHIDIAN : Libor and swap market models and measures (*). *Finance and Stochastics*, 1(4):293–330, 1997.

M.H. KALOS et P.A. WHITLOCK : *Monte Carlo methods*. John Wiley & Sons, 1986.

I. KARATZAS : On the pricing of American options. *Applied Mathematics and Optimization*, 17:37–60, 1988.

I. KARATZAS : Optimization problems in the theory of continuous trading. *SIAM Journal on Control an Optimization*, 27:1221–1259, 1989.

I. KARATZAS et S.E. SHREVE : *Brownian motion and stochastic calculus*. Springer-Verlag, New York, 1988.

A.G.Z KEMNA et A.C.F. VORST : A pricing method for options based on average asset values. *Journal of Banking and Finance*, pages 113–129, March 1990.

P.E. KLOEDEN et E. PLATEN : *Numerical solution of stochastic differential equations*. Springer-Verlag, New York, 1992.

D.E. KNUTH : *The Art of Computer Programming, Vol. 2, Seminumerical Algorithms*. Addison-Wesley, Reading, Mass., 1981.

H.J. KUSHNER : *Probability Methods for Approximations in Stochastic Control and for Elliptic Equations*. Academic Press, New York, 1977.

D. LAMBERTON et G. PAGÈS : Sur l'approximation des réduites. *Annales de l'IHP*, 26:331–355, 1990.

P. L'ECUYER : Random numbers for simulation. *Communications of the ACM*, 33, 10 1990.

L. MACMILLAN : Analytic approximation for the american put price. *Advances in Futures and Options Research*, 1:119–139, 1986.

R.C. MERTON : Theory of rational option pricing. *The Bell Journal of Economics and Management Science*, 4:141–183, 1973.

R.C. MERTON : On the pricing of corporate debt : The risk structure of interest rates. *Journal of Finance*, 29:449–470, 1974.

R.C. MERTON : Option pricing when underlying stock returns are discontinuous. *Journal of Financial Economics*, 3:125–144, 1976.

M. MINOUX : *Programmation mathématique, 2 tomes*. Dunod, 1983.

A.J. MORTON : *Arbitrage and Martingales*. Thèse de doctorat, Cornell University, 1989.

M. MUSIELA et M. RUTKOWSKI : *Martingale methods in financial modelling*, volume 36 de Stochastic Modelling and Applied Probability. Springer-Verlag, Berlin, deuxième édition, 2005.

J. NEVEU : *Martingales à temps discret*. Masson, Paris, 1972.

M. OVERHAUS, A. BERMÚDEZ, H. BUEHLER, A. FERRARIS, C. JORDINSON et A. LAMNOUAR : *Equity hybrid derivatives*. Wiley Finance Series. John Wiley and Sons, 2007.

E. PARDOUX et D. TALAY : Discretization and simulation of stochastic differential equations. *Acta Applicandae Mathematicae*, 3:23–47, 1985.

G. PESKIR et A. SHIRYAEV : *Optimal stopping and free-boundary problems*. Lectures in Mathematics, ETH Zurich. Birkhauser, Berlin, 2006.

S.R PLISKA : *Introduction to mathematical finance : discrete time models*. Blackwell, Malden, 1997.

W. H. PRESS, Saul A. TEUKOLSKY, W. T. VETTERLING et Brian P. FLANNERY : *Numerical receipes in C*. Cambridge University Press, Cambridge, deuxième édition, 1992. The art of scientific computing.

P.A. RAVIART et J.M. THOMAS : *Introduction à l'analyse numérique des équations aux dérivées partielles*. Masson, Paris, 1983.

D. REVUZ et M. YOR : *Continuous Martingale Calculus*. Springer-Verlag, Berlin, 1990.

B.D. RIPLEY : *Stochastic Simulation*. Wiley, New York, 1987.

L. C. G. ROGERS : Equivalent martingale measures and no-arbitrage. *Stochastics Stochastics Rep.*, 51(1-2):41–49, 1994. ISSN 1045-1129.

L.C.G. ROGERS et D. WILLIAMS : *Diffusions, Markov processes and martingales, Tome 2, Itô calculus*. John Wiley and Sons, New York, 1987.

R.Y. RUBINSTEIN : *Simulation and the Monte Carlo method*. Wiley Series in Probabilities and Mathematical Statistics. John Wiley & Sons, New York, 1981.

S. SCHAEFER et E.S. SCHWARTZ : A two-factor model of the term structure : an approximate analytical solution. *Journal of Financial and Quantitative Analysis*, 19:413–424, 1984.

M. SCHWEIZER : Option hedging for semi-martingales. *Stochastic Processes and their Applications*, 1989.

M. SCHWEIZER : Mean-variance hedging for general claims. *Annals of Applied Probability*, 2:171–179, 1992.

M. SCHWEIZER : Approximating random variables by stochastic integrals. *Annals of Probability*, 22(3):1536–1575, 1994.

M. SCHWEIZER : On the minimal martingale measure and the Foellmer-Schweizer decomposition. *Stochastic Analysis and Applications*, 13(5):573–599, 1995.

R. SEDGEWICK : *Algorithms*. Addison–Wesley, Reading, MA, 1987.

A. N. SHIRYAEV : *Optimal stopping rules*. Springer-Verlag, New York, 1978. Translated from the Russian by A. B. Aries, Applications of Mathematics, Vol. 8.

S. E. SHREVE : *Stochastic calculus for finance. II.* Springer Finance. Springer-Verlag, New York, 2004. Continuous-time models.

A. SKLAR : Random variables, distribution functions, and copulas—a personal look backward and forward. *In Distributions with fixed marginals and related topics (Seattle, WA, 1993)*, volume 28 de IMS Lecture Notes Monogr. Ser., pages 1–14. Institute of Mathematical Statistics, Hayward, CA, 1996.

C. STRICKER : Arbitrage et lois de martingales. *Annales de l'Institut Henri Poincaré*, 26:451–460, 1990.

D. TALAY : Simulation of stochastic differential systems. *In* Paul KRÉE et Walter WEDIG, éditeurs : *Probablistic methods in applied physics*, volume 451 de Lecture Notes in Physics, pages 54–96, Berlin, Heidelberg, 1995. Springer-Verlag.

D. WILLIAMS : *Probability with martingales*. Cambridge Mathematical Textbooks. Cambridge University Press, Cambridge, 1991. ISBN 0-521-40455-X ; 0-521-40605-6.

X. L. ZHANG : Numerical analysis of American option pricing in a jump-diffusion model. *Mathematics of Operations Research*, 22(3):668–690, 1997.

Index

Cet ouvrage a été achevé d'imprimer en février 2012
dans les ateliers de Normandie Roto Impression s.a.s.
61250 Lonrai (Orne)
N° d'impression : 120628
Dépôt légal : février 2012

Imprimé en France